博士后文库
中国博士后科学基金资助出版

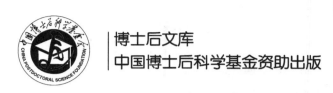

光电化学合成零碳能源物质

郑建云　编著

科　学　出　版　社
北　京

内 容 简 介

本书主要围绕作者在光电化学合成零碳能源物质方面开展的研究工作进行了全面梳理和总结,内容包括光电化学基础知识及光电化学合成零碳能源物质的概述、光电化学中层级光电极的构建和表征、光电化学分解水、光电化学氮还原合成氨、光电化学硝酸根还原合成氨及其衍生物等。通过认识光电化学的基础理论和零碳能源物质的重要性,设计高性能层级光电极,理解层级光电极与光电化学合成性能之间的构效关系,为构建高效光电化学合成零碳能源物质提供理论依据,也为设计新型的光电化学反应提供实验基础。

本书可供从事可再生能源研究的科研工作者,以及高等院校及科研院所化学、材料、物理、能源、工程、环境等相关专业教师、学生使用和参考。

图书在版编目(CIP)数据

光电化学合成零碳能源物质/郑建云编著. -- 北京:科学出版社,2025.3. --(博士后文库). -- ISBN 978-7-03-081542-2

Ⅰ. O436;X382

中国国家版本馆 CIP 数据核字第 2025W59G84 号

责任编辑:霍志国 孙 曼/责任校对:杜子昂
责任印制:赵 博/封面设计:东方人华

科 学 出 版 社 出版
北京东黄城根北街 16 号
邮政编码:100717
http://www.sciencep.com
北京天宇星印刷厂印刷
科学出版社发行 各地新华书店经销

*

2025 年 3 月第 一 版 开本:720×1000 1/16
2025 年 10 月第二次印刷 印张:14 1/4
字数:285 000

定价:118.00 元
(如有印装质量问题,我社负责调换)

"博士后文库"序言

1985 年，在李政道先生的倡议和邓小平同志的亲自关怀下，我国建立了博士后制度，同时设立了博士后科学基金。30 多年来，在党和国家的高度重视下，在社会各方面的关心和支持下，博士后制度为我国培养了一大批青年高层次创新人才。在这一过程中，博士后科学基金发挥了不可替代的独特作用。

博士后科学基金是中国特色博士后制度的重要组成部分，专门用于资助博士后研究人员开展创新探索。博士后科学基金的资助，对正处于独立科研生涯起步阶段的博士后研究人员来说，适逢其时，有利于培养他们独立的科研人格、在选题方面的竞争意识以及负责的精神，是他们独立从事科研工作的"第一桶金"。尽管博士后科学基金资助金额不大，但对博士后青年创新人才的培养和激励作用不可估量。四两拨千斤，博士后科学基金有效地推动了博士后研究人员迅速成长为高水平的研究人才，"小基金发挥了大作用"。

在博士后科学基金的资助下，博士后研究人员的优秀学术成果不断涌现。2013 年，为提高博士后科学基金的资助效益，中国博士后科学基金会联合科学出版社开展了博士后优秀学术专著出版资助工作，通过专家评审遴选出优秀的博士后学术著作，收入"博士后文库"，由博士后科学基金资助、科学出版社出版。我们希望，借此打造专属于博士后学术创新的旗舰图书品牌，激励博士后研究人员潜心科研，扎实治学，提升博士后优秀学术成果的社会影响力。

2015 年，国务院办公厅印发了《关于改革完善博士后制度的意见》（国办发〔2015〕87 号），将"实施自然科学、人文社会科学优秀博士后论著出版支持计划"作为"十三五"期间博士后工作的重要内容和提升博士后研究人员培养质量的重要手段，这更加凸显了出版资助工作的意义。我相信，我们提供的这个出版资助平台将对博士后研究人员激发创新智慧、凝聚创新力量发挥独特的作用，促使博士后研究人员的创新成果更好地服务于创新驱动发展战略和创新型国家的建设。

祝愿广大博士后研究人员在博士后科学基金的资助下早日成长为栋梁之才，为实现中华民族伟大复兴的中国梦做出更大的贡献。

中国博士后科学基金会理事长

前　　言

　　光电化学能在低或无外加电压条件下直接实现太阳能转化为化学能，解决光热转换和光伏转换的瞬时性和难储存/运输问题，是太阳能分布式发展和清洁化利用的理想途径。近年来，随着能源危机和环境问题越来越严重，光电化学已经成为研究太阳能化学利用的核心。目前，在国家快速发展和碳达峰、碳中和（简称"双碳"）目标的双重要求下，大力开发和应用高效、可再生、零碳排放的能源体系成为必然趋势，从而促使光电化学在零碳能源物质合成领域发挥着重要作用。

　　零碳能源物质是完全不含碳元素的化学物质，在整个制备和燃烧过程中无CO_2排放且释放社会生产和生活所需的能量，将在零碳能源体系中占据极其重要的地位，主要包括氢和氨。随着近几十年合成技术的发展，科研人员发现传统的制氢/制氨技术存在着大量使用化石燃料和高CO_2排放的问题，难以达到零碳能源的要求。为了完全"切断"氢/氨与化石燃料和碳排放的"亲密关系"，科研人员正在努力寻找一种在温和条件下利用可再生能源实施氢/氨合成的技术。因此，光电化学分解水制氢和氮还原制氨/硝酸根还原制氨已经成为零碳能源物质制备的重要方向。光电化学合成零碳能源物质的发展不仅促进了太阳能的分布式应用，形成的化学能从根本上解决了太阳能的瞬时性和季节性问题，拓宽了太阳能的应用市场，更重要的是在光电化学合成零碳能源物质过程中无碳排放，从而有望取代当前高能耗、高CO_2排放的合成氢/氨工艺。

　　尽管多年来围绕光电化学合成零碳能源物质取得了众多研究进展，初步探索了光电化学合成零碳能源物质的有效策略，开发了一些高效的层级光电极，但其中仍有较多难题有待进一步理解和探究。层级光电极的多组分和复杂性，光电极中每层往往存在能带结构匹配问题、界面/体内电阻消耗、层与层之间的结合力等影响因素，致使光电化学合成零碳能源物质的性能存在较大波动。另外，光电化学合成零碳能源物质的研究还缺乏足够的理论基础，未能形成一套系统、全面、精确的评价体系和理论知识来指导光电化学的体系设计和高效合成。这些问题都是目前在学科前沿发展过程中面临的挑战，也反映出光电化学合成零碳能源物质已经逐渐成为前沿科学研究主题的一个重要分支。

　　作者长期从事光电化学合成零碳能源物质的研究，积累了大量的实验数据和理论基础。基于作者的科研成果和理论知识认知，本书围绕光电化学与零碳能源物质进行系统论述。从光电化学技术的基础知识出发，系统地梳理和总结了光电化学合成零碳能源物质的重要部件、增强策略和发展方向，包括光电化学和零碳能源物质的概述、光电极的效率与稳定性设计和表征、光电化学合成绿氢及绿氨的研究进展等几个方面。相信本书将为从事光电化学与零碳能源物质研究的科研人员提供一些理论指导和经验借鉴，也能帮助相关学科研究人员充分了解和掌握光电化学合成零碳能源物质的研究现状和发展方向，同时也让感兴趣的读者对太阳能和清洁能源有更清晰的认知和新的思考。

全书共 5 章。第 1 章对光电化学技术的基础知识及其在零碳能源物质方面的应用进行总体介绍；第 2 章对光电化学中层级光电极的构建和表征进行介绍；第 3 章介绍光电化学分解水的研究进展；第 4 章介绍光电化学氮还原合成氨的研究进展；第 5 章介绍光电化学硝酸根还原合成氨及其衍生物。

本书大部分内容来源于作者近年来的研究成果，这些研究获得国家自然科学基金、湖南省自然科学基金、广东省自然科学基金等的资助，并在湖南省科学技术厅、湖南大学等单位的支持下完成。为全面、准确地反映光电化学合成零碳能源物质的研究进展，本书引用了大量文献，在此一并表示最真挚的感谢。

需要指出的是，关于光电化学和零碳能源物质的研究已经引起了研究热潮，涉及化学、材料、物理、能源、工程、环境等诸多学科领域，相关文献不可胜数。由于本书内容广泛、体系庞大，加之作者水平和时间所限，不足之处在所难免，敬请各位专家和读者批评指正。

作　者

2024 年 8 月

目　　录

第1章　光电化学合成零碳能源物质的概述

1.1　引　　言

在全球人口和现代工业迅速扩张的时代下，能源是国民经济的重要物质基础，直接掌控着国家的命运。由于大能量密度、易储存运输、便于燃烧/使用等优势，自近200万年以来含碳燃料物质（如化石原料）一直在人类社会发展中扮演着重要的角色。当前，各种庞大的基础设施的建成和运行都需要这些燃料物质，从而为运输、供暖、电力和产品制造等方面提供保障[1]。然而，大量化石原料的开发和利用通常伴随着大量的二氧化碳（CO_2）排放，导致全球性环境问题[2]。在碳达峰、碳中和背景下，开发和使用更清洁的燃料成为各国面临的现实问题。与传统的化石原料（如煤炭、石油）相比，氢能和氨能在燃烧和转化过程中是不存在 CO_2 排放的，被统称为零碳能源物质[3]。

以氢能为例，目前中国的制氢技术依然是以化石原料制氢为主，在制备过程中产生 CO_2 排放，得到的氢并不是真正意义上的清洁能源，被称为"灰氢"。同样，当前，氨能合成过程也涉及化石原料，视为"灰氨"。为了生产绿色环保的零碳能源物质，科研人员设计和发展了可持续工艺，利用可再生能源从地球上丰富的资源［如水（H_2O）和氮气（N_2）］中制备"绿氢"和"绿氨"[4]。在现有的可再生能源中，太阳能虽具有丰富、廉价、清洁等优势，但是也存在着间歇性和分布不均等问题[5]。因此，将太阳能转化为易储存、运输和使用的零碳能源物质不仅为氢能和氨能的合成提供了绿色途径，也发展了太阳能化学利用[6,7]。在过去的五十年中，太阳能-化学能转换的方法主要包括三个体系：光伏-电催化、光催化和光电化学[8]。其中，由于光电化学具有成本低、长时间稳定运行、可观的能量转换效率以及有效的产物分离和收集等，故是一种极有希望实现太阳能大规模合成零碳能源物质的方法[9,10]。本章围绕光电化学合成零碳能源物质的主题，简洁概述了光电化学和零碳能源物质，从多方面认识光电化学在能源领域的应用和发展，希望通过对光电化学和零碳能源物质的理解，能够给读者提供一个较为清晰、完整的视角来了解光电化学合成零碳能源物质的重要性。

1.2　光电化学概述

光电化学过程涉及氧化还原反应，必定包括光诱导电子转移反应和热电子转移反应。在光照下，激发的半导体吸光器能够进行快电子转移，随后经诱导热电子转移反应过程，把反应物转化为目标产物。但是，热电子转移反应涉及多电子参与，通常是缓慢的，而竞争的光诱导电子转移却很快，会出现湮灭。为了加速生成目标产物的热反应，通常需要均相或异相催化剂。电子转移主要有两个经典模型：绝热模型和非绝热模型。在经典绝热模型中，电子转移步骤必须遵守Franck-Condon 原理，保持电子转移时核位置和速率基本不变。不同于绝热模型的前置因子（速率常数的最大值）是核频率，非绝热模型的前置因子是电子频率，不含核频率。除了经典模型以外，电子转移反应还可以用量子力学近似方法进行评估，基于初级多重态、振动态之间的热平均跃迁概率的微扰理论，得到转移过程的电子速率常数。假定在此模型中，单分子电子转移速率常数的电子项很小，严格地由供体-受体的轨道重叠所决定，则在合理接触范围内速率常数会有最大值。从理论上来讲，完全采用量子力学方法处理电子转移比经典模型要优越，但是量子模型在实际应用中常遇到困难，甚至是计算上的困难，从而导致难以实现。然而，由于概念简单、合理关联交叉/交换反应的速率，以及易得的本征势垒值，经典模型不失为一种处理电子转移反应的补充方法，与量子模型可以互相补充、扬长避短。基于此物理基础知识，随着光电化学技术的研究成为前沿热点，人们对光电化学的反应原理和基本步骤的认识在不断加深，更多新的参数也逐渐用于衡量光电化学性能。

1.2.1　光电化学的反应原理和性能评价参数

无论是 H_2O 分解为氢气（H_2）和氧气（O_2）的反应［式（1.1）］，还是氮气（N_2）和 H_2O 合成氨（NH_3）的反应［式（1.2）］，这些反应均是非自发的，需要外界提供一定能量才能发生。

$$H_2O(l) \longrightarrow H_2(g) + \frac{1}{2}O_2(g) \qquad \Delta G^{\ominus} = 273.2 \text{ kJ/mol} \qquad (1.1)$$

$$N_2(g) + 3H_2O(l) \longrightarrow 2NH_3(g) + \frac{3}{2}O_2(g) \qquad \Delta G^{\ominus} = 773.4 \text{ kJ/mol} \qquad (1.2)$$

以方程式（1.1）为例，通过能斯特（Nernst）方程换算可知分解水析氢反应中每个电子转移所需要的能量为 1.23eV，相应的热力学反应电压是以可逆氢电极为参照的 1.23V（1.23V *vs.* RHE）。因此，从热力学角度而言，利用光电化学技术实施制氢或者制氨时，光电极所吸收的光子能量必须大于反应能垒，即光电极产生的光电压（V_{ph}）大于反应的热力学电压[11]。在单一半导体光电极方面，半导体吸光器所吸收的光子能量至少需要大于其自身的能带间隙（E_g），以至于激发电子从价带（VB）跃迁至导带（CB），在价带上留下光生空穴。理想无外加电压情况下，激发的导电电子和价带空穴分别转移至阴极表面和阳极表面，从而完成还原反应和氧化反应[12]。为了高效、绿色、稳定实施目标反应，此光电化学系统需要同时满足以下关键条件：①半导体吸光器的能带间隙应该足够小，从而尽可能吸收更多的太阳光；②光电极应该拥有低阻传输通道，从而降低载流子从体内运输至反应界面过程中的能量损耗；③光电极表面的导带底位置和价带顶位置应该分别比还原反应电位更负和比氧化反应电位更正，意味着光电极的能带间隙需要大于整个反应电位；④在只有光照条件下，光电化学体系的光电压需要足够大而弥补外加电压的缺失；⑤整个光电化学体系能够长期稳定运行，防止体系被电解液腐蚀[13-15]。在光照下，光电极的费米能级（E_F）将会与电解液的氧化还原电位一致，从而导致能带弯曲现象的出现[16]。可以抽象地认为，光电极的费米能级分裂成独立的准空穴费米能级和准电子费米能级，两者之间的差值即为器件的内置驱动力——光电压[17]。由于自发的跃迁/发射、不完全的光捕获、非辐射复合和非理想能带结构等损失因素，光电极的实际光电压总是小于其能带间隙，通常这个损耗值约为 0.4V[18]。虽然光电极的能带结构在光电化学反应中具有极其重要的作用，但是无法直接衡量和反映光电化学行为。

下面将简单地介绍一些重要的光电化学性能评价参数，包括光电流密度、起始电位、外加偏压光子–电流转换效率、入射光子–电流转换效率、法拉第效率、光电极稳定性、太阳能–化学能转换效率。

光电流密度（J）是指在一个太阳光照射下光电极产生的光电流与其吸光面积之比。光电流密度是最简单也是最常用的判断光电极的太阳能利用率的参数，在指定材料的条件下由光电极的光吸收效率（η_{abs}）、体相载流子分离效率（η_{sep}）以及表面载流子注入目标反应的效率（η_{inj}）共同决定[19]：

$$J = J_{th} \times \eta_{abs} \times \eta_{sep} \times \eta_{inj} \qquad (1.3)$$

其中，J_{th} 是指定材料的最大理论光电流密度，直接由材料的能带间隙决定。在光电化学测试过程中，线性扫描伏安法（LSV）常用于记录光电流密度随电位的变化曲线 [J-V 曲线，图 1.1（a）]。为了避免赝电容的干扰，对于特定的光电极材料通常会规定一个数值作为起始的光电流密度，此时对应的外加电压也被称为起始电位（E_{on}）[20]。以硅半导体材料为例，其起始电位对应 1mA/cm² 的光电流密度。起始电位与反应动力学行为密切相关，在光电极表面修饰合适的助催化剂有利于起始电位发生偏移。光电阳极的起始电位和光电阴极的起始电位分别向负偏移和向正偏移，均意味着光电化学反应的性能变好。另外，不同于电催化的 J-V 曲线，光电化学的 J-V 曲线存在着饱和光电流密度 [图 1.1（a）]，即在外加电压达到某一值后，光电流密度不再随外加电压的增加而增大，这一现象受限于光电极在光辐射下所产生的载流子数量，也印证了光电化学的驱动力来自太阳能。为了进一步明晰电流的来源和光电极的光响应，控制光照条件的 LSV 曲线（即斩光 LSV 曲线）被用于记录瞬时光电流密度的变化，评估光电极对光的敏感性和光生电子–空穴的分离情况。在开光瞬间，光电极的光电流密度出现陡增，而随着光照时间的延长，光电流密度会急剧下降而逐渐趋于平缓，在斩光 LSV 曲线上形成一个瞬时尖峰，这表明光电极表面的载流子复合严重。

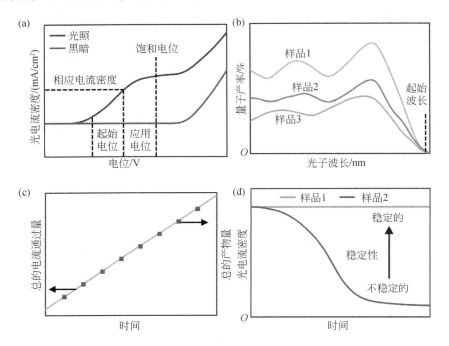

图 1.1　衡量光电化学器件的转换效率和稳定性的指标
（a）光电流密度随电位变化的曲线；（b）量子产率随光子波长变化曲线；（c）总的电流通过量和总的产物量随时间的变化趋势；（d）光电流密度随时间变化的曲线

外加偏压光子–电流转换效率（applied-bias photon-to-current efficiency，ABPCE）是指低的外加电压施加于光电极进行光电化学反应时的光电转换效率[21]。对于光电阳极而言，ABPCE 可由下面的公式计算得到：

$$ABPCE = \frac{J \times (\varPhi_{ox} - |E_a|) \times \eta_{FE}}{P_{in,a}} \times 100\% \tag{1.4}$$

其中，J 是实测的光电流密度（mA/cm²）；$\varPhi_{ox}$ 是氧化反应的热力学电位（V *vs.* RHE）；E_a 是阳极外加电压（V *vs.* RHE）；η_{FE} 是反应的法拉第效率；$P_{in,a}$ 是入射到光电阳极表面的光强（mW/cm²）。相应地，光电阴极的 ABPCE 也可通过如下公式获得：

$$ABPCE = \frac{|J| \times (E_c - \varPhi_{re}) \times \eta_{FE}}{P_{in,c}} \times 100\% \tag{1.5}$$

其中，$\varPhi_{re}$ 是还原反应的热力学电位（V *vs.* RHE）；E_c 是阴极外加电压（V *vs.*

RHE），$P_{in,c}$ 是入射到光电阴极表面的光强（mW/cm^2）。

入射光子–电流转换效率（incident photon-to-current efficiency，IPCE）是光电极产生的载流子数与入射光光子数之比，用于评价光子在光电极的光电流密度上的贡献［图 1.1（b）］[22]。光电极的 IPCE 通常考察单色光的光子利用率，由式（1.6）进行计算：

$$IPCE = \frac{J_\lambda \times hc}{P_{i,\lambda} \times \lambda \times e} \tag{1.6}$$

其中，J_λ 是单色光辐射下产生的光电流密度（mA/cm^2）；$P_{i,\lambda}$ 为此单色光的辐射强度（mW/cm^2）；λ 是单色光的波长（nm）。

法拉第效率（faradaic efficiency，FE）是衡量光电化学反应过程中光电极所产生的光电流实际用于合成目标产物的效率，为实际测得的目标产物量与通过电路的电子总数所换算的理论目标产物量之比［图 1.1（c）］[23]：

$$FE = \frac{a \times N_A \times n_p}{\int_0^{\Delta t} I(t)\,dt / q_e} \tag{1.7}$$

其中，N_A 是阿伏伽德罗常数（$6.02 \times 10^{23}\,mol^{-1}$）；$a$ 是每个目标产物合成时电子的参与数目；n_p 是一定时间（Δt）内目标产物的产量（mol）；$\int_0^{\Delta t} I(t)\,dt$ 是一定时间（Δt）内流经外电路的电荷总量（C）；q_e 是一个电子所带的电荷量（$1.6 \times 10^{-19}\,C$）。除了极个别的简单反应（如水分解析氢反应），受限于各种电阻损耗和副反应的存在，在复杂的光电化学反应中光电极的法拉第效率通常明显低于 100%。

稳定性是光电极实用化进程的重要参数，可以用光电流密度随时间变化的曲线［J-t，图 1.1（d）］进行衡量[24]。通常是在三电极体系或两电极体系下，以恒定的外加电压和光照条件测试光电极在电解质溶液中长时间的光电流密度情况。为了实现光电化学的产业化，光电极的使用寿命应该超过 3 个月，这对光电极的稳定性提出了严格的要求。

太阳能–化学能转换效率（solar-to-chemicals conversion efficiency，STC）是描述光电化学体系在无外加电压下将太阳能转换为化学能的效率，是衡量光电化学体系太阳能利用率的重要参数[25]，能够通过式（1.8）获得：

$$STC = \frac{|J_u| \times E \times \eta_{FE}}{P_{in}} \times 100\% \tag{1.8}$$

其中，J_u 是无外加电压下光电化学体系的光电流密度（mA/cm^2）；E 是整个光电化学反应的热力学反应电压（V vs. RHE）。关于利用式（1.8）计算 STC，需要注意以下条件：①测试光源的光谱分布和光强必须近似于太阳光，即使用模拟太阳光光源；②光电化学反应体系必须是两电极的；③反应过程中不应该存在任何载流子牺牲剂。

1.2.2 光电化学反应的基本步骤

从性能评价参数可知，整个光电化学系统的性能与流经光电极的光电流密度呈正比关系。为了提高体系的光电流，需要清楚地理解光电化学反应的基本步骤，明确基本步骤对光电流的影响机制。通常，光电化学反应主要存在着三个受热力学和动力学控制的基本过程：光电极吸收光子而产生光生载流子；光生载流子在光电极内部分离并转移到表面；到达表面的载流子注入反应物种而合成目标产物。由式（1.3）可知影响光电流密度的三要素：光吸收效率（η_{abs}）、载流子分离效率（η_{sep}）和载流子注入效率（η_{inj}），分别对应于光电化学反应的三个基本过程。由此可见，解析和提高这三个基本过程的效率能够有效改善光电化学反应的性能。

1. 光吸收过程

自 1972 年以 TiO_2 作为光电阳极进行光电化学分解水以来[26]，各种半导体材料（如氧化物、硫化物、硅、磷化物）被设计和开发作为光电极而应用于光电化学反应中[27,28]。到目前为止，仍有大量未经测试的原子组合等待探索，以作为理想光电极材料用于吸收光而利用太阳能。在光电化学反应中，半导体吸光器的能带间隙直接影响了入射光子的吸收范围和效率，对应于太阳能利用效率的最大值。在吸收零损耗的条件下，半导体吸光器的能带间隙为 2.35eV、2.11eV 和 1.93eV，将分别对应于 10%、15% 和 20% 的太阳能–化学能转换效率[29]。美国能源部（DOE）的技术–经济分析报告中已明确提出太阳能–氢能转换效率高于 10% 时，光电化学技术将拥有可观的生产和应用价值[30]。在这一小节中，简要讨论这一过程的相关标准信息，为研究光吸收的基本原理和半导体吸光器的设计提供基础知识。

由于小分子（如 O_3、H_2O、CO_2）和悬浮粒子对于太阳光的散射和吸收，太阳光穿过大气到达地面的总辐射强度为 1366.1W/cm²[31]。到达地面的晴空太阳光谱是大气参数、地面反射和穿过大气路径长度的函数。在路径长度固定的条件下，通常使用大气质量（air mass，AM）数作为穿越大气的量来定义太阳光谱。AM 0 代表地球大气层外 1 个天文单位的太阳光谱，而 AM 1.0 则为太阳直射到海平面的太阳光谱。随着时间和纬度的变化，AM 数在 1~5 范围内可调，通过太阳的天顶角公式可求得[32]

$$AM = \frac{1}{\cos\theta_{ze}} \qquad (1.9)$$

其中，θ_{ze} 是朝向太阳矢量和垂直于本地表面矢量之间的夹角。AM 1.5 标准太阳光谱是太阳辐射度到达水平方向的倾斜角为 37°，相应的 θ_{ze} 为 48.2°，太阳光的水平入射角为 11.2°。AM 1.5 光谱的总辐射光强为 $1000W/m^2$ 或 $100mW/cm^2$，是全球大部分人类生活区域的太阳光强度。此外，直接辐射和漫射辐射的总和称为整体辐射（G），包括从 180° 视场收集所有的光。实际上，AM 1.5G 标准太阳光谱由 90% 的直接辐射强度和 10% 的漫射辐射强度组成（图 1.2）[33]。

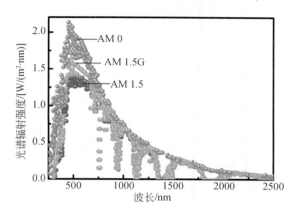

图 1.2 源自美国试验与材料学会数据绘制的 AM 0、AM 1.5G 和 AM 1.5 太阳光谱

光吸收过程中，半导体材料的电子跃迁性质决定了其光收集特性。而这些性质主要受晶体材料能带排列的影响，本质上是相关于 k 空间的动量波矢量。当价带最大值和导带最小值不对齐时［图 1.3（a）］，半导体材料（如 Si）显示为间接带隙，其光吸收过程中需要吸收或发射声子[34]。不同于间接带隙半导体，直接带隙半导体（如砷化镓）的价带最大值与导带最小值对齐［图 1.3（b）］，其光子吸收过程几乎不包括声子的伴随行为[35]。半导体带隙的本质特性对其吸收光的材料尺度有着深远的影响。考虑到声子的时间尺度为 10^{-12} s，而纯电子带间跃迁致使光子的时间尺度限制在 10^{-15} s 水平上，因此光子在间接带隙半导体材料中比在直接带隙半导体材料中传播距离更长。相应地，直接带隙半导体材料的吸收系数（α）比间接带隙半导体材料的吸收系数大得多。直接带隙半导体材料的特征吸收长度为 α^{-1}，也称为光的穿透深度[36]。例如，在波长为 800nm 时，硅的吸收系数为 $850cm^{-1}$，则硅材料的厚度应该达到 $12\mu m$ 才能够吸收 63%（即 $1-e^{-1}$）的入射光[37]。在光电化学系统中，光电极的光生载流子收集行为与半导体吸收器的光捕获性能密切相关，光生少数载流子通常与光吸收发生在同一空间轴内。半导体吸收器中有效少数载流子的扩散长度（L_{min}）是影响载流子收集行为的另一个关键要素，与光的穿透深度同样重要[38]。半导体材料的 L_{min} 值依赖于材料的纯度和质量，而在光电化学系统中高纯度吸收器材料的使用可能在改善性

能的同时会提升体系的总体成本。另外，对于高质量的直接带隙半导体材料而言，L_{min} 和 α^{-1} 之间存在难以兼顾的现象，限制了光吸收和载流子收集，而通过构筑纳米结构能够使 L_{min} 和 α^{-1} 去耦合，实现高效的光吸收。正如所报道的，在光伏组件中，纳米结构的界面特征能够增强半导体材料的光吸收能力，并将所需吸光材料的厚度降低多达 $4n^2$（n 为折射率），这种现象称为朗伯极限[39]。因此，纳米结构可以有效地增加吸收系数而几乎不影响半导体材料的少数载流子收集长度。

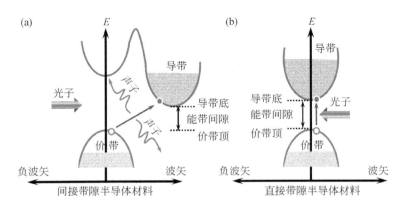

图 1.3　不同能带结构的半导体材料的光子吸收行为

（a）间接带隙；（b）直接带隙

　　一般而言，有两条有效途径能够增强光电极的光吸收：扩大吸收光的波长范围和减少光穿透吸光器。光散射效应、慢光子效应、局域表面等离激元共振效应、掺杂/缺陷效应等已被广泛应用，避免了光吸收过程中的光损失和扩展吸收范围至可见光区，甚至近红外区。原则上，比尔定律能够计算光吸收：

$$A = -\lg \frac{I}{I_0} = \varepsilon L C \tag{1.10}$$

其中，A、I_0、I、ε、L 和 C 分别是吸收率、入射光强、穿透光强、由材料性质决定的摩尔吸收系数、材料的厚度和固定浓度。当吸光器的材料被指定时，可以将 ε 视为一个常数，则光吸收主要通过吸光器的形貌来调控。由图 1.4（a）可知，入射光可以被半导体材料散射和吸收，也可以穿过材料。光滑的半导体表面（如平面硅）只能吸收大部分入射光，而部分光会被反射（如平面硅与水的界面能反射 25% 的光[40]），导致光吸收不理想。与平面结构相比，纳米结构半导体（如纳米棒阵列、纳米多孔膜和空心纳米球）可以强烈散射入射光，并引起散射光的二次吸收［图 1.4（a）］，从而增加光吸收效率。光子晶体或逆光子晶体拥有有序的多孔结构［图 1.4（b）］，可以对入射光进行多次散射，显示出慢光子效应而显著提升了吸光器在光子带隙波长处的光吸收[41]。光子或逆光子结构的慢光子效应与入射光角度和孔洞尺寸有着密切关系。从太阳能利用的角度来看，拓宽吸光器的吸收波长至可见光范围无疑是重要的。金属（如 Au、Ag、Cu）纳米颗粒表现出局域表面等离激元共振（LSPR）的光学特性，可以通过形貌控制捕获不同的可见光［图 1.4（c）］。例如，金纳米颗粒的 LSPR 吸收可分为两种模式，对应于自由电子沿长轴和垂直于长轴的振荡[42]。对于一些只能吸收紫外光的宽禁带半导体吸光器，可以在此半导体中引入金属纳米颗粒，利用 LSPR 效应将吸收光的范围扩展到可见光区域。另外，在半导体吸收剂中引入杂质原子或者形成缺陷，可以调整吸光器材料的能带边，从而拓宽材料对太阳光的吸收波长［图 1.4（d）］[43]。各种少量的非金属和金属元素掺杂常被视为有效地开发可见光响应的半导体吸光器的方法。需要注意的是，虽然掺杂/缺陷效应可以显著扩大半导体材料的光吸收范围，但是掺杂元素也会降低半导体材料的稳定性，而且还可能作为复合位点而降低载流子的分离效率。

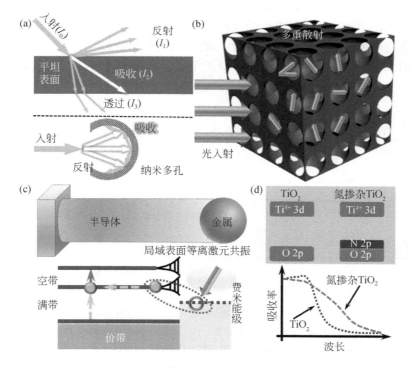

图 1.4　增强半导体吸光器光吸收能力的各种策略

（a）平面和多孔表面光散射现象的示意图；（b）有序多孔结构中的慢光子效应示意图；（c）金属纳米颗粒因 LSPR 效应在可见光区的吸收行为示意图；（d）氮掺杂 TiO₂ 的能带结构和模拟吸收光谱的示意图

2. 载流子动力学行为

在光电化学反应过程中，载流子动力学行为主要包括载流子分离与提取、极化子形成与载流子捕获和载流子在体相/表面复合［图1.5（a）］[44]。优异的载流子动力学行为能够保障光生载流子有足够长的寿命参与化学反应，是构建实用化光电化学体系的关键。在光照下，光电极吸光器的价带电子被激发，跃迁至导带上，从而使载流子在半导体材料中能顺利传输。在空间电荷区域，近表面的弱电场会阻碍载流子的复合且驱动光生空穴和电子往不同的方向运动。在持续光照条件下，表面能带将发生平移致使弱电场消失，同时体相内的能带也会随之发生平移［图1.5（b）］[45]。因此，在体相内电子平均能量的费米能级将变得更负或更正。另外，由于半导体的强离子特性，载流子容易与晶格或缺陷态发生强烈耦合，形成极化子形态，这一过程常称为自俘获行为。在某些特殊条件下，这些被捕获的载流子可以在纳秒到微秒的时间尺度上被提取出来[46]。对于光生载流子的有效利用，需要抑制它们的各种复合行为，从而实现空穴和电子的高效空间分离。在光电化学体系中，过电位的施加通常用于产生足够大的表面电场来驱动载流子的空间分离和减少载流子的复合。理解和控制载流子动力学行为是光电化学体系中面临的一个特殊挑战。在本小节中，将简要讨论载流子分离和复合的行为。

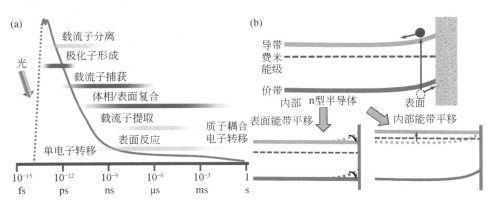

图1.5　半导体的载流子动力学原理图

（a）光电极中载流子从分离到复合的时间尺度；（b）n型半导体光生能带平移示意图，包括能带弯曲、表面空穴积累导致能带平移和体相内电子积累导致能带平移

在光照下，半导体吸收了一个光子，将在导带中产生一个非平衡电子，同时在价带中产生一个相应的空穴［图1.6（a）提供了p型半导体在光照下的情况］。在光电极中电子和空穴的分离主要受扩散和迁移行为的支配。载流子的扩

散源自浓度梯度的差异，特别是在缺乏强场作用的情况下，其对载流子的分离和输运有着巨大贡献[47]。对于薄膜厚度超过 100nm（约等于空间电荷层的作用范围）的光电极而言，扩散是载流子在光电极中的主要输运方式。另外，迁移是带电荷的载流子在外加电场作用下的定向运动，是空间电荷层内载流子的主导运动形式。以 p 型光电阴极为例，在空间电荷层的耗尽区域内形成的电场将电子吸引到表面与反应物质发生反应，并将空穴推向光电阴极内。这种定向运动主要驱动空间电荷分离，延长载流子的寿命。少数载流子（如 p 型半导体中的电子）可用扩散系数 D 来表征。在考虑载流子提取问题时，少数载流子扩散长度（L）

$$L = (\pi D \tau_{min})^{1/2} \tag{1.11}$$

可视为复合前少数载流子在无场（准平衡）条件下迁移距离的度量。少数载流子从体相到达表面首先需要通过扩散方式从无场区域进入空间电荷层，这一过程的性能取决于扩散长度和入射光的穿透深度。进入空间电荷层的少数载流子会快速移向表面，假设不考虑表面复合的发生，这一过程的转移是极其高效的。到达表面的少数载流子可以与电解液中的氧化还原物质或光电极表面的晶格缺陷进行反应，实现能量传递和物质转化行为。为了解决光电流的边值问题，Gärtner 考虑以类固态半导体肖特基结作为模型，处理在零复合损失和易储存少数载流子的理想界面条件下的光电流[48]。在稳态下，光电流依赖于电位和光强的关系为

$$\frac{J}{I_0} = 1 - \exp\left(\frac{-\alpha W}{1 + \alpha L}\right) \tag{1.12}$$

其中，I_0、α 和 L 分别是校正反射后的入射光子通量、吸收系数和少数载流子的扩散长度。J/I_0 的比值是光电流转换效率（ξ）。空间电荷层的层宽（W）由下式计算：

$$W = \left(\frac{2\Delta\Phi\varepsilon\varepsilon_0}{qN}\right)^{1/2} \tag{1.13}$$

其中，$\Delta\Phi$、ε、ε_0 和 N 分别是空间电荷层间的电位差、半导体的相对介电常数、真空介电常数和少数载流子密度。在无表面态充电的简单情况下，$\Delta\Phi$ 可由 $E-E_{fb}$ 取代，其中 E_{fb} 为平带电位。根据式（1.12）可知，少数载流子的寿命可由 $-\ln(1-J/I_0)$ 对 $(E-E_{fb})^{1/2}$ 的曲线得到，其中 α 和 L 分别由斜率和截距的数值确定。通过该方法可以在硫酸水溶液中确定 p 型磷化镓的电子扩散长度，从图 1.6（b）中易于观察到低波段弯曲中会出现与式（1.12）的一些偏差[49]。

从光电极的空间电荷层和体相中收集光生少数载流子通常是一个非常快的过程。空间电荷层中少数载流子的迁移时间由载流子迁移率和电场决定。在体相中无缺陷态捕获的情况下，载流子在纳秒或更短的时间尺度上运输至表面。当少数载流子到达光电极/电解液界面时，它们可以直接从能带边转移至反应物或被位于带隙中的局域能级捕获。在许多报道中提到，载流子容易与晶格发生强相互作

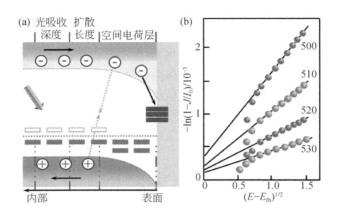

图 1.6　载流子在体相/表面的运动

（a）光激发后载流子分离和提取的示意图；（b）电子在磷化镓中的扩散长度（$L=7\times10^{-6}\,cm$）

用而形成极化子，特别是金属氧化物拥有形成超快电子极化子的行为[50,51]。载流子在缺陷位置捕获的过程通常伴随着几亿电子伏特的能量损失，其量级与极化子形成时的能量损失相似。即使在无掺杂情况下，也有一部分载流子被材料自身存在的缺陷位点所捕获。捕获载流子的速度（s）可以用载流子的热速度（v）、捕获截面（σ）和捕获态或氧化还原态的表面数密度（N）来表示[52]：

$$s=v\sigma N \tag{1.14}$$

虽然表面复合包括少数载流子捕获和多数载流子捕获两个过程，但是用少数载流子的捕获速度取代表面复合速度可能更合适。为了获得表面复合速度的数量级概念，可以假设捕获截面为 $10^{-17}\,cm^2$，热速度为 $10^7\,cm/s$，数密度为 $10^{12}\,cm^{-2}$，相当于大约 $0.1\,mol/L$ 反应物质或 10^{-3} 的表面覆盖率[16]。根据这些数值，计算出少数载流子的表面捕获速度为 $10^3\,cm/s$，意味着载流子在表面能带内的寿命小于 $100\,ps$。半导体/电解液界面可以作为光生载流子的额外储存位点，导致体相复合行为的增加。随时间变化的载流子浓度 $[\Delta n(x,t)]$ 由下式确定：

$$\frac{\partial\Delta n(x,t)}{\partial t}=\frac{D^*\delta^2\Delta n(x,t)}{\partial x^2}-\frac{\Delta n(x,t)}{\tau}+G(x,t) \tag{1.15}$$

其中，D^*、δ、τ 和 G 分别是双极性扩散系数、过剩载流子参数、载流子寿命和少数载流子的光生率。在这一部分中，载流子的运输模式只考虑由强光引起的体相扩散，以消除能带弯曲。此外，体相复合被建议为一级反应，而产生载流子的位置则依赖于光的吸收深度。界面电子转移的传递因子决定了界面电子转移和复合之间的竞争。如果有薄的氧化物层覆盖于表面或者氧化物层以某种方式延伸到近表面/体相，则传递因子将变小导致复合占主导地位。表面载流子的转移和捕获显然是一个快速的过程，但另一个慢的行为对光电流响应也有贡献。当少数载流子积聚在表面时，电子占据能级（即准费米能级）将偏离平衡值，从而多数载流子开始流入表面，致使捕获的少数载流子随之湮灭。虽然这一过程是通过能带平移快速接近完成的，但在耗尽条件下通常要慢得多，因为它需要遵循表面上多数载流子的浓度。假设多数载流子通过空间电荷层的传输不是限速步骤，则一级速率常数（k）与热速度（v）和捕获截面（σ）存在如下关系：

$$k = v\sigma n_{surf} \tag{1.16}$$

其中，多数载流子的表面密度（n_{surf}）为

$$n_{surf} = n_{bulk}\exp\left(\frac{-e\Delta\Phi}{kT}\right) \tag{1.17}$$

需要注意的是，光照几乎不影响多数载流子费米能级。例如，一级速率常数（k）等于 $3\times10^3 s^{-1}$，其中 $e\Delta\Phi$ 为 0.2eV，σ 为 $10^{-17}cm^2$，n_{bulk} 为 $10^{17}cm^{-3}$，v 为 $10^7cm/s$。同时，在强光辐照后，表面态需要约 1ms 才能恢复平衡，意味着在耗尽条件下表面上多数载流子的平衡浓度很低。相比之下，能带平移过程中 k 在 $1\times10^7 s^{-1}$ 左右。事实上，利用激光脉冲诱导的光电压和瞬态光电流，从空间电荷层和无场区提取光生载流子已经得到了广泛研究。大多数研究关注于瞬态的衰减部分，而不是包含载流子提取信息的上升部分，但一个例外是 Willig 等对少数载流子收集的时间分辨的研究[53]。

3. 表面催化反应

表面反应是光电化学转换的最后一步，是具有合适氧化还原电位的吸附物与光生空穴/电子进行反应而获得目标产物的过程。光电化学反应具有广泛的应用前景，如分解水产氢/产氧、碳转化、氨合成、金属物质提取和精细化工生产。在表面反应过程中，反应物需要首先向光电极表面移动，然后吸附在双电层的活性位点上，经过物质结构的重排和光电极/吸附物之间的电荷交换，在反应界面上合成产物，最终解吸并扩散到电解液体相中[54]。在这些步骤中，物质的吸附/解吸和界面上的电荷交换可以作为光电化学反应的速率控制步骤。然而，氧化还原反应的动力学行为（如分解水析氢反应的两电子转移）主要是多电子过程，这在半导体表面上通常是缓慢的。动力学上迟滞的反应可能阻碍热力学可行反应的实施。此外，一些改进策略（如异质催化剂的引入）已经用于加速光电极表面的反应速率和提升界面的电荷转移速率。在这一小节主要介绍反应动力学的基础和固体异质结作为助催化剂的设计，从而为层级光电极的发展提供一条可行道路。

传统的统计 Gerischer-Marcus 模型[55]和不可逆 Williams-Nozik 模型[56]已经讨论了在平衡或非平衡稳态和有无光照条件下半导体电化学中的载流子转移动力学行为。Lewis 小组对这两种模型进行了广泛的比较，结果表明 Gerischer-Marcus 模

型与现有的实验数据基本一致[57]。对于金属电极，电位扰动将直接影响电子转移的速率常数，因为电子转移的活化自由能依赖于穿过双电层的电极电位。金属电极上电子转移速率常数与电位之间的关系为

$$k_{ca} = k^{\ominus} \exp\left[\frac{-anq(E-E^{\ominus})}{k_B T}\right] \qquad (1.18)$$

$$k_{an} = k^{\ominus} \exp\left[\frac{(1-a)nq(E-E^{\ominus})}{k_B T}\right] \qquad (1.19)$$

其中，k_{ca} 和 k_{an} 分别是从阴极（阴极反应）到电极（阳极反应）的电子转移速率常数；$k^{\ominus}$、E、$E^{\ominus}$ 和 a 分别是标准的非均相速率常数、外加电位、电极反应过程的标准还原电位和阴极的转移系数；n、q、k_B 分别是载流子浓度、电子电量、玻尔兹曼常数。以一个简单的氧化还原反应（$O + ne^- \rightleftharpoons R$）为例，净电流密度可由下式得到：

$$J = nq(k_{an}[R] - k_{ca}[O]) = nqk^{\ominus}\left\{[R]\exp\left[\frac{(1-a)nq(E-E^{\ominus})}{k_B T}\right] - [O]\exp\left[\frac{-anq(E-E^{\ominus})}{k_B T}\right]\right\}$$
$$\qquad (1.20)$$

其中，[R] 和 [O] 分别是电极表面上还原物种和氧化物种的浓度。在式（1.18）和式（1.19）中，标准的非均相速率常数的单位为 m/s，意味着电子浓度不能用转移速率进行表示。因此，电极电位的变化只影响金属电极的速率常数。然而，宽带隙半导体电极的表面反应与金属电极的情况不同。在黑暗中，半导体/电解液结处于整流状态，电流仅在界面处流动，导致高浓度多数载流子积累在界面。电位降和双电层中多数载流子的浓度都取决于电位，这与式（1.18）和式（1.19）不符。对于被照射的半导体光电极，少数载流子的净转移速率可以直接从外部电路中的电流推断出来。在大多数情况下，不考虑表面复合，辐照半导体光电极上的光激发过程的动力学表达为

$$J = nqk_{mi}\rho^a c^b \qquad (1.21)$$

其中，J、n、q、k_{mi}、ρ 和 c 分别是电流密度、反应过程中电子转移数、电子的电量、少数载流子转移过程中的速率常数、光电极表面上少数载流子的密度和电解液中氧化还原物种的浓度；a 和 b 分别是空穴和电子供体的反应级数。在水分解反应中，光电极表面上少数载流子的密度是主要变量，因为反应物种的浓度可视为常数。当半导体为低掺杂浓度和低表面态密度时，k_{mi} 与电极电位无关。由于空间电荷层电容（C_{sc}）比双电层电容（C_H）小得多，电极中多数载流子能通过半导体光电极而无法通过双电层。如果高浓度掺杂半导体显示出相似的 C_{sc} 和 C_H，或者表面充电状态引起双电层电位降（费米能级钉扎）的变化，则先前的近似是无效的。在这种情况下，电位的变化不仅影响电极表面上少数载流子的浓度，而且影响空穴或电子转移的活化能。对于一个简单的氧化还原反应（如单电子得

失），k_{mi} 可由下式获得：

$$k_{mi} = \nu_n t_n t_{el} \qquad (1.22)$$

其中，ν_n、t_n 和 t_{el} 分别是沿反应坐标的振动频率（约 $10^{13}\,s^{-1}$）、核耦合量和电子耦合量。核耦合量取决于电子转移反应的驱动力（ΔG^0）和重组能（λ）：

$$t_n = \exp\left[\frac{-(\Delta G^0 + \lambda)^2}{4\lambda k_B T}\right] \qquad (1.23)$$

对于一个典型的半导体/电解液系统，电子耦合量大约是 $10^{-38}\,m^4$。当 $\Delta G^0 = -\lambda$ 时，t_n 获得最大值，相应的 k_{mi} 最大值为 $10^{-25}\,m^4/s$。然而，复杂的反应（如水裂解）涉及键的断裂/形成和吸附于表面的中间体，其速率常数可以比简单的氧化还原系统的速率常数低几个数量级。因此，开发有效的催化剂来促进电极/电解液界面上键的断裂和产物的形成，从而提高光电极的效率。图 1.7 示出了一些可用于光电化学析氢和析氧反应的先进催化剂[1]，它们以降低动力学过电位的形式减少了光电化学的能量损失。

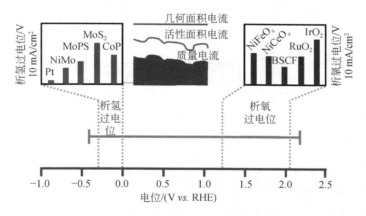

图 1.7　电催化析氢反应（HER）和析氧反应（OER）的实测过电位总结示意图

无论是否对半导体表面进行钝化，固态结的形成和助催化剂的添加都能够有效增加载流子寿命和加速表面反应动力学行为。几种固态结被用来提高光电极的光电化学性能（图 1.8）：薄的氧化物层或金属层（类型 I）用于提取电荷、钝化表面状态、降低反应能垒和增加稳定性[58]；半导体-半导体异质结（类型 II）有助于载流子的空间分离且延长载流子寿命[59]；在光电极表面引入助催化剂纳米颗粒（类型 III），以增加表面反应的活性位点[60]。其中，异质结的亚分类是由半导体带边的位置决定的。窄带隙半导体和宽带隙半导体之间通过量子隧穿效应可以形成 I 型异质结 [图 1.8（a）]，如非晶 $TiO_2/n^+p\text{-}Si$，在同一材料的两相上也可以观察到，如金红石型 TiO_2 和锐钛矿型 TiO_2[61]。多个工作表明薄的非晶绝缘体/硅基光电极是有前途的异质结，这种组合具有更低的初始电位、更大的饱和光电流、更长的工作时间、更好的载流子动力学和光电化学稳定性[62]。两种能带结构相似的不同半导体（如氧化钨/钒酸铋[63]）属于Ⅱ型异质结，其带边交错，使得导带和价带的边缘从一个半导体连接到另一个半导体 [图1.8（b）]，导致带边能量偏移而驱动电荷分离。这种异质结的能量特性可由两种半导体界面的空间电荷层进行调控，本质上源自两种半导体费米能级的差异，对应于每一种半导体中捕获态的能量分布差异。在光电极表面构筑纳米颗粒作为助催化剂（Ⅲ型异质结）是最广泛使用的固态结策略之一，以提高光电化学性能 [图1.8（c）]。然而，目前仍无法完全确认，助催化剂提升光电化学性能是由于更强的催化活性还是对载流子复合途径的阻滞。有些工作发现，助催化剂的添加没有增强表面的动力学行为，而光电化学性能却明显增强[64]。这种性能的提升主要归因于载流子分离效率的增加，从而减少了反向电子和空穴的复合。另外，许多研究工作也证实了添加助催化剂的光电极拥有更大的反应速率常数[65]。事实上，其他策略也已经被用来调整光电极表面的反应动力学，如杂质原子掺杂和缺陷工程。

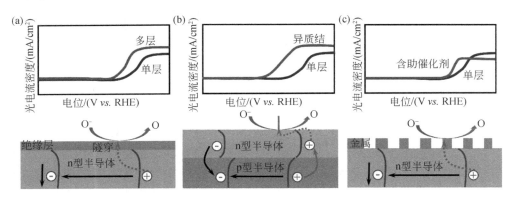

图1.8　各种类型固态结的能带结构和性能增强的示意图

（a）具有超薄覆盖层的光电阳极（类型Ⅰ），通过隧穿机制和表面钝化以提高光电化学性能；

（b）p+n异质结的光电阳极（类型Ⅱ），分离载流子，降低起始电位和

提高饱和光电流；（c）引入助催化剂的光电阳极，加速反应动力学行为

1.3　光电化学在能源领域的应用和发展

能源危机是当今世界面临的两大主要问题之一。利用太阳能进行光电化学反应，产生化学燃料和合成有用资源，不仅能够拓宽太阳能的化学利用范围，也能有效解决当前的全球性环境问题。鉴于驱动能源清洁、反应条件温和、操作及设

备简单、二次污染小等优势，可以预见光电化学技术能够在能源转换和物质合成等方面具有巨大的应用前景。本节将初步总结光电化学在能源方面的应用和发展。

1.3.1 光电化学分解水产氢

太阳能驱动水分解技术能够捕获太阳光并将水分解以形成干净的氢气，储存为清洁的化学能，被认为是满足未来能源需求的候选技术[66]。光电化学分解水是将反应催化剂和光吸收器结合成一个完全集成的系统，是太阳能驱动制氢的经济可行的解决方案[67]。自从 Fujishima 和 Honda 首次展示了光电化学分解水以来[26]，人们已经投入大量努力，开发了各种可用的光电化学器件，以实现更高的能量转换，特别是在光电极的效率和稳定性方面。窄带隙半导体光电极由于大的光吸收系数和广谱的光吸收，在光电化学分解水发展中具有重要地位。将捕获太阳光和水电解的功能集成在单一的光电化学反应系统中，在包装和整体系统成本方面是有利的。光电化学分解水装置通常分为整体式系统和分离电极系统。此外，根据光吸收器的数量，这些光电化学装置包括多个和单个光收集系统，如图1.9（a）所示。然而，即使是实验室光电化学分解水装置中性能最好的窄带隙半导体光电极也远远达不到实际应用的基本要求，主要问题是效率低、稳定性差。因此，在设计新型光电化学分解水装置时，既要考虑光电极的光电化学转换效率，又要考虑其稳定性。

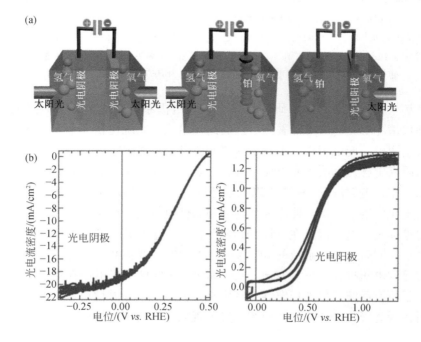

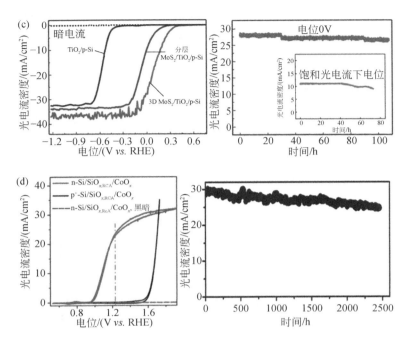

图 1.9　光电化学器件和优化窄带隙半导体基光电极在水分解过程中的效率和稳定性
（a）用于水分解的光电化学器件配置，包括多光电极系统、单光电阴极系统和单光电阳极系统；（b）在
1.0mol/L HClO₄ 电解质和 1 个太阳光照条件下，通过 120h 循环伏安扫描得到的 Pt/TiO₂/Ti/n⁺ p-Si 光电阴
极和 WO₃/FTO/p⁺n-Si 光电阳极的多光电极系统中光电流密度与电位的关系曲线；（c）单个光吸收器在
0.5mol/L H₂SO₄ 水溶液中光电阴极的效率和稳定性，如线性扫描伏安曲线和光电流密度–时间曲线；
（d）在模拟 AM1.5 G 太阳光照下，在 1.0mol/L KOH 电解质中的单一光系统中光电阳极的光电化学性能，
包括典型的光电流密度–电位曲线和在 1.23 V vs. RHE 时的光电流密度–时间曲线

近年来，一些实验室的研究聚焦在多光电极系统中光电化学装置的本征性质。理想情况下，一个可部署和可扩展的光电化学系统包括一个反应池，以协同集成光电阴极、光电阳极、电解液和外电路组件，用以维持其最佳和安全运行。在模拟研究中已经阐明了光电化学分解水装置的操作条件和限制，涉及光电极的组成和结构、电解液的 pH 要求以及各种反应池设计的几何参数组合[68,69]。为了优化光电化学性能，需要使用强酸性或强碱性电解液，以尽量减少质子通过膜分离的传输损失，这是因为在中性 pH 溶液中，通过离子交换膜的活性物质的转移量非常小。同时，当电解液的 pH 为接近中性时，光电极表面会由于 pH 梯度而发生明显的电压损失。另一方面，在严苛的 pH 条件下光电极拥有高的效率，但也限制了所有系统组件的稳定性。特别是在强酸性或强碱性溶液中，窄带隙半导体材料作为光吸收器易于发生溶解和腐蚀现象，需要通过表面处理或多层结构进

行保护。根据这一原则，Walczak 等设计和组装了 Pt/TiO$_2$/Ti/n$^+$p- Si 光电阴极和 WO$_3$/FTO/p$^+$n- Si 光电阳极的集成器件，完成了无外加电压的光电化学分解水 [图 1.9 （b）][70]。其中，光电阴极的开路电压为 0.49V，在 0V $vs.$ RHE 下光电流密度约为 19.3mA/cm^2，能够稳定工作 120h；光电阳极具有高的光电压和低的光电流密度 （约 1.2mA/cm^2），而且由于 WO$_3$ 层厚且带隙大，具有良好的耐用性[70]。因此，整个配置提供了有限的太阳能–氢能转换效率 （STH）。显然，一旦将窄带隙半导体光电阴极和光电阳极同时集成到光电化学分解水装置中，组装、带隙、层厚等诸多方面都会影响其效率和稳定性。

相对于复杂的多光电极系统，近四十年来，研究人员对单光电极系统的光电化学分解水进行了大量的研究和探索。这些研究大多数集中在窄带隙半导体基光电极的组成和结构以及其对半反应的影响。出于同样的原因，高效光电极的光电化学分解水系统可以在强酸性或碱性电解液中构建。此外，为了进一步提高 STH，在光电化学器件中通常采用的策略如下：埋置整流结的形成、串联半导体的组合、析氢或析氧助催化剂的使用以及纳米结构的构建。同时，还有几种策略，如建立保护层，以稳定光电极中的窄带隙半导体吸光器，使其在 pH 接近 0 或 14 的电解液中也可以用作析氢光电阴极或析氧光电阳极。在这些工作基础上，窄带隙半导体基光电极的效率和稳定性取得了重大进展。例如，Andoshe 等报道了单一窄带隙半导体基光电阴极在酸性溶液中能够获得较高的光电流密度 （在 0V $vs.$ RHE 时大于 25mA/cm^2） 和较长的寿命 ［大于 100h，图 1.9 （c）][71]。在 1mol/L KOH 溶液中，50nm 厚的 CoO$_x$ 层/n- Si 基光电阳极显示了更好的耐用性，运行超过 2500h，光电流只衰减了 14%，同时也具有较高的光电流密度 ［在 1.23V $vs.$ RHE 时大于 20mA/cm^2，图 1.9 （d）][72]。但是，现有的光电化学性能与工业应用要求仍存在很大的差距，特别是稳定性方面，这极大地阻碍了它们的商业化。

1.3.2　光电化学二氧化碳还原反应

近年来，化石燃料燃烧引发的温室效应成为亟须解决的问题。光电化学二氧化碳 （CO$_2$） 还原反应的发展不仅有望将取之不尽用之不竭的太阳能转化为可储存的增值燃料 （如甲醇、甲烷、甲酸），而且还可以减少 CO$_2$ 排放到大气中[73]。与光电化学水分解的研究工作相比，迄今为止关于光电化学 CO$_2$ 还原反应的研究工作相对较少[74]。造成这种情况的原因有以下几个方面：CO$_2$ 还原反应是复杂的，涉及多个质子–电子转移过程；与水分解析氢反应具有相似的自由能，存在竞争关系；缺乏优秀的助催化剂用于 CO$_2$ 还原反应，特别是指向性生成双碳产品，如乙醇[75]。目前，已有各种窄带隙半导体基光电阴极或光电阳极用于各种不同条件的光电化学 CO_2 还原反应中，如 Si、GaAs、Cu_2O。然而，这些半导体对 CO_2 还原反应的催化活性较差，因此在其表面集成活性组分用于完成高效的光电化学 CO_2 还原反应是必要的。在众多助催化剂中，选择 Au、Ag、Cu 和 Sn 等金属材料能够在水溶液中以低的过电位实施 CO_2 还原反应。此外，光电化学 CO_2 还原反应所使用的电解液条件与光电化学水分解是不一样的，前者更宜在近中性 pH 的溶液中进行。在碱性条件下，CO_2 溶解度低，导致光电阴极表面的反应物质浓度低，造成了严重的质量传输限制；而在酸性条件下，由于质子浓度高，分解水析氢将占据主导地位。在中性电解液和较低的过电位条件下，光电化学 CO_2 还原反应能以 $10mA/cm^2$ 的光电流密度高效和选择性地制备 CO 产物。

通常，实施光电化学 CO_2 还原反应的器件也可以分为多光电极系统和单光电极系统，包括光电阴极-光电阳极组合、光电阴极与电催化阳极耦合及光电阳极与电催化阴极耦合。当前，多光电极系统是一个理想的模型，其中光电阴极进行 CO_2 还原反应，光电阳极实施水氧化反应[76]。对于多光电极系统而言，选择能带结构匹配和催化性能优异的光电阴极和光电阳极材料面临着巨大挑战，致使整个系统的研究进展非常缓慢，特别是以窄带隙半导体作为吸光器。到目前为止，Son 等展示了一个以氢掺杂的硅纳米线作为光电阴极和磷酸钴/氧化铟锡/三重异质结硅作为光电阳极的多光电极系统，在外加电压下利用来自硫杆菌的甲酸脱氢酶将二氧化碳转化为甲酸[77]。与多光电极系统不同，单光电极系统在增强光电化学 CO_2 还原反应方面取得了实质性进展。由于 CO_2 还原反应是直接在光电阴极表面上实现的，因此光电阴极与阳极电催化耦合的结构受到了广泛关注。自 1978 年 Halmann 首次用 p-GaP 光电阴极进行光电化学 CO_2 还原反应以来[78]，研究人员已经开发和构建了一系列窄带隙半导体基光电阴极，有效地将 CO_2 和水转化为各种碳化合物。在这一类型系统中，研究的重点不仅是窄带隙半导体吸光器的选择，还包括保护层和助催化剂的开发，从效率和稳定性两方面提升光电化学 CO_2 还原反应的性能。例如，Chu 等利用 Pt-TiO_2/GaN/n^+p-Si 光电阴极实现了 0.87% 的太阳能-CO 转化效率，且在 0.5mol/L $KHCO_3$ 溶液和光强为 $800mW/cm^2$ 条件下器件稳定运行超过 10h [图 1.10（a）][79]。在另一个单光电极系统中，Zhou 等研究开发了一种用于光电化学 CO_2 还原反应的光电阳极，类似于光电化学水分解的光电阳极。因此，只在实验室级别考察了以光电阳极与阴极电催化耦合系统进行太阳能驱动的 CO_2 还原反应。其中，Ni/TiO_2/InGaP/GaAs 光电阳极与涂覆在钛网的 Pd/C 纳米颗粒阴极组合成一个 CO_2 还原反应系统，在 1 个太阳光照射下其工作电流密度为 $8.5mA/cm^2$，转化 1 个大气压 CO_2 为甲酸的法拉第效率是 4.94%，器件稳定运行 180h [图 1.10（b）][80]。根据这些结果，即使在中性电解液中，现有的光电极仍然表现出很低的效率和很短的使用寿命。

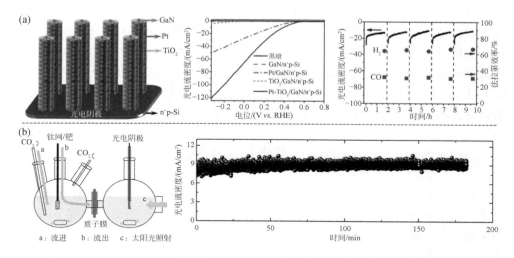

图 1.10　光电化学 CO_2 还原反应的效率和稳定性

（a）在光电化学 CO_2 还原反应中使用 Si 基光电阴极，包括光电阴极的结构示意图、光电流密度–电位曲线和光电流密度–时间曲线/法拉第效率；（b）InGaP/GaAs 基光电阳极的光电化学 CO_2 还原反应，包括反应系统的示意图和光电流密度–时间曲线

1.3.3　光电化学的其他反应

在过去几十年里，光电化学技术已经应用到能源领域的其他应用中，如氮还原合成氨反应、乙醇氧化反应和有机污染物的降解。虽然采用电催化技术和光催化技术对氮还原合成氨反应、乙醇氧化反应和降解反应已经进行了广泛研究，但是相应的光电化学反应研究仍处于起步阶段。

近年来，利用可再生能源在室温和低压条件下驱使氮气和水发生反应合成氨（NH_3）引起了人们的广泛关注。例如，Ali 等在 200mW/cm^2 照射下使用 Au 等离子体共振增强的纳米多孔 Si 光电阴极实现了有效的氮还原合成氨行为，其中氨产率为 13.3mg/($h \cdot m^2$)[81]。但是，这个工作并没有提供关于 Si 基光电阴极的效率和稳定性的信息，如光电流密度和稳定工作时间。为了探讨光电化学氮还原反应的法拉第效率和稳定性，本书作者构建了一种独特的亲气–亲水异质结 Si 基光电阴极[82]，考察了此类光电阴极在常温常压条件和酸性电解液中光电化学氮还原合成氨行为，获得了高的氨产率和优异的法拉第效率，具体内容将在第 3 章进行描述和讨论。为了满足未来清洁能源的需求，更多的努力应该被投入到光电化学氮还原合成氨反应的研究中。另外，一些光电化学系统已经被发展应用于乙醇氧化反应中。例如，Cai 等阐明 NiFe/ZrO_2/n-Si 光电阳极具有高的乙醇氧化活性，其在光照下的电流密度为 34.4mA/cm^2，比黑暗条件下的电流密度（13.6mA/cm^2）高了 1.5 倍[83]。在有机污染物的降解方面，早期的光电化学系统主要由 TiO_2 光电阳极和 Pt 阴极组成[84]。之后，TiO_2 光电阳极和 Pt 阴极逐渐被可见光响应的半导体光电阳极和光电阴极所取代。例如，$BiVO_4$ 光电阳极和 CuO/Cu_2O 光电阴极组合得到的光电化学系统显示出对苯酚的高效降解性，系统的短路光电流密度为 $0.3mA/cm^2$[85]。综上所述，光电化学技术在这些领域的应用仍需要大量研究，有待开发出适用于各种反应的高效且稳定的光电极。

1.4　零碳能源物质

目前，我国是世界第二大能源生产国和消费国，能源结构仍以含碳化石能源为主。随着我国经济和工业的快速发展，储量有限的化石能源（如煤、石油）与不断增长的能源需求之间的矛盾将会持续上升。在环境方面，含碳化石燃料的大量使用会排放出大量的 CO_2 温室气体和其他污染物，加剧了环境污染问题。通过监测发现，2023 年 12 月大气中 CO_2 的浓度约为 420ppm（$1ppm = 10^{-6}$），远高于工业革命之前的 290ppm。因此，必须加快建立清洁的可再生能源体系，促进低碳甚至零碳的现代能源燃料产业的发展，保障社会经济的持续健康增长。零碳能源物质是完全不含碳元素的化学物质，在燃烧过程中完全不排放 CO_2，且能够释放社会生产和生活所需的能量。目前，氢和氨是典型的零碳能源物质，其绿色合成路线已经受到众多研究人员的关注。本节简要总结了两种主要的零碳能源物质——氢和氨，以及它们作为能源载体对于当前能源体系的影响。在目前的研究中，氢能和氨能的绿色化合成和分布式应用也常常是关注的重点和热点，在本节中也将做一些归纳和描述。

1.4.1　氢能

氢是一种零碳且高质量能量密度的能源载体，常被视为"零碳能源物质1.0"。将太阳能、电能等不易储存的可再生能源转换为氢能具有重要意义。首先，可再生能源制氢可以实现储能，将多余的可再生能源转换为氢气储存起来，再通过燃烧或者发电等方式，实现高效、绿色的能源转换和储存。其次，利用可再生能源制氢的成功意味着可再生能源能够以氢的各种形态参与化学反应。例如，通过光电化学反应池进行水分解制氢，以液氢或有机液态储氢等方式运输到用氢站点进行使用，包括石油化工、制药企业、氢能源汽车等。另外，鉴于煤炭发电难以调节可再生能源发电的不稳定性，而且我国的天然气资源匮乏，无法形成大规模发电，氢燃料电池拥有高的动态响应率和宽的功率调节范围，能够应对可再生能源发电的不稳定性，保证电网的安全运行。因此，利用可再生能源分解水制氢有望成为可再生能源消纳和多元化利用的有效路径。

1. 可再生能源制氢技术

可再生能源制氢的方式主要有电解水制氢、光催化制氢、光电化学制氢和生物质制氢。不同于传统制氢技术（如煤气化制氢和天然气重整制氢）会在制备过程中有大量的 CO_2 排放，电解水制氢、光催化制氢和光电化学制氢在理想情况下以可再生能源作为驱动力，在制备过程中几乎不排放 CO_2，产生的氢气为"绿氢"，也称为"零碳能源物质 1.0"。为实现"双碳"目标，大幅提升绿氢的供给和使其占有更多的市场份额是必需的。当前，可再生能源驱动的电解水制氢仍然没有实现大规模产业化，其核心原因是可再生能源发电电价较高、火力发电占比高和每天持续运行时数有限，造成制氢成本较高且仍有一定的 CO_2 排放。光催化制氢在理论上是可行的，但是长期研究没有大的进展，特别是量子转换效率没有根本性突破，主要归结于光催化剂性能差和载流子利用率低等因素。光电化学制氢的发展趋势是随着太阳能–电能–化学能转换成本的逐渐降低和氢气在能源用途中的逐渐推广，从效率、稳定性、成本和安全性等多方面考量，在未来有望为加氢站提供现场制氢技术。光电化学制氢技术的核心在于光电极，其是吸收光、产生载流子和实施化学反应的场所，具体的内容将在第 3 章进行详细讨论。图 1.11 对光伏–电催化、光催化和光电化学三种技术从技术就绪水平、可用性、经济性和原材料等方面进行了对比。生物质暗发酵法制氢是当前生物质制氢的主要方式，但是混菌发酵底物利用效率低，且发酵液内含有较高浓度的乙酸、丁酸等物质。目前，国际上对暗发酵生物制氢技术的研究多停留在实验室研究阶段。

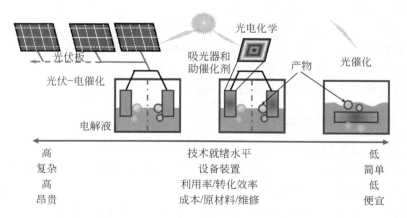

图 1.11　光伏–电催化、光催化和光电化学在技术和成本方面的比较示意图

2. 氢能经济的可行性

目前，我国能够年产 3000 万 t 以上的氢气，其中大部分用于石油化工和煤化工领域，达到总氢气使用量的 50%。合成氨是氢气应用的第二大户，能够达到总氢气使用量的 45%。煤气化制氢和天然气重整制氢目前仍是我国工业领域氢气的主要来源，会产生大量的 CO_2。因此，推广可再生能源制氢技术可以节省工业领域中部分化石能源的使用，减少 CO_2 的排放。相比于化工领域，氢气在交通和天然气燃烧领域的需求占比较低。然而，随着未来多元化的需求，氢气在这些领域的应用将得到大力发展。在交通领域，氢气的应用将集中在燃料电池汽车上。根据国家政策，燃料电池汽车的产业化主要需要经历两个阶段：第一阶段是 2006～2014 年，国内相关法规和规章将氢气定性为危险化学品，而不属于能源化学品，只能作为化工原料，无法当作燃料电池汽车的动力能量来源；第二阶段是 2015 年至今，财政部等部门发布《关于 2016—2020 年新能源汽车推广应用财政支持政策的通知》，支持燃料电池汽车作为新能源汽车的车型之一，购买燃料电池汽车将获得国家一定的补贴。2016 年，中国标准化研究院和全国氢能标准化技术委员会正式发布了《中国氢能产业基础设施发展蓝皮书（2016）》。在天然气燃烧领域，将氢气与天然气混合，利用现有的天然气管道运输到天然气负荷中心，这是氢能的新兴需求。这一方面可以解决我国天然气需求持续上升的问题。2019 年，我国天然气的对外依存度高达 44%，通过氢气替代部分天然气，从而提供热能和电能，有利于缓解天然气供应压力，提升国家的能源安全水平。另一方面，当掺氢天然气的量很大时，现有西气东输、川气东输等的 8 万 km 天然气主干管网和庞大的支线管网将被充分利用，可以实现低成本氢气大范围运输，促进西部可再生能源制氢的发展，实现低廉的绿氢供应，对我国能源结构转型具有重要意义。综上所述，氢气在不同领域均有巨大的需求，特别是在化工、交通和天然气燃烧领域，而可再生能源制氢技术能够提供一种清洁低碳的制氢方式，实现对传统化石燃料如煤和石油的替代。

3. 推动清洁能源系统的发展

构建以可再生能源为主体的清洁能源系统是实现"双碳"目标的必要方式。但是，可再生能源发电（如光伏发电）具有间歇性的特点，需要与储能系统配合，以满足实时的平衡电力供需。从最早抽水蓄能发展至今，目前储能系统正向多元化的方向发展。其中，在新型储能系统中，含锂电池是相对成熟的储能技术，主要起短期储能作用。相反，化学物质通常用于长期储能系统，发展可再生能源制氢可视为一种新兴的化学储能技术，对于可再生能源的高效利用具有关键作用。氢气作为零碳能源载体之一，通过光电化学分解水制氢以及燃料电池方法可以在太阳能、化学能和电能之间转换，从而实现可再生能源与化学物质之间的协同优化。氢能产业链各环节与电力的"源网荷储"存在紧密联系。光电化学制氢具有灵活的运行性和好的扩展性，有利于适应可再生能源发电（如光伏发电）的随机波动；利用光电化学分解水制氢，拓宽太阳能的应用范围，可将多余的太阳能转化为氢能并储存，提升太阳能利用效率；氢气供应环节的内置储存能够起到缓冲作用，基于电力系统的需求，实时调控氢气产量，从而缓解电力消耗和长时间消纳可再生能源的波动，实现季节性储存。事实上，氢气不仅具有长期储能性质，也能够起到短期储存作用，从而多方位提高综合能源系统中能源的利用率。

综上所述，从可再生能源和氢能的发展而言，光电化学分解水制氢能够充分利用太阳能与氢能各自的优势并结合起来，从而实现优势互补，有利于两种能源的协同发展。光电化学分解水制氢是促进太阳能消纳和实现绿氢供给的重要举措，是连接可再生能源与氢能的关键部分。通过光电化学分解水制氢这种方式，能够保障氢气的制取过程是清洁低碳的，对于整个氢能产业的清洁化和低碳化起关键作用，从而有助于我国能源转型目标的完成。

1.4.2 氨能

日本在 2021 年发布了第 6 版《能源基本计划》，首次进行了氨能产业布局，提出了氨能概念。氨作为储能和储氢载体，其生产、储存、运输和应用的技术多种多样，被视为"零碳能源物质 2.0"。氨最初被用作氮肥、药物、营养品等产品的化工原料。随着氨能产业的不断布局，氨合成、储运和应用范围的相关研究也越来越多。未来氨能的能源路线，将主要围绕"可再生能源–合成氨能–氨能直接/间接应用–终端场景能源结构"持续发展，最终形成一条可行的氨能产业链。

1. 氨能的可行性分析

氨通常以气态和液态的形式存在，通过变更物理条件两种形态可以互相转换。相比于氢，氨在常温下加压即可液化，临界温度、临界压力和沸点分别为 $132.4℃$、$11.2MPa$ 和 $-33.5℃$。另外，氨也易被固化成雪状固体，熔点为 $-77.75℃$。同时，氨具有很强的腐蚀性和挥发性，增加了制备、储存和使用设备的成本。但是，从另一个角度考量，液氨挥发产生的氨气具有强烈的刺激性，操作者能够非常容易地察觉到氨的泄漏，不易引发恶性事故，与无色无味的氢气形成了鲜明的对比。相对于液氢而言，液氨储运网络非常健全，储运条件也极其成熟。事实上，氨的流动性与汽油相近，按相同的计量控制比计算，氨的高热值（$22.5MJ/kg$）约相当于汽油高热值（$47.3MJ/kg$）的 50%，近似于甲醇的高热值。相比于甲醇、天然气和煤炭等其他含碳燃料，在裂解过程中氨的能量消耗更低，归结于氨不含碳，能够省去裂解制氢环节的碳捕获和一氧化碳净化工序，这在整体上凸显了氨能在成本和技术方面的优势。

2. 氨的合成技术

从零碳经济出发，实现氨能的基础是开发大规模合成绿氨的技术。目前，合成氨的技术已经迭代了三代：第一代技术以裂解化石燃料制备的氢气为原料，通过哈伯-博施法合成氨，由于原料和方法都涉及大量 CO_2 的排放，此技术合成的氨称为"灰氨"；第二代技术应用可再生能源分解水制备的氢气为原料，仍是使用哈伯-博施法合成氨，整体而言这个过程中 CO_2 的排放量小于第一代的合成过程，所获得的氨为"蓝氨"；第三代技术直接以可再生能源和水分子作为驱动力和质子源，实施产业化的氮还原反应合成氨，在合成过程中无 CO_2 的排放，得到的产物为"绿氨"。在国家的"双碳"目标下，前两代技术已经不在未来的氨能经济规划中，但是第三代技术目前仍受限于效率、成本、成熟度、可行性等问题，无法实现大规模绿氨供应。技术研究方面，MacFarlane 课题组通过改变电极结构和优化氮还原工艺，研发了电化学锂介导的氮还原反应。该方法对合成氨具有极高的选择性，以锂金属作为介导物质、乙醇作为牺牲质子供体，引入磷盐作为质子穿梭机，在拥有接近工业水平电解电流密度的同时，得到了 88.5% 的高电流效率和毫克级别的氨产率[86]。需要明确的是，第三代技术的制氨工艺不仅在理论上所需的能量更少（约 7.5%），还能够避免哈伯-博施工艺的高能源消耗、高压设备需求和大金额资金投入。随着技术的发展，以氮还原工艺的 60% 能源效率作为基础，平衡其对哈伯-博施工艺的能源和资金成本的节省，也明显比可再生能源制氢工艺的 80% 能源效率更经济。目前，受限于第三代制氨技术的效率远未达到实际生产的要求，开发高效的合成绿氨技术将获得巨大的回报。

3. 氨能的应用领域

由于优异的能源属性和储能属性，氨在清洁动力燃料和储氢载体等新市场方面具有极大的应用潜力。在"双碳"目标愿景下，氨将构建起氨能经济体系，推动低碳社会的发展。氨的主要利用形式包括：①直接燃烧，提供热量、电力、动力等；②直接或间接（裂解为氢气）作为燃料用于燃料电池；③作为原材料用于化工企业和制药企业等。自进入 21 世纪以来，多个发达国家（如日本）在氨能应用领域进行了积极探索，取得了一系列的重要进展。从 2020 年开始，德国将氨直接用于燃烧领域，研发了氨燃料船用发动机，并在 2024 年推出首台氨燃料二冲程发动机。而在 2021 年，日本实现了在 2000kW 级燃气轮机中稳定燃烧 70% 液氨，且释放的气体产物无氮氧化物。在这些探索下发现氨作为发动机燃料具有以下优势：液氨密度接近汽油，其辛烷值远高于汽油，抗爆性能优异，可同时提高发动机输出功率和节约燃料；使用氨燃料无需对发动机构造进行大幅调整；与传统的化石燃料相比，氨燃烧所排放的尾气不需要考虑碳化氢、烟尘微粒、二氧化硫等污染物的脱除，处理过程简单、维护费用低；现有加油站等基础设施可满足液氨加注需求。在氨燃料电池领域，日本研发了供氨式固体氧化物燃料电池，并实现了 1000h 的连续稳定发电。氨作为燃料电池的燃料具有以下优势：完全燃烧的产物为水和氮气，不会产生使燃料电池中毒的 CO；在常压下液化温度为–33℃，易于储存和运输；具有强烈的刺激性，当空气中氨的浓度达到 $3.5 \sim 7.5 mg/m^3$ 时就能够被察觉；极易溶于水，密度小于空气，出现泄漏情况易处理，少量的氨泄漏还能被植物吸收。在氨裂解制氢领域中，韩国发展了一项利用氨制备高纯度氢的新技术，研发装置具有分解氨和分离纯氢功能，可持续产生高纯度氢气。氨作为氢的载体，具有高的含氢量（同体积液氨比液氢多 60% 的氢），易于储运，氢–氨转换技术较为成熟，基础设施完善，安全性高且成本低（氨储罐成本约为氢的 2%）。由此可见，液氨是最具竞争力的氢载体，能够实现大规模的长期储氢，且无 CO_2 排放。

　　综上所述，为了应对全球能源危机与环境污染，世界各地都掀起了一股开发可再生能源合成零碳能源物质替代化石燃料的新浪潮。其中，氨作为清洁高效燃料，具有燃烧值高、绿色经济可行和储运安全便捷的优势，具有不容小觑的发展潜力。在现有的能源设施中，氨可直接燃烧提供热能和动能，也可在燃料电池中转化为电能。作为合成氨和用氨的大国，我国具有良好的氨工业生产基础，为推动氨能经济产业链奠定了坚实的基础。氨能的发展不仅有助于我国从化石能源向可再生清洁能源转型，还能实现能源自给与环境保护，符合我国能源安全战略。

第2章　光电化学中层级光电极的构建和表征

2.1　引　言

在全球人口膨胀和现代工业扩张背景下，大量的化石燃料被使用，不可避免地出现了能源危机和全球变暖等问题。这促使研究人员寻找新的途径可持续合成清洁燃料。其中，尝试利用太阳能将地球上丰富的水资源、CO_2 和 N_2 转化为化学燃料不失为一个可行方案，被化学家视为"现代科学的圣杯之一"[87]。但是，将太阳能转化为燃料，即使是最简单的氢燃料，也面临着巨大的科学和技术挑战。在各种装置中，光电化学装置能够将催化剂和太阳能吸光器结合成一个集成系统，是一种潜在可行的太阳能–化学能转换器件。

在光电化学器件中，半导体材料能够吸收太阳光，为光电化学反应提供驱动力，扮演着光电化学器件的"大脑和心脏"的角色。自 1972 年 Fujishima 和 Honda 发现 TiO_2 单晶光电极可以用于光电化学分解水以来，大量的无机半导体材料被开发和探索作为光电极的吸光器，包括金属氧化物、第Ⅳ主族、Ⅲ-Ⅴ族化合物和金属硫族化合物。根据能带间隙的大小，材料的能带间隙小于 2.3eV 时则为窄带隙半导体，如第Ⅳ主族、Ⅲ-Ⅴ族化合物和金属硫族化合物，反之则为宽带隙半导体，主要为金属氧化物。相比于宽带隙半导体基光电极，窄带隙半导体基光电极具有大的光吸收系数和广谱的光收集性质。在光照下，这些半导体基光电极有望通过各种光电化学行为有效地将太阳能应用到化学反应中。在光电化学反应过程中，这些半导体材料存在着效率和稳定性的耦合现象，例如，窄带隙半导体基光电极能够产生高的光电流，却易在水性电解液中发生腐蚀和快速氧化，而宽带隙半导体基光电极只能吸收部分太阳光，产生低的光电流。为了实现高效、稳定的光电化学反应，研究人员一直致力于开发层级结构的光电极，以集成催化、防护和光吸收为一体[88,89]。

在实现光电化学产业化的过程中，有三个主要问题需要考虑：效率、稳定性和规模化。从应用的角度，光电极必须要有良好的太阳能–化学燃料转换能力，包括高的光吸收、快速的电荷分离和转移以及高效的表面反应。截止到目前，几乎所有的半导体基光电极都存在一个或多个挑战，如差的光吸收、高的载流子复合、缓慢的表面反应等。为了解决这些问题，研究人员通过在光电极上构筑多结吸收结构、引入助催化剂或者形成内建电场等方式，改善其光电化学性能。另外，以窄带隙半导体基光电极为例，当光生电子/空穴的准费米能级高于/低于半导体材料的热力学还原/氧化电位时，半导体吸光器就会发生腐蚀。在多个研究中已经证实，在窄带隙半导体表面堆叠保护层能够有效防止光腐蚀，并保持较高的光-电转换性能。光电极的造价会影响光电化学过程中大规模利用太阳能合成化学燃料的前景，应该在考虑效率、稳定性和价格的基础上寻求一个合适的层级结构来制备实用化光电极。

2.2　层级光电极概述

为了实现优异的光电化学性能，光电极需要同时满足以下几个关键要素：吸光器拥有合适的能带结构，可以充分吸收太阳光的可见光区域，同时提供足够的光电压驱动化学反应；光电极在电解液中能够保持长期稳定运行，要求光生载流子在光电极内部传输和表面注入时不会与材料本身发生反应而引发腐蚀现象；光电极表面具有优异的活性位点，能够加快反应速率，提高载流子的注入效率。经过几十年的发展和研究，目前仍无任何单一半导体材料能够同时满足以上三个要素，因此将多种单功能材料进行集成，以层级结构形成一个多功能的光电极，为满足实用化的光电化学反应带来了曙光。从上面三个要素来看，层级光电极通常可由三部分组成，主要包括吸光器、保护层和助催化剂。其中，某些材料能够同时扮演两种角色，而某些材料则功能比较单一。如此，由多种材料构筑的层级光电极又可以分为双层光电极、三层光电极和多层光电极（层数大于3）。为了明确层级光电极的构造，本小节将简要总结能够作为吸光器、保护层和助催化剂的材料。

2.2.1　吸光器

根据少数载流子的差异，半导体材料可分为 n 型半导体和 p 型半导体，分别对应作为光电阳极和光电阴极的吸光器。在光照下，吸光器能够吸收特定波长的光子，将电子从价带激发至导带，产生光生载流子，实现光-电转换。大多数常用作光电极吸光器的半导体材料及其能带结构见图 2.1[8,27]。基于 TiO_2 在光电化学反应中的开拓性应用，科研人员先期主要集中使用 TiO_2 基材料作为光电阳极的吸光器，但是其因宽的能带间隙只能吸收紫外光，导致太阳能利用率难以超过1%。在近二十年中，其他一些 n 型半导体材料被相继开发作为光电阳极的吸光器，如 n 型 Si、GaP 和 GaAs 等。其中，由于窄的能带间隙（约 2.3eV）、稳定的析氧行为和简单的制备工艺等，$\alpha\text{-}Fe_2O_3$ 吸引了众多研究人员的关注。但是，$\alpha\text{-}Fe_2O_3$ 的光吸收系数低和电荷传输电阻高限制了其光电化学性能，并且其平带电位较正，不利于在低外加电压下进行氧化反应（如分解水析氧反应）。尖晶石型铁氧体 MFe$_2$O$_4$（M=Zn、Mg 和 Ca）也呈现了一些与 α-Fe$_2$O$_3$ 相同的特性，如优良的光化学稳定性和较好的可见光吸收能力。在 α-Fe$_2$O$_3$ 兴起的同期，一种能带间隙相对较小（约 2.4eV）的多元金属氧化物 BiVO$_4$ 同样受到了科研人员的关注。在研究过程中，Pihosh 等[90]用 BiVO$_4$ 作为吸光器在 1.23V *vs.* RHE 电位下获得了 6.7mA/cm^2 的光电流密度，相当于其理论光电流密度的 90%。然而，BiVO$_4$ 也存在一些问题，如在水溶液中不稳定，易发生化学/光/电腐蚀现象，且会随着光强、电位和 pH 等的变化而加剧。Ta$_3$N$_5$ 具有适合的能带边缘，且能够吸收小于 600nm 波长的太阳光，换算成理论光电流密度可达 12.9mA/cm^2，受到了研究人员的广泛关注。

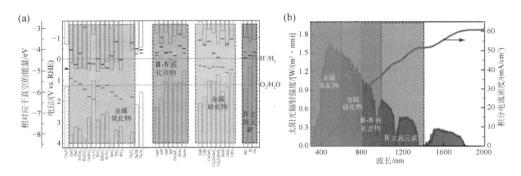

图 2.1 　（a）常用的半导体材料及其能带结构；（b）AM 1.5G 太阳光谱和几类半导体的大致光吸收面积

　　相比于 n 型半导体作为光电阳极吸光器需要实施氧化反应，p 型半导体作为光电阴极的吸光器通常无需考虑空穴的氧化行为，因此从理论上而言应该更加稳定，但是一些窄带隙的 p 型半导体材料本身就具有差的化学稳定性，无需空穴参与即会发生腐蚀现象，如 p 型 Si。目前，研究人员已经开发了多种 p 型半导体作为光电阴极吸光器（图 2.1）。其中，窄带隙的 Ⅲ-Ⅴ 族化合物（如 InP）被应用于光电化学分解水制氢领域，但是由于其低的光电压仍需外加电压才能实施。随之，三元的 Ⅲ-Ⅴ 族化合物（如 GaInN、InAlP）也可用作光电阴极的吸光器，发现此类化合物的光电化学性能与结晶性密切相关。此类晶态化合物通常具有较高的载流子迁移率，其能带边缘也适合驱动分解水制氢反应，但是储量很低，价格昂贵。对于 Ⅱ-Ⅵ 族化合物（如 CdSe、CdTe）作为光电阴极的吸光器，大部分都具有很高的光吸收系数，能够提供高的理论光电流，但这些材料应用于光电化学反应中也存在着自身固有的问题，如差的稳定性和材料本身的毒性。相应的三元铜硫属化合物拥有着光吸收系数高、直接带隙可调等优势，也显示了特有的不稳定问题。具有 1.1eV 能带间隙的 Si 材料是比较成熟且具有代表性的光电阴极吸光器，通过负的导带底边能够驱动多种还原反应。鉴于 Si 的间接带隙和光吸收深度，研究人员一般选择构筑纳米多孔结构，利用大的长径比缓解光吸收深度和光生载流子扩散距离之间的矛盾。除了上述材料以外，p 型金属氧化物 Cu_2O 的理论太阳能–化学能转换效率约为 18%，常用于分解水制氢和 CO_2 还原的研究，由于制备简单、材料廉价和效率优异而被视为理想的光电阴极吸光器，但是 Cu_2O 也具有稳定性差、表面无催化活性等问题。

2.2.2　保护层

保护层通常具有优异的化学稳定性，覆盖在吸光器表面，将吸光器与电解液隔离，使吸光器在光电化学反应过程中不易发生腐蚀，能够维持长期的稳定运行。保护层是窄带隙半导体基光电极实现工业化应用的必要组成部分。在光电化学系统中，理想的保护层需要同时满足三个基本条件：耐腐蚀性，为光电极的长期工作提供保障；高透光率，不影响吸光器对光的吸收，确保太阳能利用效率；低阻的载流子传输通道和匹配的能带结构，利于载流子在固/固界面的分离和在保护层内的传递。基于这些要求，研究人员开发了几类材料作为光电极的保护层，分别为贵金属薄膜、宽带隙氧化物薄膜、透明导电薄膜、硫化物薄膜和碳薄膜。

在贵金属薄膜保护层中，Pt 和 Au 是研究最多的两种材料，它们都具有优异的化学稳定性，适用于发生光电化学还原反应的光电阴极。Maier 等[91] 在 p 型 Si 上涂覆了 Pt 层后，其能够运行长达 60 天，为实用化光电化学分解水制氢奠定了基础。然而，贵金属薄膜的厚度必须控制在 10nm 以下，以避免光的吸收和反射而降低太阳能的利用率，不然会限制光电极的光电流输出。薄的贵金属薄膜必然会降低保护层的防护能力，影响光电极的稳定运行时间。另外，贵金属储量稀少，价格昂贵，会导致光电极的成本增加，不利于推进光电极的实用化进程。与贵金属薄膜不同，宽带隙氧化物材料具有高的可见光透过率，被认为是最有前途的保护层之一。此类氧化物层通常在水溶液中具有良好的化学稳定性，能够抑制光/电腐蚀现象，典型代表材料为 TiO_2、Al_2O_3 和 NiO_x。特别是，TiO_2 保护层被广泛应用于各种光电极，能够在 pH 范围从 0 到 14 的电解液中长期稳定防护。但是，此类氧化物保护层通常载流子传输能力极差，致使当前大多选择非晶态结构和层厚小于 5nm 的氧化物薄膜作为保护层，以维持优异的电流通量（大于 1A/cm²），但这样的形态又会限制其稳定性。所以，目前以氧化物作为保护层的光电极稳定运行时间仍大多处于 1000h 以内。透明导电薄膜一般为氧化铟锡（ITO）和铝掺杂氧化锌（AZO），能够同时满足载流子传输和光透过的需求，但是其具有难以克服的缺陷，在强酸强碱下显示了差的稳定性。在酸性和中性的电解液中，MoS_2 和其他硫族化合物常作为光电极的保护层。以 MoS_2 为例，在低光强和小光子能量作用下，MoS_2 层在无氧酸性溶液中具有极低的腐蚀速率。另外，相比于宽带隙氧化物保护层，MoS_2 层能够为分解水制氢提供催化活性位点，加快析氢的反应速率。事实上，碳材料与 MoS_2 作为保护层能够起到相似的作用，包括载流子传输、一定的光透过性、活性催化位点等，但是其稳定性比较有限，难以维持长时间的光电化学运行。

2.2.3　助催化剂

　　光电极表面的化学反应作为光电化学技术中重要的一个环节，一直影响着光电化学器件的性能。开发有效的助催化剂可以促进光电极/电解液界面上反应物种进行断键和成键，是改善表面反应动力学和提高光电化学效率的关键因素。以光电化学析氧反应为例，图 2.2 简易描述了助催化剂在光电阳极表面加快反应速率的作用。从图可知，助催化剂负载在光电阳极表面上降低了水分解析氧的活化能（E_a），提高光电流密度，降低反应的过电位，增强光电化学性能。事实上，助催化剂的功能各不相同，如促使载流子分离，而且在电极表面的作用相当复杂，需要根据需求进行特定匹配。

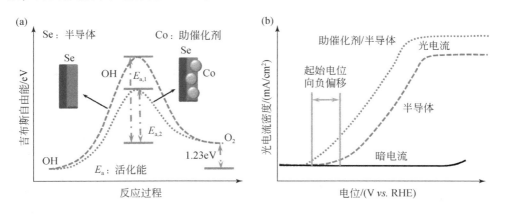

图 2.2　助催化剂对水分解析氧反应能垒（a）和光电化学性能（b）的作用示意图

　　常作为析氢助催化剂的材料有 Pt、Pd 和其他过渡金属或合金。到目前为止，Pt 基材料仍然是最好的析氢助催化剂，然而高昂的价格和稀少的储量限制了其大规模应用。近年来，越来越多的新型助催化剂被开发和研究，用于提升各种光电阴极的分解水析氢性能。Warren 等[92]利用光照辅助恒电流沉积将 Ni-Mo 修饰在 n^+p-Si 表面，所制备光电阴极显示了与 Pt 修饰光电阴极相近的开启电压（约 0.45V）和略低的饱和光电流密度，以及在弱酸溶液中具有良好的稳定性。研究人员也研究了 $CoSe_2$[93]、CoP[94] 和 NiFe 掺杂 In_2S_3[95] 作为助催化剂，负载在 Si 基光电阴极上，显示出较好的光电化学析氢性能。在光电化学二氧化碳还原反应中，Au 和 Cu 基材料常常作为助催化剂，负载在光电阴极上提升产率和法拉第效率。光电化学分解水析氧为四电子反应过程，比析氢反应更为复杂，是光电化学水分解过程中的决速步骤。另外，光电阳极表面发生析氧反应，会引发电极表面发生自氧化腐蚀现象，析氧助催化剂的引入是提高光电阳极性能的重要手段。Mei 等[96]通过磁控溅射将 Ir 沉积在 p^+n-Si 表面作为助催化剂，所制备光电阳极在强酸电解液中完成了 0.97V 的开启电压，且能够稳定运行 18h。尽管 Ir 基助催化剂在提升光电化学分解水析氧方面表现优异，但 Ir 与 Pt 一样，属于贵金属，产量稀少，价格高昂，无法进行大规模生产。因此，开发廉价、新型析氧助催化剂的研究也受到了广泛关注，其中一些实验已经证实部分金属氧化物具备优异的助催化性能。Wu 等[97]通过水热法在 n 型 Si 基光电阳极上制备了 $NiMoO_4$ 助催化剂，用于加速载流子从 Si 基光电阳极到电解液的转移，进而致使光电流密度提升 27 倍和开启电压负移 90mV。另外，CoO_x[98]、NiO_x[99] 和 $NiFeO_x$[100] 等氧化物材料也被多个研究团队用作助催化剂，提升光电阳极的光电化学析氧性能。

2.3　层级光电极的设计准则和种类

迄今为止，通过各种策略已经设计和制备了大量的光电极，用于追求高效且稳定的光电化学体系。虽然光电极材料的组成和晶体结构可能存在不同，但是用于调整光电极效率和稳定性的策略仍可大致分为四类：表面修饰、双层结构、三层结构和多层结构（$n>3$）。第一个策略主要涵盖了半导体吸光器的表面修饰，但这种方法通常无法解决材料在效率和稳定性方面的本征缺陷，将不再对这一策略详细讨论。在 2.3.1 节中，将系统总结双层光电极体系，侧重于表面层的多样性和通用性。根据表面层的导电性，此部分进一步分为两种类型来评价表面层的功能：导体/半导体和半导体（绝缘体）/半导体。2.3.2 节将重点介绍三层光电极，包括导体/半导体（绝缘体或导体）/半导体和半导体/半导体（绝缘体或导体）/半导体，目前关于三层光电极的效率和稳定性方面仍缺乏系统的阐述。2.3.3 节将简要讨论多层光电极体系，回顾高效、稳定光电极的构建方案。此外，需要明确的是，0V *vs.* RHE 和 1.23V *vs.* RHE 对应的光电流密度分别作为评估光电阴极和光电阳极的效率指标。当所报道的文献没有提及光电极含有自氧化层时，这类氧化层将不会归为保护层。

2.3.1　双层光电极

在光电极中双层结构的应用已经取得了长足的进展，总体目标是提升吸光器材料的效率和稳定性，使其在腐蚀性环境中完成光电化学反应。根据表面层的导电性，双层光电极可分为导体/半导体和半导体（绝缘体）/半导体。导体/半导体光电极中，表面的导体材料主要包括硫化物、磷化物、金属或合金、碳材料和有机分子。在这种结构中，硫化物和磷化物具有良好导电性能和半金属性质。在半导体/半导体光电极中，表面的半导体材料主要包括氧化物、硫化物、氮化物、钛酸盐、砷化物和有机分子。另外，由于研究较少和具有相近的能带间隙（如 Al_2O_3 和 TiO_2），绝缘体/半导体光电极与半导体/半导体光电极放在一起进行讨论。

1. 导体/半导体

为了更好地理解导体/半导体光电极，图 2.3 和图 2.4 分别总结了此类光电阴极和光电阳极的性能，并对它们进行了比较和讨论[8]。由图 2.3 可知，导体/半导体光电阴极随着表层材料的变化适用于不同 pH 的电解液，其效率和稳定性也存在着明显的差异。所有这些光电阴极只是在 pH≤10 的范围内进行光电化学测量。正如图 2.3 中高亮区域所示，导体/半导体光电阴极在酸性电解液中比在中性电解液中具有更高的光电流密度（以 n^+p-Si 为例，在 0V $vs.$ RHE 下可达 $35mA/cm^2$）和更长的稳定工作时间（超过 48h）。从导体材料的角度来看，将硫化物和磷化物涂覆在吸光器表面，能够加速表面反应和减少表面电荷的积累，从而显著增加光电流输出和提供相对稳定的反应行为[101]。当表面层为金属或者合金时，应考虑它们对光透过的影响因素。为了实现高的光电流输出，金属或合金材料通常以多孔层或纳米颗粒的形式覆盖在半导体吸光器表面，以尽量减少光透过的损失。但是此类光电极在水性电解液中只能维持短期运行，这归结于半导体吸光器的一部分直接暴露在溶液中。相反，共形金属层或合金层可以有效地将吸光器与溶液隔离，然而共形层会抑制半导体的光吸收。因此，很少有以金属或合金为导体材料的光电阴极能够同时实现高的效率和良好的稳定性，如图 2.3 所

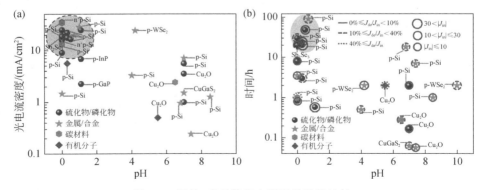

图 2.3　导体/半导体光电阴极的性能比较

（a）在 0V $vs.$ RHE 下光电流密度的绝对值与电解液 pH 之间的关系；（b）稳定运行时间与电解液 pH 之间的关系（图中｜J_{in}｜单位为 mA/cm^2）。表面的导体材料分别为硫化物/磷化物、金属/合金、碳材料和有机分子

示。此外，以石墨烯材料涂覆表面在提高光电阴极的效率上具有优势[102]，而有机分子［如 Ni(TEDA)$_2$Cl$_2$[101]］可以延长光电阴极的寿命。然而，这两种材料的研究有限，难以给出明确的定位。

　　图 2.4 显示了导体/半导体光电阳极随着表层材料的变化适用于不同 pH 的电解液。相比于光电阴极，此类结构的光电阳极研究更少。由图 2.4 可知，导体表层的存在只是略微提高了光电阳极的光电流密度，但是几乎不能延长其使用寿命（小于 20h）。在正的外加偏压使用条件下，半导体吸光器极易在腐蚀性电解液中发生腐蚀和氧化。从已报道的数据可知，表面的导体层有利于提升光电化学性能，促使光电极的光电流输出接近理论值。不幸的是，尽管导体/半导体结构可以将电荷注入反应物，加速反应动力学行为，以避免电荷积聚在光电极和电解液界面处，但是导体层的多孔形状和超薄厚度致使半导体吸光器仍会高概率发生腐蚀。因此，导体材料可以认为是提高光电极效率的有力候选材料。

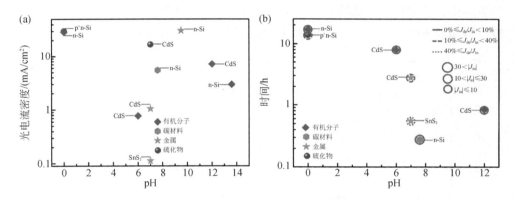

图 2.4　导体/半导体光电阳极的性能比较

（a）在 1.23V $vs.$ RHE 下光电流密度的绝对值与电解液 pH 之间的关系；（b）稳定运行时间与电解液 pH 之间的关系（图中｜J_{in}｜单位为 mA/cm^2）。表面的导体材料分别为硫化物、金属、碳材料和有机分子

2. 半导体（绝缘体）/半导体

　　半导体/半导体光电极的设计和使用引起了许多研究人员的兴趣。在半导体/半导体构型中，表面的半导体材料主要包括氧化物、硫化物、氮化物、钛酸盐、砷化物和有机分子。此外，绝缘体/半导体光电极也包括在本小节中，因为近年来对其构型的研究较少，并且绝缘体（如 Al$_2$O$_3$）的能带间隙与氧化物半导体（如 TiO$_2$）的能带间隙相近。因此，将绝缘体/半导体光电极合并到半导体/半导体光电极部分，可以更好地研究和阐述非导体层对光电极效率和稳定性的影响。图 2.5 显示了半导体（绝缘体）/半导体光电阴极在 0V $vs.$ RHE 下光电流密度与

电解液 pH 之间的关系[8]。与导体/半导体构型相比，半导体（绝缘体）/半导体构型中吸光器大多数为 Cu_2O[103]。这是由于 Cu_2O 有着优异的太阳光利用效率，但其在水溶液中易于发生光腐蚀和失效。由图 2.5 可知，半导体（绝缘体）/半导体光电阴极能够适用于从 0 到 14 的 pH 范围。表面的半导体材料（如 TiO_2、$SrTiO_3$）通常具有良好的耐酸碱性能。在讨论此类光电阴极的效率和稳定性之前，有研究指出宽带隙半导体或绝缘体具有短的电子传输距离（小于 10nm），从而显示了差的传输性[104]。因此，随着表面半导体层或绝缘体层厚度的增加，电子传输性能呈指数衰减，为了保持高的光电流其厚度被限制在 4nm 以内。然而，当表面层的厚度超过 50nm 时，此类光电阴极可以实现长期稳定性，否则厚度降低会导致稳定性出现问题。如此，半导体（绝缘体）/半导体光电阴极的效率和稳定性可能难以同步大幅增强。Huang 等[105]在 p 型 Si 表面负载 $Ni_{12}P_5$ 纳米颗粒，在 0V vs. RHE 下显示出高的光电流密度（约 $21mA/cm^2$），但在 0.5mol/L H_2SO_4 电解液中，光电阴极只能稳定运行 1h。另外，$NiFeOOH/Cu_2O$ 在中性电解液中能够运行超过 40h，而在 0V vs. RHE 下光电流密度为 $2.4mA/cm^2$[106]。

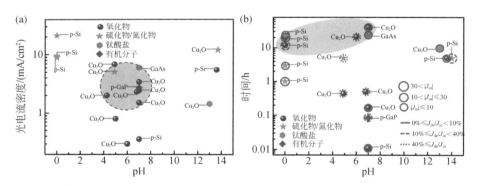

图 2.5　半导体（绝缘体）/半导体光电阴极的性能比较

（a）在 0V vs. RHE 下光电流密度的绝对值与电解液 pH 之间的关系；（b）稳定运行时间与电解液 pH 之间的关系（图中 $|J_{in}|$ 单位为 mA/cm^2）。表面的半导体（绝缘体）材料分别为氧化物、硫化物/氮化物、钛酸盐和有机分子

相比于导体/半导体光电阳极较少的研究，科研人员投入了极大的热情在半导体（绝缘体）/半导体光电阳极上。图 2.6 显示了半导体（绝缘体）/半导体光电阳极在 1.23V vs. RHE 下光电流密度绝对值和稳定运行时间与电解液 pH 之间的关系[8]。从图 2.6 可知，半导体（绝缘体）/半导体光电阳极主要用于中性和碱性电解液中进行光电化学氧化反应，且其在碱性条件下比在中性条件下拥有更高的光电流输出。从表面材料的角度，一些过渡金属氧化物（如 NiO_x[107]）不仅是优秀的析氧反应助催化剂，具有好的空穴传输能力，还能在碱性溶液中维持

长期的稳定运行。同时，此类氧化物通常具有较宽的能带间隙（≥3.2eV），即使在层厚达到几十纳米时仍可使 90% 以上的可见光透过。在这种情况下，多种半导体（绝缘体）/半导体光电阳极显示了高的光电流密度和长的稳定运行时间。2015 年，Sun 等报道了 NiO_x/n 型 Si 基光电阳极在 1.23V *vs.* RHE 下能够产生 $30mA/cm^2$ 的光电流密度，并且在 1.0mol/L KOH 溶液中具有超过 1200h 的连续稳定析氧能力[108]。接着，Zhou 等在 n 型 Si 光电阳极上涂覆了 50nm 厚的 CoO_x，在 1.0mol/L KOH 溶液中其显示了更好的稳定性，可以连续工作超过 100 天（约 2500h），且在 1.23V *vs.* RHE 下具有 $20.8mA/cm^2$ 的光电流密度[72]。总体而言，半导体（绝缘体）/半导体光电极以其独特的性能和功能受到研究人员的广泛关注。表面的半导体或绝缘体对保障光电极的稳定运行和加速催化反应具有重要作用，特别是在光电阳极表面。这些半导体或绝缘体材料的化学和物理性质会显著影响光电极的效率和稳定性，主要包括带隙、电荷转移能力、化学稳定性、表面形状和层厚度。无论如何，在光电阴极中表面的半导体或绝缘体难以同时作为保护层和析氢助催化剂，导致效率和稳定性难以兼具。

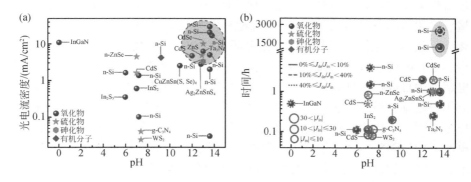

图 2.6　半导体（绝缘体）/半导体光电阳极的性能比较

（a）在 1.23V *vs.* RHE 下光电流密度的绝对值与电解液 pH 之间的关系；（b）稳定运行时间与电解液 pH 之间的关系（图中丨J_{in}丨单位为 mA/cm^2）。表面的半导体（绝缘体）材料分别为氧化物、硫化物、砷化物和有机分子

2.3.2　三层光电极

　　一般从两层结构到三层结构会大大增加光电极制造的复杂性和组件的数量，但也能够增加光电极的自由度，通过优化各组件的物理化学特性而增强光电极性能。根据表面层的导电性，三层光电极可分为两种类型：导体/半导体（绝缘体或导体）/半导体（简称 CSS）和半导体/半导体（绝缘体或导体）/半导体（简称 SSS）。关于这个分类，有三个条件需要注意。首先，最近的研究大多采用半

导体和绝缘体材料作为中间层，而且绝缘体在三层结构中的作用通常类似于宽带隙半导体（如前所述）。鉴于此，在本小节中，中间层将不再细分和讨论。其次，与中间层不同的是，表面层与电解液密切接触，在光电化学反应中扮演着活性位点的角色，可分为导体层和半导体层。最后，不同于以往的金属/绝缘体/半导体结构，CSS 结构具有更好的普适性，其表面层包括金属、合金、金属硫化物、磷化物和有机半导体材料。

1. CSS

图 2.7 显示了 CSS 光电阴极在 0V *vs.* RHE 下光电流密度和稳定运行时间与电解液 pH 之间的关系[8]。尽管用半导体（绝缘体或导体）覆盖在吸光器表面作为保护层，但是大多数 CSS 光电阴极仍主要用于酸性和中性电解液中实施光电化学反应。然而，一些研究人员尝试构建在碱性电解液中高效、稳定的 CSS 光电阴极。因为在器件层面上，光电阴极和光电阳极通常放置在碱性电解液中，以维持廉价析氧助催化剂（如过渡金属氧化物）的稳定运行。在 CSS 光电阴极中，中间层材料的研究基本集中在氧化物半导体或绝缘体（如 TiO_2、SiO_2）上，很少用金属、硫化物和石墨烯（graphene）等材料作为中间层来保护吸光器。与其他材料相比，超薄氧化物作为中间层的光电阴极在 0V *vs.* RHE 下具有更高的光电流输出，且在酸性或碱性溶液中稳定工作（图 2.7）。虽然 Mo 等金属材料[109]在酸性电解液中可以提供良好的稳定性（超过 100h），但是低的可见光透过率限制了光电阴极效率。另外，在图 2.7 中可以发现，金属/合金材料比硫化物/磷化物和有机分子更适于作为 CSS 光电阴极的表面层，能够有效地增加光电流输出，在酸性电解液中增强反应动力学行为。此外，一些含贵金属表层的光电阴极在碱性环境下也能实现较好的光电化学性能。基于各层的协同效应，CSS 光电阴极在酸性溶液中可以同时显示出高效率（0V *vs.* RHE 时超过 $25mA/cm^2$ 的光电流密度）和长寿命（超过 100h）[71]，且在碱性溶液中和 0V *vs.* RHE 下也可以实现 $17.5mA/cm^2$ 的光电流密度和 24h 的稳定运行[110]。

图 2.8 显示了 CSS 光电阳极在 1.23V *vs.* RHE 下光电流密度和稳定运行时间与电解液 pH 之间的关系[8]。如前所述，CSS 光电阴极主要在碱性水溶液中研究，特别是 pH 为 14 时。这时，CSS 光电阴极的中间层均采用耐碱的氧化物半导体或绝缘体材料，以提高其稳定性。若是以石墨烯为中间层，CSS 光电阴极则只能在酸性环境中进行光电化学性能测试[111]。由图 2.8 可知，只有金属/合金在 CSS 光电阳极中用作表面层材料。在 CSS 光电阳极中，Chen 等报道 $NiFe/NiCo_2O_4/n$ 型 Si 光电阳极在水氧化的热力学电位下的光电流密度为 $26mA/cm^2$，且在强碱性条件下以 $31mA/cm^2$ 的光电流密度稳定运行 72h[112]。

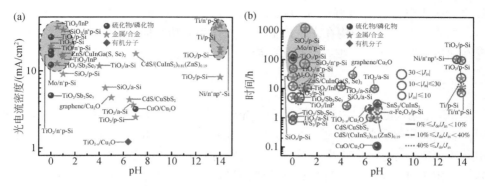

图 2.7　CSS 光电阴极的性能比较

（a）在 0V $vs.$ RHE 下光电流密度的绝对值与电解液 pH 之间的关系；（b）稳定运行时间与电解液 pH 之间的关系（图中 | J_{in} | 单位为 mA/cm^2）。表面的导体材料分别为硫化物/磷化物、金属/合金和有机分子

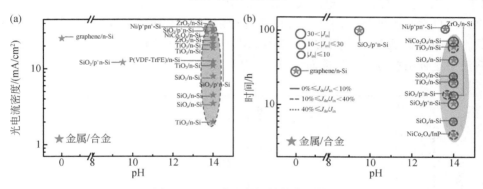

图 2.8　CSS 光电阳极的性能比较

（a）在 1.23V $vs.$ RHE 下光电流密度的绝对值与电解液 pH 之间的关系；（b）稳定运行时间与电解液 pH 之间的关系（图中 | J_{in} | 单位为 mA/cm^2）。表面的导体材料仅为金属/合金

　　在这种方式下，半导体（绝缘体或导体）中间层主要作为防腐蚀保护层和载流子传输层。在这些材料中，导体中间层不仅无法给吸光器提供足够的防护，也会削弱光的透过而减少光生载流子的产生。相反，半导体或绝缘体的中间层通常有优良的光透过性和好的化学稳定性，但是存在差的电荷转移能力。为了解决这一问题，研究人员尝试构造传输通道传递载流子，如引入缺陷形成载流子陷阱辅助隧穿通道。基于目前的研究成果可知，半导体（绝缘体）中间层有更多的机会实现高效稳定的光电极。另一方面，CSS 光电极的导体表面层在本质上起到了助催化剂的作用，加速了电荷向反应物的转移，降低了反应能垒。此外，与其他导体表面层不同的是，金属/合金表面层可以与半导体材料形成欧姆接触，以桥接吸光器的能带边缘和反应物的氧化还原能级。从图 2.7 和图 2.8 可知，优化

后的 CSS 光电极拥有极好的光电流输出，接近于半导体吸光器的理论光电流输出。总体而言，CSS 结构在光电极上取得了一些成功，但是仍然存在着严重的稳定性和效率制衡问题，难以满足实际应用。

　　2. SSS

　　SSS 光电极的研究关注度低于 CSS 光电极，特别是光电阴极。在 SSS 光电极中，表面的半导体材料主要为氧化物、碳化物、氢化酶和有机分子。如 CSS 结构中所述，SSS 光电极中使用了类似的中间层材料。图 2.9 显示了 SSS 光电阴极在 0V $vs.$ RHE 下光电流密度和稳定运行时间与电解液 pH 之间的关系[8]。目前仅有几项研究致力于开发 SSS 光电阴极用于光电化学还原反应。这些光电阴极可以在宽的 pH 范围内进行测量，以评估其光电化学性能。SSS 光电阴极中间层材料以金属和氧化物为主，而氧化物材料在 SSS 光电阴极表面的应用占主导地位。从图 2.9 可知，很少有 SSS 光电阴极在 0V $vs.$ RHE 下显示超过 $10mA/cm^2$ 的光电流密度，并且没有一种光电阴极具有良好的稳定性。以 $TiO_2/Pt/n^+p$-Si 光电阴极为例，表面 TiO_2 薄层和中间的 Pt 纳米颗粒分别起防护和催化作用，但是在酸性电解液中这种结构也会被腐蚀而失效[113]。

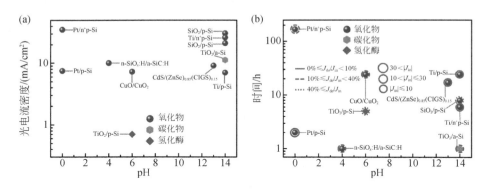

图 2.9　SSS 光电阴极的性能比较

（a）在 0V $vs.$ RHE 下光电流密度的绝对值与电解液 pH 之间的关系；（b）稳定运行时间与电解液 pH 之间的关系（图中 | J_{in} | 单位为 mA/cm^2）。表面的半导体材料分别为氧化物、碳化物和氢化酶

　　与光电阴极相比，SSS 光电阳极受到了更多关注，这得益于某些氧化物半导体是优异的析氧助催化剂。图 2.10 显示了 SSS 光电阳极在 1.23V $vs.$ RHE 下光电流密度和稳定运行时间与电解液 pH 之间的关系[8]。与 CSS 光电阳极类似，大多数 SSS 光电阳极的光电化学反应实施在高 pH 的电解液中。在 SSS 光电阳极中，中间层材料主要为金属、透明导电氧化物、氧化物半导体和氧化物绝缘体。根据研究统计可知，中间层的材料选择更倾向于氧化物半导体或者绝缘体。如图 2.10

所示，除了一项在表面使用有机分子的研究以外，最近报道的 SSS 光电阳极的表面材料几乎都是过渡金属氧化物。经过结构和材料的优化，SSS 光电阳极能够显示高光电流输出和长期稳定运行的双重优势，从而完成高效的光电化学氧化反应。例如，Zhou 等阐明了 NiO_x/CoO_x（2nm）/n 型 Si 光电阳极在水氧化平衡电位下的光电流密度为 $28mA/cm^2$，且在 1.0mol/L KOH 电解液中能够稳定运行1700h[114]。总体而言，SSS 结构是一种很有前途的结构，可用于制造高效、稳定的光电阳极。在该结构中，氧化物半导体或绝缘体作为中间层，通过调整组成和结构可以提供良好的耐碱性和快速的空穴传输。同时，过渡金属氧化物表面层不仅是光电化学氧化反应的优良助催化剂，而且可以改变光电阳极的能带边缘从而匹配氧化反应的能级。尽管此类结构在光电阳极中已经取得了一定的进展，但要进一步实现 SSS 光电阳极的实用化，仍需改良其使用寿命达到 6 个月以上。

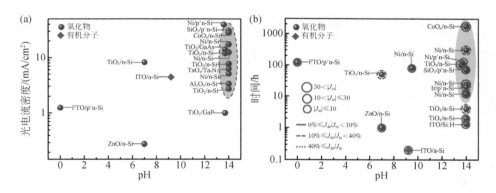

图 2.10　SSS 光电阳极的性能比较

（a）在 1.23V vs. RHE 下光电流密度的绝对值与电解液 pH 之间的关系；（b）稳定运行时间与电解液 pH 之间的关系（图中 | J_{in} | 单位为 mA/cm^2）。表面的半导体材料分别为氧化物和有机分子

2.3.3　多层光电极

众所周知，层数增加不仅会增加材料的总成本和器件的复杂性，而且还会引入串联电阻和界面复合位点。因此，四层结构在所有多层光电极中占主导地位。由于相关参考文献的数量有限，本小节将不再进行细分。靠近吸光器的第二层通常为薄的半导体层，形成异质结或同质结，以提高太阳能利用率和保护吸光器。在第二层之上的第三层则主要用于进一步抑制腐蚀/降解及促进电荷的分离和输运。光电极最表层则主要用于降低反应能垒，加速光电化学反应。这种多层结构是为了结合每层的功能性而尝试解决光电极的稳定性与效率之间的制衡问题。近年来，有一定数量的研究工作设计和构建了多层结构，以调控光电阴极的效率和稳定性（图 2.11）。与前面提到的光电阴极相比，多层光电阴极的光电化学行为

可以实施在 0~14 的宽 pH 范围内。相对而言，这些光电阴极仍是在酸性条件下比在中性或碱性条件下拥有更好的光电化学性能，特别是在稳定性方面。无论是导体、半导体还是绝缘体作为第二层和第三层的材料，合适的层厚和能带结构都有利于光电压的提高、电荷分离/转移的加速和耐腐蚀性的增强。而光电阴极的表面材料集中在金属/合金和硫化物/磷化物上，可以提供快速的光电化学还原反应。考虑到稳定性和效率，优化后的多层光电阴极在水还原平衡电位下的光电流密度可达 20mA/cm²，且在 0.5mol/L H₂SO₄ 电解液中以 17mA/cm² 的光电流密度稳定运行 300h（图 2.11）。

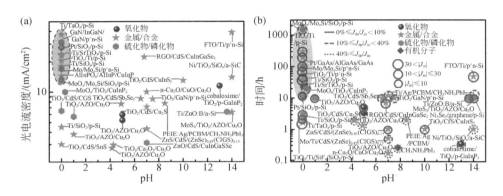

图 2.11　多层光电阴极的性能比较

（a）在 0V *vs.* RHE 下光电流密度的绝对值与电解液 pH 之间的关系；（b）稳定运行时间与电解液 pH 之间的关系（图中 | J_{in} | 单位为 mA/cm²）。表面材料分别为氧化物、金属/合金、硫化物/磷化物和有机分子

目前，对多层光电阳极的研究远少于此类光电阴极。图 2.12 显示了多层光电阳极在 1.23V *vs.* RHE 下光电流密度和稳定运行时间与电解液 pH 之间的关系[8]。大多数此类光电阳极用于在碱性溶液中进行光电化学氧化反应。与多层光电阴极不同，多层光电阳极的第二层材料倾向使用 SiO₂，负责空穴的提取和传输[115]。导体、半导体或绝缘体作为光电阳极的第三层可以起到转移电荷和稳定运行的作用。光电阳极表面的氧化物/氢氧化物或金属/合金可以产生比磷化物或有机分子更高的光电流输出。因此，Digdaya 等设计并制备了 Ni/Pt/Al₂O₃/SiOₓ/n型 Si 光电阳极，其光电流密度在 1.23V *vs.* RHE 下为 19mA/cm²，而工作稳定性超过 200h[116]。基于近年来的研究进展可知，目前多层光电极的光电化学性能还远未达到商业化生产的应用需求。如上所述，引入额外的功能层会对整个光电极的电阻和电荷输运造成很大负担，同时由于层厚的影响，这些光电极的效率和稳定性也难以兼具。显然，提出一种新的设计理念或改进策略以实现高效、稳定的多层光电极是非常值得期待的，能够为新能源产业的发展做出重要贡献。

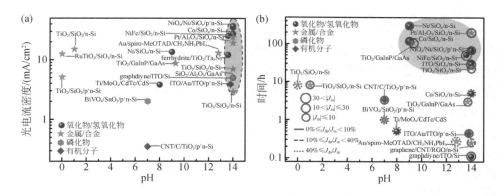

图 2.12 多层光电阳极的性能比较

（a）在 1.23V *vs.* RHE 下光电流密度的绝对值与电解液 pH 之间的关系；（b）稳定运行时间与电解液 pH 之间的关系（图中 | J_{in} | 单位为 mA/cm²）。表面材料分别为氧化物/氢氧化物、金属/合金、磷化物和有机分子

2.4 光电极的成分和结构表征技术

考虑到光电极的多样性和复杂性，有必要建立光电极成分/结构与性能之间的关系。因此，成分和结构的表征对于揭示光电极的工作机制具有重要意义。以下是一些典型和先进的表征技术。

1. 电子顺磁共振谱

电子顺磁共振（EPR）谱是一种在原子水平上检测成分缺陷中心磁性的技术，从而提供材料内部和表面上未配对电子的信息。EPR 谱可以灵敏地识别半导体材料中单电子俘获的空位型缺陷。EPR 谱的机制由式（2.1）决定[117]。

$$h\nu = g\beta B \tag{2.1}$$

其中，h、ν、g、β 和 B 分别是普朗克常数、频率、常数、玻尔磁子和外加磁场强度。由式（2.1）可知，顺磁性样品在合适的磁场下可以吸收电磁辐射，通过不同的 g 值和信号强度推断出成分缺陷的类型和浓度信息，如识别纳米材料中氧缺陷类型。通过 EPR 数据模拟可知，氧空位和氧负离子的 EPR 分别在 $g = 1.999$ 和 $g = 2.000$ 处[118]。例如，Zheng 等利用 EPR 谱评估了 Nb 掺杂的 NiO_x 层中氧缺陷种类和浓度，结果表明低浓度 Nb 掺杂的 NiO_x 层具有较强的 EPR 信号，且 g 值约为 1.9995，意味着此样品比其他样品拥有更高浓度的氧空位[119]。然而，EPR 谱仅能检测含未配对电子的顺磁性材料，且测试大多需要在 20K 下完成以获得高质量的 EPR 信号，这限制了其对光电极材料的成分表征。

2. 正电子湮没寿命谱

正电子湮没寿命谱（PALS）是检测正电子相互作用和获得成分缺陷大小、密度与位置信息的有效手段。正电子在注入材料后会与自由电子发生反应而被热化并湮灭，导致伽马射线的释放。正电子的寿命是通过测量湮灭点的局部电子密度得到的，而正电子易于吸引到低电子密度的缺陷上（如空位）[120]。例如，可以利用 PALS 证实氢化的 P25-TiO$_2$ 中存在大量的氧空位，通过对光谱的拟合，可以得到正电子寿命的组成和强度，从而得出缺陷的类型和浓度[121]。谢毅院士团队还通过 PALS 谱图中正电子的位置和寿命确定了两种 BiOCl 样品的不同空位缺陷[122]。因此，PALS 的灵敏度和普适性可以为缺陷的种类和浓度提供独特而有用的信息。

3. 电子显微镜

电子显微镜技术可以用于直接观察材料的结构/形貌和获得材料的区域组成，按结构和用途可分为透射电子显微镜、扫描电子显微镜、反射电子显微镜和发射电子显微镜等。其中，透射电子显微镜常用于观察材料的细微物质结构，分辨率可达到 0.1nm，特别是球差透射电子显微镜；扫描电子显微镜主要用于观察固体材料的表面形貌和薄膜材料的层级结构，也能与电子能谱仪相结合，构成电子微探针，用于物质成分分析；发射电子显微镜用于研究自发射电子表面。例如，从高分辨率透射电子显微镜图中可以分析出材料的晶格点阵、缺陷位点、生长方向和外延生长等信息。扫描电子显微镜可用于分析高分辨率（1~2nm）微区形貌，具有景深大、分辨率高、立体感强、成像直观、放大倍数范围宽及测试样品可在三维空间内进行旋转和倾斜等优点，几乎在不损伤和污染样品的条件下获得形貌、结构、成分和结晶学等信息。球差透射电子显微镜可以获得亚纳米级原子尺度的微观结构。例如，在球差透射电子显微镜图中可以发现碳基材料缺陷边缘的一些信息，包括空位、扭曲及配位不饱和位点[123]。球差校正扫描透射电子显微镜是一种获得埃级（0.1nm）信息的强大成像方法。此外，由于探头会聚角的增加，高角度环形暗场扫描透射电子显微镜（HAADF-STEM）比高分辨透射电子显微镜具有更高的横向和深度分辨率。因此，HAADF-STEM 可以直接确定晶体结构中每个原子的排列[124]。根据原子亮度的不同，可以识别晶体材料中原子的排列和缺陷。例如，Xiong 的团队使用 HAADF-STEM 观察到单斜晶 WO$_3$ 光电极中存在着大量的氧空位。扫描隧道显微镜（STM）可以获得横向长度和深度分别为 0.1nm 和 0.01nm 的典型分辨率图像。STM 对局部电子结构非常敏感，特别是化学物质会发生扰动时。Schaub 等利用 STM 观察了 TiO$_2$(110) 表面的氧空位及其相应的扩散路径[125]。根据 STM 图，可以得出一个简单的扩散机制：邻近的氧原子进入空位，导致氧空位的扩散。综上所述，电子显微镜有几个主要优点，包括分辨率高（最高可达 0.2nm），应用范围广，图像质量高。然而，与其他技术，特别是光学显微镜和超分辨率显微镜相比，电子显微镜有一些缺点，如不能分析活体标本、黑白图像、成本高、体积大。

4. X 射线光电子能谱

X 射线光电子能谱（XPS）被广泛应用于分析材料的元素组成和化学状态。通过探测射出的光电子动能，从入射 X 射线的给定能量和它们的波长可以计算出电子结合能。由光电子结合强度与结合能的关系图可以确定材料的元素组成，并确定每种元素的化学状态。此外，相同氧化态的同一原子结合能的变化可以指示不同的局部配位环境。由于灵敏度高，XPS 不仅可以用于定量分析大量的元素，还可以定量分析痕量的元素，这是常用的测量掺杂材料的方法。传统 XPS 能够用于灵敏检测材料表面 2～10nm 深度的元素。为了进一步探测近表面（从亚纳米到 10nm 深度）元素的原子组成和电子状态，研究人员开发了角度分辨 XPS 和同步辐射 XPS，通过调控 X 射线入射角和光子能量能够获得近表面元素信息。在富含缺陷的材料中，缺陷的存在会改变元素的电子结构和化学环境，也会改变材料中的结合能。由于电子的平均自由程为几埃，传统的 XPS 需要在超高真空条件下进行样品的测量。最近，近大气压 XPS 被研发出来，提供了对样品表面特征进行现场实时研究的机会。

5. X 射线吸收谱

当材料被比 XPS 更大能量的 X 射线束照射时，原子的核心空穴最终会被壳层中的电子填入。在此过程中可以发射出俄歇电子（非辐射发射）和荧光光子（辐射发射），并由探测器进行计数。通过计算吸收的 X 射线光子的数量来确定核心孔的数量。随着同步加速器辐射源的快速发展，X 射线吸收谱（XAS）技术已成为表征材料表面和内部化学和电子结构的重要手段。XAS 技术的优点是能够获得样品的稀组分和/或非晶相的详细化学和结构信息。然而，由于对可调谐 X 射线源的要求，XAS 主要是采用同步辐射源完成的，因此比其他传统分析光谱更不常见。X 射线吸收精细结构（XAFS）可以获得特定元素原子的价态、键长和周围配位环境等信息。XAFS 谱包括 X 射线吸收近边结构（XANES）谱和扩展 X 射线吸收精细结构（EXAFS）谱。XANES 谱主要反映吸收原子的氧化态和配位化学性质，而 EXAFS 谱对邻近原子的距离、配位数和种类异常敏感。Wang 的团队已经使用 XAFS 谱来确定等离子体处理过的 Co_3O_4 材料的局部原子和电子结构，从而给出了刻蚀后氧空位的信息，明确了氧空位形成时八面体 Co^{3+}—O 和四面体 Co^{2+}—O 的键距[126]。

第 3 章　光电化学分解水

3.1　引　　言

　　光电化学分解水能够直接利用太阳能分解水产生氢气和氧气，是一种可持续获得绿氢的有效方法[127]。长期以来，研究人员一直致力于寻找高效且稳定的半导体材料，用作光电极吸光器，主要包括过渡金属氧化物、硫族化合物、Ⅲ-Ⅴ族化合物和Si[128-130]。根据能带间隙大小，大多数过渡金属氧化物为宽带隙半导体材料，只能够吸收部分可见光和紫外光，实现较低的太阳能利用率，产生的光电流密度小于$5mA/cm^2$，但此类材料通常具有较好的化学稳定性，能够实现长期的稳定运行。反之，硫族化合物、Ⅲ-Ⅴ族化合物和Si则主要为窄带隙半导体材料，能够吸收大部分的可见光，甚至达到近红外区域，从而理论光电流密度可超过$10mA/cm^2$，但是存在着差的化学稳定性，限制了此类材料的实用化[131]。

　　面对上述挑战，改善窄带隙半导体稳定性的主流策略是引入一种具有高透光率的非晶态绝缘保护层，从而将窄带隙半导体吸光器与电解液实现物理隔离。一些非晶态氧化物材料（如TiO_2、NiO_x）覆盖在Si基吸光器上已经证实了这一策略的成功[132]。在前期研究中，通过沉积非晶态氧化物保护层，窄带隙半导体基光电极的稳定性有所提升，个别光电极能够运行超过1000h，特别是光电阴极/光电阳极在酸性/碱性电解液中反应[133]。因此，仍需开发一种透明、稳定、高传输性的保护层用于延长窄带隙半导体基光电极的使用寿命，使其能够适用于任一pH的电解液。另外，宽带隙氧化物半导体基光电极虽然拥有优秀的耐用性，但是低效的载流子分离行为限制了其在光电化学领域的应用[134]。应寻求一种有效驱动载流子定向迁移的方法，为发展高效宽带隙氧化物基光电极提供新的途径。

3.2　高效、稳定层级光电阴极的设计及其析氢反应

3.2.1　梯度氧空位保护层/Si基光电阴极的析氢性能

1. 实验部分

纳米多孔Si吸光器的制备：首先，选择单面抛光的(100)晶面取向、500μm

厚度、$2 \sim 4\Omega \cdot cm$ 电阻率的 p 型 Si 片为吸光器。将 Si 片分别在丙酮、乙醇和去离子（DI）水中超声清洗 20min。然后，采用金属催化化学腐蚀法制备纳米多孔 Si（b-Si）。清洁的 Si 片在 1：3（体积比）的硫酸/过氧化氢混合溶液中浸泡 5min，然后在 5wt%（质量分数）的 HF 溶液中浸泡 10min，用于去除 Si 片表面的 SiO_2 层。随后，用去离子水冲洗 Si 片，并将其浸入 2mmol/L $AgNO_3$ 和 2wt% HF 溶液的混合液中浸泡 30s。用去离子水快速漂洗，并浸泡在体积比为 3：1：10 的 40wt% HF 溶液、20wt% 过氧化氢溶液和去离子水的混合液中 150s。再次用去离子水漂洗 Si 片，随后用 40wt% HNO_3 溶液浸泡 20min，以去除银纳米颗粒残留物。最后，对制备的 b-Si 进行清洗和干燥。

Si 基光电阴极的组装：首先，在 99.99% 纯度的 Ar 气氛或 99.99% 的 Ar/O_2 混合气氛中，采用直流磁控溅射（DCMS）系统（北京创世威纳科技有限公司，MSP-3200）在 Si 基底上溅射保护层和助催化剂。金属钛靶的纯度为 99.5wt%，并用此靶材制备了晶态 TiO_2 膜。直流磁控溅射系统的背底真空度为 $1 \times 10^{-4} Pa$。在 TiO_2 膜沉积前，用 Ar 和 H_2 的混合气体进行 30min 的等离子体处理，从而清洗和活化 Si 基底。沉积 TiO_2 膜的压力为 2Pa。制备的薄膜分别在空气中和在 600℃ 真空（约 1.0Pa）条件下处理 30min，从而分别形成无氧空位和有梯度氧空位的晶态 TiO_2 保护层。另外，还通过改变钛层的沉积时间调控了氧空位浓度，从而评估光电化学行为与氧空位之间的关系。为了进一步提高光电化学析氢的效率，在 Si 基光电阴极表面添加了 Pd 纳米颗粒。在完成薄膜沉积以后，所有样品的背面都首先抛光，然后在表面镀上厚度约 300nm 的 Au 层，接着用银胶与铜带连接，从而实现欧姆背接触。将银胶烘干后，用环氧树脂包覆 b-Si 电极的整个背面和部分正面，形成约 $0.1cm^2$ 的裸露活性区域。通过拍摄的图片和校准软件 ImageJ 确定裸露电极表面的几何面积。

样品的物理化学表征：为了研究样品的晶体结构，使用 Rigaku Ultima IV 型号的衍射仪进行了 2θ X 射线衍射扫描。其中，扫描角度和扫描速率分别为 1° 和 2°/min，使用的辐射源为 Cu 靶。在扫描磁场和 X 波段（9.2GHz）下，用连续波谱仪获得了室温下的电子顺磁共振谱（JES-FA200）。用高分辨透射电子显微镜（Tecnai G2 F20 S-Twin）观察薄膜的横截面。采用高角度环形暗场探测器和能谱分析同步检测化学成分的含量和结构。采用跃迁能量为 29.4eV 的单色 Al Kα 辐射源的 X 射线光电子能谱（Thermo ESCALAB 250Xi）研究了样品的化学成分。外界非晶碳的 C 1s 峰（284.8eV）被用来标定样品的元素结合能。为了观察 Pd/b2-TiO_2/b-Si 各层的成分，用 150 W 功率、500 μm 束斑的 Ar 离子束对样品进行深度剖析。在此条件下，刻蚀时间分别为 20s、40s 和 75s，对应的样品刻蚀深度分别为 5nm、10nm 和 20nm。在激发波长为 405nm 条件下，FLS-980 型荧光分光光度计能够获得样品的室温光致发光谱。使用相同的设备也测试了时间分辨光致发光谱。利用双指数衰减模型分析实验衰减瞬变数据，对样品的发光寿命进行拟合。原子力显微镜（AFM）表面形态图像和微观 I-V 曲线是通过纳米 SII 型扫描探针显微镜结合接触式和电学模型采集的。采用 Thermo Scientific 公司的 iCAP-Q 型电感耦合等离子体质谱仪测定了电解液中 Ti 元素和 Pd 元素的浓度。使用移液管将样品从电解液中取出，并在每次实验后测量电解液的总体积（90mL），以计算总质量损失。将样品稀释至 0.1mol/L NaOH 溶液。校准实验使用 Ti 和 Pd 的稀释溶液（标准为 $1000\mu g_{metal}/mL$）。将电解液中测得的 Ti 含量转化为在光电化学稳定性能测试过程中损失的 TiO_2 保护层。其中，假设两层 TiO_2 之间的晶格间距为 4.756Å，而 TiO_2 密度为 $3.8g/cm^3$。在 350~2600nm 波长范围内，样品的光学漫反射谱图由含积分球的日立 UV-4100 紫外-可见-近红外分光光度计获得。Kubelka-Munk 理论通常用于分析漫反射（R）光谱，以获得样品的吸收系数（α）：

$$F(R) = \frac{(1-R)^2}{2R} \cong \alpha \qquad (3.1)$$

在此，$F(R)$ 为 Kubelka-Munk 函数。利用经典的光吸收关系可以计算样品的光学能带间隙。

$$\alpha h\nu = B(h\nu - E_g)^m \qquad (3.2)$$

其中，E_g、B 和 $h\nu$ 分别是能带间隙大小、带尾参数和光子能量。考虑 Si 和 TiO_2 皆为间接带隙跃迁，m 值选取为 2。

润湿性测试：通过接触角仪（承德鼎盛试验机检测设备有限公司，JY-82A 型）观察水滴（10μL）在薄膜表面的接触角（CA）可以评价样品的润湿性。液滴图像由 1280×1024 空间分辨率、256 个灰度级颜色分辨率的 CCD 摄像机拍摄。在紫外-可见光照射前后，每个样品的接触角测量 5 次，获得平均值。光照由北京泊菲莱科技有限公司的氙灯产生。

电阻-温度测试实验：对 Pd/c-TiO_2/b-Si、$Pd/b1$-TiO_2/b-Si 和 $Pd/b2$-TiO_2/b-Si 进行随温度变化的电阻测试实验。测量前，将每个样品切成 5mm×5mm 大小，然后用导电银漆（Leitsilber 200）将其粘在一块石英玻璃上，玻璃上的干银漆暴露在空气中后，一部分用作一个电极。另外，将直径约 100μm 的银漆点缀在每个样品的表面上。使用钨探针接触两个导电银漆点，进行样品的干法电阻测量。在 0~1.0V 范围内施加基底偏压，监测电流密度。同时，利用液氮和电阻丝调控测试温度，考察样品的电阻随温度的变化。

光电化学测试：利用北京泊菲莱科技有限公司的 PEC1000 系统测试样品的光电化学性能。反应池为三电极体系，包括 Si 基工作电极、铂丝对电极和 Ag/AgCl 参比电极。利用太阳模拟器（光纤光源，FX300 型）模拟出 AM 1.5G 太阳光（$100mW/cm^2$）。在每次测量之前，用光功率校准仪（参考硅太阳能电池，北京泊菲莱科技有限公司，PL-MW 200）确认模拟太阳光的强度。除非另有说明，否则以 1.0mol/L NaOH 溶液为电解液。线性扫描伏安法（J-V）数据采集使用 CHI 630E 电化学工作站，在有无照明条件下获得 J-V 数据。在 J-V 测量过程中，扫描速率为 0.01V/s。Ag/AgCl 的电位换算成可逆氢电极（RHE）电位的公式如下：

$$E(\mathrm{RHE}) = E(\mathrm{Ag/AgCl}) + 0.197 + 0.059\mathrm{pH} \tag{3.3}$$

Pd/b2-TiO$_2$/b-Si 光电阴极的稳定性（J-t）测试分别在 1.0mol/L NaOH 溶液和 0.5mol/L H$_2$SO$_4$ 溶液中进行，相应的外加偏压分别为 0.011V 和 0.125V。入射光子–电流转换效率（IPCE）测试在 1mol/L NaOH 溶液中进行。太阳模拟器（AM 1.5G，100mW/cm^2）将单色仪与光纤无缝连接，并在一个小光斑上为 IPCE 测试提供单色照明。每个波长的测试分别是 4s 的暗反应和 4s 的光照反应，电流以每秒 10 个点的速度采集，总时间为 120s。取每个明暗周期的最后 10 个点获得平均值。光电流等于总电流减去暗电流。IPCE 由以下方程计算：

$$\mathrm{IPCE} = \frac{1240 \times (J_{\mathrm{light}} - J_{\mathrm{dark}})}{\lambda P_\lambda} \times 100\% \tag{3.4}$$

其中，J_{light}、J_{dark}、λ 和 P_λ 分别是光电流、暗电流、某一波长、某一波长的光强度密度。

2. 结果与讨论

在本小节研究中[135]，为了避免光在平面 Si 上的背散射，设计和制备了纳米多孔 Si 基吸光器，能够实现接近于 0 的反射，从而产生超过 30mA/cm^2 的光电流密度。纳米多孔 Si 基光电阴极材料的组装主要分为三个步骤（图 3.1）：①Si 的

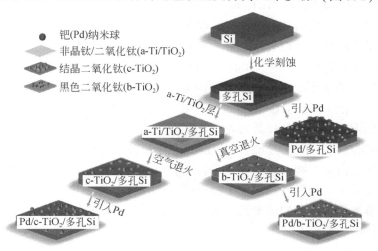

图 3.1　纳米多孔 Si 基光电阴极的组装步骤示意图

化学刻蚀；②晶态 TiO_2 保护层的制备（标记为 c-TiO_2）；③Pd 金属纳米颗粒的制备（标记为 Pd-NPs）。分别以下列三种材料进行光电化学分解水性能的研究：①裸露的纳米多孔 Si（标记为 b-Si）；②晶态 TiO_2 保护层/纳米多孔 Si（标记为 c-TiO_2/b-Si）；③具有梯度氧空位晶态 TiO_2 保护层/纳米多孔 Si（标记为 b-TiO_2/b-Si）。此外，通过改变钛层的沉积时间可以改变氧空位的浓度（分别标记为 b1-TiO_2/b-Si 和 b2-TiO_2/b-Si），制备条件如表 3.1 所示。Pd 纳米颗粒作为助催化剂沉积在表面，并在真空中进行退火处理。含 Pd 纳米颗粒的硅基光电阴极分别命名为 Pd/b-Si、Pd/c-TiO_2/b-Si、Pd/b1-TiO_2/b-Si 和 Pd/b2-TiO_2/b-Si。

表 3.1　助催化剂/保护层/半导体结构的 Si 基光电阴极的沉积参数

样品	Ti 层		TiO_2 层		Pd 纳米颗粒	
	功率/W	时间/min	功率/W	时间/min	功率/W	时间/min
Pd/b-Si	—	—	—	—	20	2/3
Pd/c-TiO_2/b-Si	50	2/3	150	40	20	2/3
Pd/b1-TiO_2/b-Si	50	2/3	150	40	20	2/3
Pd/b2-TiO_2/b-Si	50	4/3	150	40	20	2/3

从 X 射线衍射（XRD）谱图［图 3.2（a）］中可知，c-TiO_2/b-Si、b1-TiO_2/b-Si 和 b2-TiO_2/b-Si 均存在锐钛矿型的 TiO_2 晶相。对 X 射线衍射数据的进一步分析表明，由于部分衍射峰靠近 Ti_3O_5 晶相，因此在 b1-TiO_2/b-Si 和 b2-TiO_2/b-Si 中均存在含有氧空位的 TiO_x 晶相。此外，b2-TiO_2/b-Si 在约 44° 处显示了更高强度的衍射峰，可以归属于更长的 Ti 层沉积时间所引入的更多氧空位。在共聚焦显微拉曼光谱表征中，b1-TiO_2/b-Si 和 b2-TiO_2/b-Si 在 305 cm^{-1} 处显示了一个拉曼峰，而这个拉曼振动是由氧空位的存在导致的[136]。如图 3.2（b）所示，通过室温下电子顺磁共振（EPR）谱进一步研究了氧空位的特征，在 b1-TiO_2/b-Si 和 b2-TiO_2/b-Si 中都可以检测到很强的 EPR 信号，而在 c-TiO_2/b-Si 中则没有检测到。EPR 谱中的主要响应（位于 g 值约为 1.998 和 2.000 处）分别可以归属于顺磁性的 Ti^{3+} 中心（即氧空位）和还原的 O_2^- [137]。而还原的 O_2^- 一般起到载流子复合中心的作用，从而导致较低的光电化学性能。此外，b2-TiO_2/b-Si 的 EPR 信号强于 b1-TiO_2/b-Si，这表明 b2-TiO_2/b-Si 中存在较高的氧空位浓度，这与 X 射线衍射和拉曼光谱数据一致。在此条件下，b1-TiO_2/b-Si 和 b2-TiO_2/b-Si 中的氧空位得到了确认。场发射扫描电子显微镜（FESEM）图像表明，b-Si 和 b2-TiO_2/b-Si 都具有非均匀分布的纳米孔结构。此外，所有样品的均方根粗糙度都显示样品具有相同的表面形态。

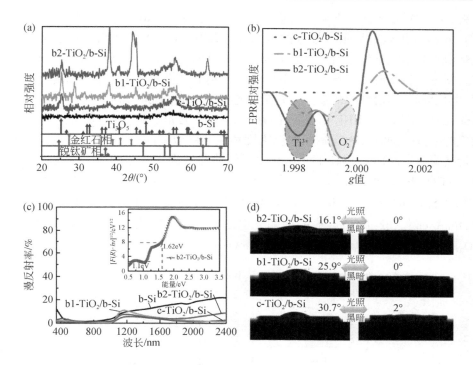

图 3.2　样品的结构、光学和润湿性特征

（a）X 射线衍射谱图：b-Si、c-TiO$_2$/b-Si、b1-TiO$_2$/b-Si 和 b2-TiO$_2$/b-Si，锐钛矿型二氧化钛（菱形，PDF 编号 02-D387，JCPDS）、金红石型二氧化钛（星形，PDF 编号 03-1122，JCPDS）和五氧化三钛（三角形，PDF 编号 23-0606，JCPDS）的标准 X 射线衍射谱图分别显示在底部；（b）c-TiO$_2$/b-Si、b1-TiO$_2$/b-Si 和 b2-TiO$_2$/b-Si 的室温 EPR 谱；（c）所有样品在空气中测得的半球面总反射率，插图显示了 b2-TiO$_2$/b-Si 间接允许跃迁的光学吸收系数与入射光子能量的关系曲线；（d）c-TiO$_2$/b-Si、b1-TiO$_2$/b-Si 和 b2-TiO$_2$/b-Si 分别在紫外–可见光下照射 30min 前后，球形水滴接触角的变化

图 3.2（c）显示了材料的光学漫反射数据。由于表面纳米结构对光的陷阱作用，b-Si 在 450 ~ 800nm 的波长范围内表现出低的反射率（<5%）。然而，b1-TiO$_2$/b-Si 和 b2-TiO$_2$/b-Si 的反射率更低，接近于 0%，归结于 b-TiO$_2$ 层有好的减反效果。假设材料吸收的光子完全转化为电流，b2-TiO$_2$/b-Si 理论上可以产生 -37.5mA/cm^2 的光电流密度。在图 3.2（c）的插图中，b2-TiO$_2$/b-Si 在曲线上具有两个线性部分，它们分别对应于 1.1eV 和 1.62eV 两个能带间隙值。其中，1.1eV 为 Si 的能带间隙值。此外，使用相同的沉积条件在 BK7 玻璃晶片上沉积了 b-TiO$_2$ 膜，通过光学测试发现了 1.62eV 和 2.4eV 两个能带间隙值。根据制备工艺和数据分析可以提出假设：b2-TiO$_2$/b-Si 中的 b-TiO$_2$ 层具有两种不同的化学计量比（分别记为 TiO$_{1+y}$ 和 TiO$_{2-x}$），并且两者以梯度氧空位形式连接。作为光敏

材料，c-TiO$_2$ 在光诱导下显示出超亲水性（水接触角为 0°）。在这些样品中，b2-TiO$_2$/b-Si 在黑暗中显示了极好的亲水性，具有 16.1° 的接触角［图 3.2（d）］，这是由于其富氧空位表面与界面水分子形成氢键，形成了亲水性水合结构。

图 3.3 为在模拟太阳光（AM 1.5G）照射和碱性溶液中四个样品的光电流密度–电位曲线。在黑暗状态下，所有光电极的电流都可以忽略不计。在光照下，b-Si 在 −0.152V vs. RHE 下显示了 −0.5mA/cm^2 的光电流密度，此电流密度值和相应的电位分别定义为起始光电流密度和起始电位。晶态 TiO$_2$ 层的覆盖致使电子传递受阻，c-TiO$_2$/b-Si 的光电化学活性明显猝灭。有趣的是，真空退火制备的 b1-TiO$_2$/b-Si 和 b2-TiO$_2$/b-Si 的起始电位分别为 0.069V 和 0.080V。另外，b1-TiO$_2$/b-Si 和 b2-TiO$_2$/b-Si 在 0V vs. RHE 下的光电流密度分别为 −1.1mA/cm^2 和 −1.8mA/cm^2。b2-TiO$_2$/b-Si 的饱和光电流密度为 −25.2mA/cm^2，明显高于 b1-TiO$_2$/b-Si 的饱和光电流密度（约 −9.3mA/cm^2）。

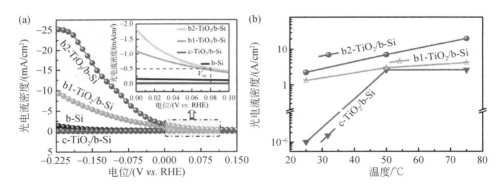

图 3.3　硅基光电阴极的光电化学和电阻测量

（a）在 1.0mol/L NaOH 溶液中，太阳光照射下的 J-V 曲线（扫描速率为 0.01V/s），黑暗中测得的光电流密度几乎为水平线，即 0mA/cm^2。插图是与标记区域相对应的高倍放大图。（b）b2-TiO$_2$/b-Si、b1-TiO$_2$/b-Si 和 c-TiO$_2$/b-Si 的光电流密度–温度曲线

在 Si 基光电阴极中添加 Pd 纳米颗粒作为助催化剂，可以显著提高光电化学产氢量。Pd/b2-TiO$_2$/b-Si 在 g 值为 1.991 处出现了代表 Ti^{3+} 的唯一 EPR 信号，而与单电子捕获氧空位（g 值约为 2.000）有关的 EPR 信号消失，这代表 Pd 纳米颗粒抑制了还原性 O$_2^-$ 的产生。另外，Pd/b1-TiO$_2$/b-Si 和 Pd/b2-TiO$_2$/b-Si 保持了纳米孔结构，而一些纳米颗粒分散在了表面。正如图 3.4（a）高分辨透射电子显微镜（HRTEM）图所示，Pd/b2-TiO$_2$/b-Si 由纳米多孔 Si、薄的保护层和纳米颗粒组成，这与场发射扫描电子显微镜的结果一致。从保护层到纳米颗粒的晶格条纹间距分别为 0.309nm、0.316nm、0.349nm 和 0.224nm，分别对应 TiO$_{1+y}$ 晶面、TiO$_{2-x}$ 晶面、TiO$_2$ 晶面和 Pd 的面心立方晶面。此外，由于氧空位的存在，

在 TiO_{1+y} 和 TiO_{2-x} 的（101）面上存在明显的空位。保护层 b- TiO_2 的晶格条纹间距从内部到表面逐渐增大，这一现象说明梯度氧空位的形成。利用高角度环形暗场扫描透射电子显微镜（HAADF-STEM）和能量色散 X 射线谱 [图 3.4（b）] 对 Pd/b2- TiO_2/b-Si 的横截面部分做了进一步表征。能谱数据表明 b- TiO_2 保护层完全包裹住 b-Si 的纳米管壁。位于样品表面附近的 b- TiO_2 层的最小厚度约为 20nm。在管子的中心区域可以观察到强的 O 信号，而边缘区域则显示出弱的 O 信号，这种 O 信号差异反映了氧空位的梯度分布。另外，Pd 纳米颗粒分散在 b- TiO_2 层的表面，其稀疏的分散不会阻碍 b-Si 的光吸收。同时，由于 Pd 纳米颗粒的分散性，很难观察到样品的光致超亲水性。

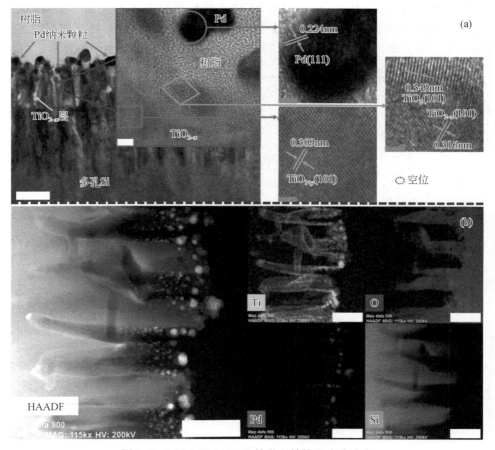

图 3.4　Pd/b2- TiO_2/b-Si 的微观结构和成分分布

（a）Pd/b2- TiO_2/b-Si 横截面的透射电子显微镜图和相关的高倍率图。在透射电子显微镜图中标尺标记为 200nm。其中插图是指定区域的放大图，标尺标记为 5nm。右侧的高倍率图对应于插图中标记区域。

（b）Pd/b2- TiO_2/b-Si 的 HAADF-STEM 图和匹配的元素分布图，标尺标记均为 200nm

　　在氩气刻蚀条件下，通过 X 射线光电子能谱（XPS）剖析了 Pd/b2-TiO₂/b-Si 各层的成分（图 3.5）。在 XPS 全谱中，样品表面显示了 Ti 2p、Pd 3d 和 O 1s 的特征峰。在 Pd 3d 精细谱中，Pd/b2-TiO₂/b-Si 显示了金属 Pd 的主要特征峰，意味着 Pd 纳米颗粒为金属状态。为了揭示 b-TiO₂ 化学环境的变化，详细分析了 Pd/b2-TiO₂/b-Si 的 Ti 2p 精细谱 [图 3.5（a）和（b）]。在 b-TiO₂ 层的表面和体相中，Ti $2p_{3/2}$ 谱均在 459.5eV 和 457.8eV 处出现两个峰，它们分别对应于 Ti^{4+} 和 Ti^{3+}。但是，b-TiO₂ 层内部的 Ti^{3+} 峰强高于表面的 Ti^{3+} 峰强，而 Ti^{4+} 的信号在 b-TiO₂ 层的内部却逐渐减弱。Ti^{3+} 和 Ti^{4+} 的比例与氧空位的浓度直接相关，它们在表面和内部的差异意味着梯度氧空位的形成。由 XPS 深度剖析曲线 [图 3.5（c）] 可知，Pd/b2-TiO₂/b-Si 表面由 Pd 纳米颗粒和 b-TiO₂ 层组成。Pd 和 O 的原子浓度在样品表面达到峰值，并随着刻蚀深度的增加而降低。当刻蚀深度达到 20nm 时，Pd 元素浓度几乎接近 0，刻蚀深度继续增加，Ti 信号不断增强，并成

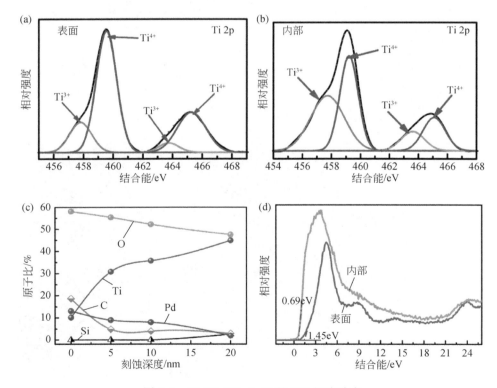

图 3.5　Pd/b2-TiO₂/b-Si 的 XPS 深度分布

（a）Pd/b2-TiO₂/b-Si 表面的 Ti 2p 谱；（b）刻蚀深度为 20nm 时 Pd/b2-TiO₂/b-Si 内层的 Ti 2p 谱；

（c）Pd/b2-TiO₂/b-Si 的元素深度分布；（d）Pd/b2-TiO₂/b-Si 表面和内部的价带谱

为主导信号。随后，在 XPS 图中出现 Si 的信号。这表明 Pd/b2-TiO$_2$/b-Si 中 b-TiO$_2$ 层的最小厚度约为 20nm，这与 STEM 图的分析结果是一致的。这一结果同时证明了在这种情况下，b-Si 是完全被 b-TiO$_2$ 层所覆盖的。在价带谱 ［图 3.5 (d)］ 中，b-TiO$_2$ 层表面和内部的价带顶值分别为 1.45eV 和 0.69eV，再次表明 Pd/b2-TiO$_2$/b-Si 形成了离散的层状结构。可以将其简明定义为 Pd/TiO$_{2-x}$/TiO$_{1+y}$/b-Si。

图 3.6 (a) 描述了在 1.0mol/L NaOH 溶液、AM 1.5 模拟太阳光照射条件下，Pd/b-Si、Pd/c-TiO$_2$/b-Si、Pd/b1-TiO$_2$/b-Si 和 Pd/b2-TiO$_2$/b-Si 材料进行析氢反应 （HER） 的光电化学性能 （暗电流可以忽略不计）。Pd/b2-TiO$_2$/b-Si 的性能最好，在 0V *vs.* RHE 下的光电流密度约为 -8.3mA/cm^2，且起始电位为 0.32V *vs.* RHE，明显高于相同测试条件下 Pd/b1-TiO$_2$/b-Si 材料在 0V *vs.* RHE 下的光电流密度 （-4.5mA/cm^2） 和起始电位 （0.17V *vs.* RHE）。最有趣的是，Pd/b2-TiO$_2$/b-Si 电极在 -0.22V *vs.* RHE 时达到了 -35.3mA/cm^2 的饱和光电流密度，接近于 -37.5mA/cm^2 的理论光电流密度值。这一现象表明在样品表面沉积 Pd 纳米颗粒可以提高 Si 基光电阴极的光电化学活性。而另一方面，Pd/c-TiO$_2$/b-Si 几乎没有光电化学活性，意味着 Pd 纳米颗粒并不能激活光电阴极的光电化学行为。此外，Pd/b2-TiO$_2$/b-Si 在 0.5mol/L H$_2$SO$_4$ 电解液中同样表现出比其他样品更好的光电化学性能，与在碱性电解液中观察到的结果相似。与 Pd/b1-TiO$_2$/b-Si 相比，在碱性溶液中 Pd/b2-TiO$_2$/b-Si 光电阴极的高效率可能归结于更高的入射光子–电流转换效率 ［IPCE，图 3.6 (b)］。在 420～540nm 范围内，Pd/b2-TiO$_2$/b-Si 的 IPCE 达到了 90%。而在酸性溶液中，Pd/b1-TiO$_2$/b-Si 和 Pd/b2-TiO$_2$/b-Si 之间的 IPCE 也有类似的差异。有两个因素提升了 Pd/b2-TiO$_2$/b-Si 的 IPCE 值：①b-Si 与 b-TiO$_2$ 具有良好的光吸收；②通过高的氧空位浓度构筑良好的电子传输通道。为了评价光电化学制氢效率，Pd/b2-TiO$_2$/b-Si 在特定电位 （-0.078V *vs.* RHE） 和光照下于 1.0mol/L NaOH 溶液中进行了长时间析氢反应。法拉第产率 （FY） 与产氢的光电流有关：

$$\mathrm{FY} = \frac{2n_{\mathrm{H_2}}}{It}F \tag{3.5}$$

其中，F、$n_{\mathrm{H_2}}$、I 和 t 分别是法拉第常数、氢气的物质的量、光电流密度和光照时间。在 1.0mol/L NaOH 溶液和模拟太阳光照射条件下，Pd/b2-TiO$_2$/b-Si 的产氢效率为 96%。除了 IPCE 之外，还可以通过将 IPCE 归一化到光电阴极和电解液的吸光度来计算外量子效率 （EQE） 和内量子效率 （IQE）：

$$\mathrm{IQE} = \frac{\mathrm{EQE}}{A} = \frac{\mathrm{EQE}}{1-R} \cong \frac{\mathrm{IPCE}}{1-R} = \mathrm{APCE} \tag{3.6}$$

其中，A 是溶液和 Pd/b2-TiO$_2$/b-Si 材料的吸光度。事实上，水溶液无法吸收在

380～750nm 范围内太阳光。此外，由于 FY 约为 1，IQE 很容易用吸收光电流效率（APCE）来表示。在此，某些波长下入射光子能量的 APCE 值接近于 100%。然而，由于缺乏 p-n 结，Pd/b2-TiO$_2$/b-Si 的太阳能到氢（STH）效率和太阳能到氢的转换效率（SHCE）仍然较低。

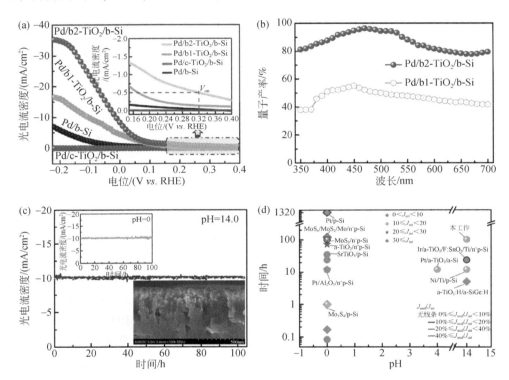

图 3.6　Pd/b-Si、Pd/c-TiO$_2$/b-Si、Pd/b1-TiO$_2$/b-Si 和 Pd/b2-TiO$_2$/b-Si 的光电化学性能

（a）所有样品的 J-V 曲线。测试条件为 1.0mol/L NaOH 溶液、1 个太阳光照射和 0.01V/s 的扫描速率。在黑暗条件下，所有样品的 J-V 曲线几乎是水平线，即 0mA/cm^2。插图是标记区域的放大图。（b）在 1.0mol/L NaOH 溶液和 0.22V vs. RHE 条件下，Pd/b1-TiO$_2$/b-Si 和 Pd/b2-TiO$_2$/b-Si 的 IPCE 谱图。（c）Pd/b2-TiO$_2$/b-Si 的 J-t 曲线。测试条件为 -0.012V vs. RHE 的外加电压、1.0mol/L NaOH 溶液和 1 个太阳光照射。左上角插图是在 -0.124V vs. RHE、0.5mol/L H$_2$SO$_4$ 电解液和 1 个太阳光照射条件下，Pd/b2-TiO$_2$/b-Si 的 J-t 曲线。右下角插图是在 1.0mol/L NaOH 电解液中进行 100 多小时的光电化学水分解后，Pd/b2-TiO$_2$/b-Si 的横截面 FESEM 图。（d）Si 基光电阴极的稳定性数据总结图，包括当前和已报道的工作。其中，对比了不同条件下光电极的稳定性，如 pH、初始光电流密度（J_{int}，单位为 mA/cm^2）和光电化学衰减程度。其中，J_{int} 和 J_{end} 分别为测试初始和结束时的光电流密度，而衰减程度则为 J_{end}/J_{int} 的比值

随后，在 -0.012V vs. RHE 和一个太阳光照射条件（对应于 -10mA/cm^2 的光电流密度）下测试了 Pd/b2-TiO$_2$/b-Si 光电阴极的稳定性。无论是在酸性还是

碱性电解液中，Pd/b2-TiO$_2$/b-Si 光电阴极在 100h 的时间范围内都表现出了很小的光电流衰减 ［图 3.6（c）］。Pd/b2-TiO$_2$/b-Si 的光电流密度在每隔 2h 的斩光测试中也维持了良好的稳定性和光敏性。同时，在空气中老化半年的 Pd/b2-TiO$_2$/b-Si 光电阴极仍显示出极好的光电化学性能，与刚制备的光电阴极具有类似的 J-V 曲线，进而阐明了此类光电阴极在空气中具有优异的稳定性。此外，在 1.0mol/L NaOH 溶液中进行 100 多小时的光电化学水分解后，Pd 纳米颗粒依然全覆盖在纳米 Si 基光电阴极表面 ［图 3.6（c）插图］。随后，用电感耦合等离子体质谱（ICP-MS）分析了反应后电解液（1.0mol/L NaOH）中 Ti 和 Pd 的含量。结果表明，在几何面积约为 0.1cm^2 的光电阴极表面，一共溶解了约 12 ng 的 Ti 和约 19ng 的 Pd。假设光电阴极表面平坦，则每天的 Ti 质量损失约为 29ng/cm^2，在连续操作的情况下会损失约 0.3 单分子层的 b-TiO$_2$。事实上，Pd/b2-TiO$_2$/b-Si 的实际表面积比几何面积要大得多。这意味着实际的 b-TiO$_2$ 损失要比计算值低得多。Pd/b2-TiO$_2$/b-Si 光电极经 100h 光电解后的 XPS 图证明了 b-TiO$_2$ 保护层对光电阴极表面有良好的保护作用。虽然相比于稳定性测试前，反应后样品在 20nm 处显示了更高的 Si 原子占比，这可能是少量的 b-TiO$_2$ 在长时间电解后溶解在 NaOH 溶液中所致。这些结果表明共形晶态 TiO$_2$ 保护层为 Pd/b2-TiO$_2$/b-Si 光电阴极提供了优异的稳定性。图 3.6（d）总结了当前和已报道的硅基光电阴极随 pH 变化的光电化学稳定性。根据这些收集的数据可以得出结论：大多数 Si 基光电阴极在酸性电解液中具有较好的稳定性，能够至少运行长达几十小时。其中，大多数的研究集中在 pH＝0 的电解液中，这是因为大多数非晶态保护层在这种条件下相对稳定。但是，也可以发现这些非晶态保护层无法在碱性条件下维持稳定。所以，开发在强碱性电解液中高稳定性和高效率的光电阴极是至关重要的。此外，Pd/b-TiO$_2$/平面 Si 片（用平面 Si 片替代黑色 Si 片）的表征、分析和光电化学测量则进一步证明了 b-TiO$_2$ 层的作用。总之，具有梯度氧空位的晶态 TiO$_2$ 保护层支持 p-Si 基光电阴极能够同时拥有高效的光电化学性能和优异的稳定性。

在半导体材料中，光致发光（PL）谱是研究载流子动力学的有力工具。在光致发光谱中，所有样品在约 653nm 处都显示出了光致发光峰 ［图 3.7（a）］，主要归因于 b-Si 的光生电子-空穴对的复合。相比于其他样品，Pd/c-TiO$_2$/b-Si 显示了最强的发光强度，意味着载流子难以在此样品中分离和转移，与其差的光电化学性能相一致。这是由于 c-TiO$_2$ 的存在抑制了光生载流子的传递。与 Pd/b-Si 和 Pd/b1-TiO$_2$/b-Si 相比，Pd/b2-TiO$_2$/b-Si 出现了明显的荧光猝灭现象，表明载流子复合行为被抑制。有趣的是，发光强度按 Pd/c-TiO$_2$/b-Si、Pd/b1-TiO$_2$/b-Si、Pd/b2-TiO$_2$/b-Si 的顺序递减，与 TiO$_2$ 保护层的氧空位浓度呈反比关系，意味着氧空位形成了载流子传输通道而促进了载流子转移。进一步，通过时间分辨光致发光（TRPL）谱研究了 Pd/c-TiO$_2$/b-Si 和 Pd/b2-TiO$_2$/b-Si 中的载流子动力学和寿命［图 3.7（b）］。Pd/c-TiO$_2$/b-Si 表现出了较快的复合，其载流子寿命（t_2）仅为 8.82ns，与 c-TiO$_2$ 较差的电荷转移能力相一致。令人惊讶的是，Pd/b2-TiO$_2$/b-Si 光电阴极的载流子寿命达到了 16.32μs，远高于其他样品的载流子寿命，反映 Pd/b2-TiO$_2$/b-Si 光电阴极的载流子转移能力得到增强而延缓了载流子复合。此外，Pd/b-Si 和 Pd/b1-TiO$_2$/b-Si 的载流子寿命也达到了微秒级，分别为 13.34μs 和 12.54μs。如此可知，较高浓度的氧空位能够为载流子转移提供传输通道，从而极大减少了载流子复合和延长了载流子寿命。导电型原子力显微镜（C-AFM）可以直接探测在不同氧空位浓度下形成的载流子传输通道。图 3.7（c）和（d）显示了 Pd/b2-TiO$_2$/b-Si 光电阴极的 C-AFM 信息，包括其表面形貌

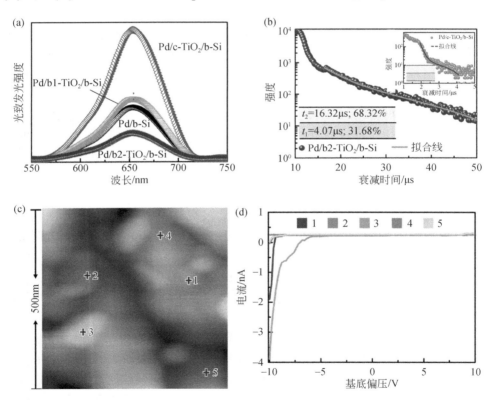

图 3.7　所有样品的载流子动力学行为和路径

（a）Pd/b-Si、Pd/c-TiO$_2$/b-Si、Pd/b1-TiO$_2$/b-Si 和 Pd/b2-TiO$_2$/b-Si 的室温光致发光谱。光致发光谱的激发波长为 405nm。（b）Pd/b2-TiO$_2$/b-Si 的时间分辨光致发光衰减曲线。实线用双指数衰减模型表示动力学拟合度。插图是 Pd/c-TiO$_2$/b-Si 的时间分辨光致发光衰减曲线。（c）和（d）分别为 Pd/b2-TiO$_2$/b-Si C-AFM 形貌图和标记位置的典型 I-V 曲线。（d）图中的 I-V 曲线分别对应于 C-AFM 图中的位置 1、2、3、4 和 5

和典型的电流–电压曲线。在 Pd/b2-TiO$_2$/b-Si 光电阴极的表面上第 1、3、4 和 5 位点显示了电流响应。其中，位点 1 和 3 为 Pd 纳米颗粒，表现出更大的电流，而位点 4 和 5 没有 Pd 纳米颗粒，则它们的电流明显下降。Pd/c-TiO$_2$/b-Si 样品在外加偏压范围内几乎没有观察到电流响应，而 Pd/b1-TiO$_2$/b-Si 样品只有微弱的电流响应。此外，虽然 Pd/b-Si 光电阴极的电流高于 Pd/b2-TiO$_2$/b-Si 光电阴极，但 Pd/b2-TiO$_2$/b-Si 比 Pd/b-Si 具有更多的载流子传输通道。这些结果证实了梯度氧空位能够构筑传输通道而促进载流子在 b-TiO$_2$ 保护层内转移。另外，氧空位的浓度不仅决定了 TiO$_2$ 保护层中载流子传输通道的构筑，而且影响了传输通道的分布和数量。

　　结合上述实验结果，图 3.8 提出了 b-TiO$_2$ 保护层/Si 基光电阴极的光电化学性能的激活和增强机制。一般当光电阴极被照射时，b-Si 吸收入射光子和产生电子–空穴对。随后，b-Si 的少数载流子通过保护层隧道到达 Pd 纳米颗粒从而发生析氢反应。由于高的电阻和短的载流子扩散行程，晶态 TiO$_2$ 保护层不利于光生电子通过，难以到达固/液界面而驱使化学反应。在 b-TiO$_2$ 保护层中构建的梯度氧空位可以形成载流子传输通道，从而使得光生电子能够到达光电阴极的表面（图 3.8 的左侧插图）。此外，光电阴极显示了优异的光电化学析氢性能，可以归因于 b-TiO$_2$ 的高载流子传输性和其表面稀疏分散的 Pd 纳米颗粒。在这个反应过程中，H$^+$ 被还原，并在 Pd 纳米颗粒上产生一个吸附质子，然后溢出到 b-TiO$_2$ 表面，并与另一个 H 原子重新结合而生成 H$_2$。在表面的吸附质子形成后，大量从 b-TiO$_2$ 层直接隧穿到表面的电子参与并加速了析氢反应。为了进一步理解 b-TiO$_2$ 层在光生电子转移过程中的作用，图 3.8 的右侧插图示意性地描述了 Pd/b2-TiO$_2$/b-Si 光电阴极材料的能带图。以 eV 为单位的价带（VB）最大值转换为以 V 为单位的电化学能势。在许多实验和计算工作中，在 b-TiO$_2$ 保护层中 Ti^{3+} 提供了导带（CB）附近的浅能级，而氧空位在晶格中产生的无序性可以有效地上移 TiO$_2$ 的价带边缘。事实上，"拖尾效应"使 b-TiO$_2$ 保护层的能带间隙变窄（TiO$_{1+y}$ 和 TiO$_{2-x}$ 分别为 1.62V 和 2.4V），这分别对应了导带最小值（TiO$_{1+y}$ 和 TiO$_{2-x}$ 分别为 –0.08V 和 –0.1V）和价带最大值（TiO$_{1+y}$ 和 TiO$_{2-x}$ 分别为 1.54V 和 2.3V）。从中可以发现，b-TiO$_2$ 保护层中的 TiO$_{1+y}$ 和 TiO$_{2-x}$ 部分具有几乎一致的导带边。此外，p 型 Si 的价带最小值和能带间隙分别为 –0.55V 和 1.1V。由此可知，Si 和 b-TiO$_2$ 的导带最小值和价带最大值之差分别为 0.45V 和 1.04V。因此，光生电子很容易通过导带进行转移，而由于价带上的较大势垒差，空穴从 b-Si 到 b-TiO$_2$ 的输运受阻。

　　3. 小结

　　本小节研究工作阐述了一种简便的方法用于解决 Si 基光电阴极效率与稳定

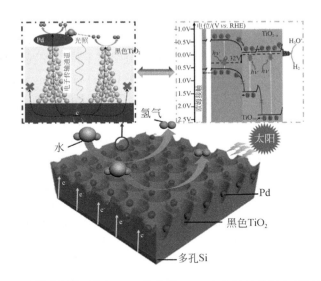

图 3.8　Pd 纳米颗粒/黑色 TiO₂ 保护层/b-Si 光电阴极分解水析氢示意图

左侧插图是 Pd 纳米颗粒/黑色 TiO₂ 保护层/b-Si 光电阴极的侧视图及其载流子传输通道；

右侧插图是 Pd 纳米颗粒/黑色 TiO₂ 保护层/b-Si 光电阴极的能带图

性的耦合问题：构建具有梯度氧空位的晶态二氧化钛保护层。在这些情况下，梯度氧空位结构是激活和提高晶态 TiO_2 保护层/Si 基光电阴极的光电化学行为的最重要因素。同时，在强酸性和碱性电解液中，共形晶态的 TiO_2 层显著提高了 Si 基光电阴极的寿命。研究结果表明，引入晶态非化学计量比金属氧化层是实现太阳能–燃料光电化学实用化系统的有效途径。

3.2.2　原位缺陷修复的 SnSe 光电阴极的析氢性能

1. 实验部分

本小节实验采用沈阳科晶自动化设备有限公司研制的蒸发镀膜设备沉积 SnSe 薄膜。该设备主要由下方的四个蒸发室、载样台、抽气系统、加热系统、冷却系统和转架系统构成。抽气系统包括机械泵和维持高真空的分子泵。实验以不同比例的高纯锡粉与硒粉（99.99%）混合后作为蒸发源，以 FTO 导电玻璃作为基底沉积了一系列比例 SnSe 薄膜。导电玻璃在沉积前先进行清洗，随后依次在超纯水、丙酮和无水乙醇中清洗 30min。将真空抽至 1×10^{-3} Pa 以下，开始对载样台预热 30min。分别控制为不预热、150℃、250℃、350℃和450℃五个温度后开始沉积。将蒸发源电流调整到 90A，待蒸发 5min 后，提高到 130A 蒸发 1min。之后停止蒸发，使样品在载样台退火 2h 后在真空中降温。降温至 100℃ 以下关闭真空系统。随后，制备原位修复的 SnSe（R-SnSe）薄膜，制备方法如图 3.9 所示，过程中变更的沉积条件为：在退火 1.5h 后，蒸发少量单质 Se，并继续退火 0.5h。蒸发的单质 Se 量分别控制在 0.002g、0.004g、0.006g、0.008g、0.01g、0.012g、0.014g 与 0.016g。通过 CHI 760 恒电位仪在 0.05mol/L H$_2$SO$_4$ 水溶液中以 10kHz 的频率获取莫特–肖特基（Mott-Schottky）图。Mott-Schottky 方程如下所示：

$$\frac{1}{C^2}=\frac{2(V-V_{fb}-k_BT/q)}{q\varepsilon_s\varepsilon_0A^2N_D} \tag{3.7}$$

其中，C、q、ε_0、ε_s、A、N_D、V、V_{fb}、k_B 和 T 分别是电容、电子的电量（1.60×10^{-19}C）、真空介电常数（8.85×10^{-14}F/cm）、SnSe 的介电常数（80F/cm）、样品面积、施主密度、施加偏压、平带电压、玻尔兹曼常数（1.38×10^{-23}J/K）和温度（25℃）。莫特–肖特基图的 x 轴截距是在需要施加的平带电压使能带变得平坦时达到的。至于样品的其他成分和结构表征以及光电化学测试如 3.2.1 小节的实验部分所示。

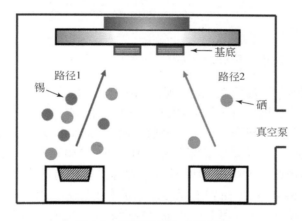

图 3.9　薄膜修复合成示意图

2. 结果与讨论

该工作主要报道了原位缺陷修复的 SnSe 光电阴极的析氢性能[138]。图 3.10 为不同温度退火下的 SnSe（Sn/Se 比例为 1∶1）的 X 射线衍射（XRD）谱图。采用的 X 射线衍射仪为 Cu 靶阳极。如图 3.10 所示，其衍射峰在 33°附近，与 SnSe 标准卡片的主峰正好吻合。除了 FTO 与 SnSe 的衍射峰，未发现单质 Sn 与 Se 的衍射峰，说明两种材料已全部反应，SnSe 样品纯度高。通过衍射峰强度对比，可以发现在不同温度退火下，结晶程度是不一样的。在未退火时，峰强度最低，说明不退火无法形成高结晶度的 SnSe 薄膜。而随着温度慢慢升高，直至

250℃时，峰强度达到最高。而当温度继续升高时，峰强度反而下降。这是由于 SnSe 这种材料并不耐受高温，过高温度的退火反而会使薄膜的结构破坏。通过对比主峰强度，发现蒸发源投料的比例不同，不会造成峰强度的差异，也不会产生单质杂峰。这说明投料比不会影响相的形成。多余的 Sn 或 Se 可能在薄膜中形成不饱和的配位键。

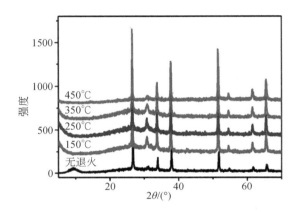

图 3.10　不同退火温度下合成的 SnSe 薄膜的 XRD 谱图

　　为了更清楚地研究温度变化对薄膜的影响，对不同退火温度的 SnSe 薄膜表面进行了扫描电子显微镜（SEM）测试。如图 3.11 所示，当未退火时，表面为杂乱状态，颗粒无固定形态，且十分分散。而在 150℃ 退火后，SnSe 薄膜表面呈现为致密的晶体排列，且薄膜变得更为均匀。而在 350℃ 退火后，其表面晶体颗粒变得更大且不规则。这个过程说明温度对薄膜质量有很大的影响。当未退火时，蒸发的单质 Se 与单质 Sn 没有足够的热量发生反应，因而呈现出不连续的非晶态。整个薄膜没有结晶，都是以小颗粒或大的块体组成。但其存在光响应，能够产生光电流，这可能是因为蒸发时的热量已经使一部分原料反应。但由于没有持续的退火过程，表面呈现的离散状态和非晶态对光生电荷的转移十分不利。而在 350℃ 退火后，表面颗粒团聚在一起，形成大块的晶体，致使晶体与晶体之间存在大的空隙而不利于载流子转移。这说明退火温度过高，即使能提升薄膜的结晶度，但是不连续的大块晶粒会导致更多的缺陷存在，这也能解释为何在高温下光电流反而大幅下降。而在 150℃ 退火后，薄膜呈现连续状态，且晶粒大小均一，结晶性好。相比于未退火和 350℃ 下制备的 SnSe 薄膜，150℃ 下退火制备的 SnSe 薄膜明显更利于光生电荷的产生与分离。这个结果与 XRD 数据和光电流密度-电位曲线数据是相互支持的。

图 3.11　不同退火温度下的 SnSe 薄膜
（a）无退火；（b）150℃退火；（c）350℃退火

衡量光电化学析氢能力的一个直观指标就是光电流大小，光电流大往往说明有更多的光生电子到达表面与氢离子反应形成目标产物。图 3.12 为在不同退火温度下的 SnSe 薄膜的光电流密度−电位曲线。当温度为 150℃时，SnSe 光电阴极的光电流密度最大，达到了−0.43mA/cm² 。而随着退火温度继续升高，光电流密度急剧减小。当退火温度升至 250℃时，最大光电流密度下降至−0.18mA/cm² 。而当退火温度进一步升高（350℃和 450℃），光电流密度几乎可忽略不计，仅有−0.04mA/cm² 。这说明在 150℃退火下 SnSe 薄膜结构更好，更利于光生电子的产生与转移。同时，在 350℃与 450℃时存在很大的暗电流。暗电流过大往往反映了薄膜电极的结构问题：材料的缺陷过多，或者薄膜的覆盖度不均匀，或是材料电子结构发生了变化都有可能使光电阴极在测试时产生暗电流。通过光电流大小，可以初步判断退火温度在 150℃时最适宜。

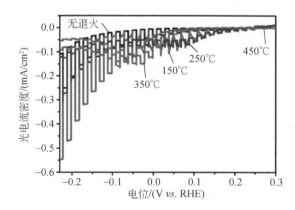

图 3.12　不同退火温度下的 SnSe 薄膜的光电流密度−电位曲线

同样地，对于不同 Sn/Se 比例的 SnSe 薄膜，也通过光电流大小来进行筛选。在 150°C 退火条件下，不同 Sn/Se 比例的 SnSe 薄膜光电流密度−电位曲线如图 3.13 所示。通过对比发现，Sn/Se＝1∶1 的 SnSe 薄膜表现出更大的光电流。结合前面的表征可知，当 Sn 过多时，多余的 Sn 会在 Se 消耗完之后以单质的形式出现。而当 Se 过多时，其会以 SnSe$_2$ 的形式在层间与 SnSe 层交替形成交错层。这两种情况通过光电流大小对比，说明是不利于光生电荷导出的。这可能是由于产生了不利于电子导出的金属–半导体接触以及异质结。这个结果确定了以 Sn/Se 为 1∶1 的蒸发源所制备的 SnSe 薄膜具有最好的光电化学性能。

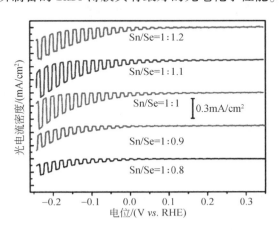

图 3.13　不同 Sn/Se 比例条件下合成的 SnSe 薄膜的光电流密度–电位曲线

　　薄膜层需要一个最适厚度来确保其效率最高，若薄膜层过薄，则会有部分光未被吸收而直接透过；若薄膜层过厚，光生电荷则需要穿越更长的路径到达反应表面，这个过程中光生电荷极易被捕获从而中和湮灭。为了确认 SnSe 薄膜对光吸收所能达到的最适厚度，对不同量的蒸发源所制备的 SnSe 薄膜也进行了光电流大小的检测（图 3.14）。当 Sn/Se 混合粉末质量由 0.1g 增大到 0.2g，最大光电流密度渐渐提升，直到 0.2g 时最大光电流密度达到最大。而到达 0.3g 时光电流响应基本消失。这说明薄膜已经过厚，已经远大于最适厚度，使光生电荷无法转移至反应界面。而对于蒸发源粉末质量大于 0.1g 的 SnSe 薄膜，虽然有着明显的光电流增大，但光电压的位置却更负。光电流大小往往代表了析氢的能力，而光电压的位置则反映了光生电荷导出的难易程度。当光电析氢反应的光电压位置过负时，说明需要一个极大的负电压才能将电子顺利导出至反应表面。因此，质量大于 0.1g 的蒸发源所合成的 SnSe 薄膜在光生电荷导出的过程中都受到或多或少的阻碍。而小于 0.1g 的蒸发源表现出了更低的光电流大小。综上所述，SnSe 薄膜由 0.1g，Sn/Se 比例为 1∶1 的 Sn/Se 混合粉末蒸发，并在 150℃下退火能达到最优异的光电化学性能。

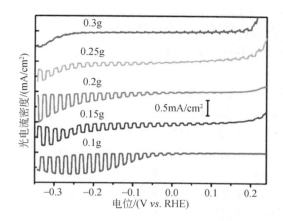

图 3.14　不同蒸发源质量合成的 SnSe 薄膜的光电流密度-电位曲线

图 3.15 为修复前后 SnSe 薄膜电极在 0.05mol/L H_2SO_4 中的光电流密度-电位曲线。修复后的最大光电流密度明显上升，说明光生电荷分离效率明显提升。直至最佳点，其最大光电流密度与其他修复后的 SnSe 薄膜相比是最优的。而继续修复后，最大光电流密度开始慢慢衰减。这个光电流衰退的过程说明在过度修复后，光生电荷分离效率不增反降。衰退的过程说明过度硒化对薄膜有着破坏作用，如同前面退火温度过高对薄膜造成损伤一样。而被最适量的硒修复后的 SnSe 薄膜的光电压没有提升，光电流明显提高。这说明用于修复的 Se 没有对能带造

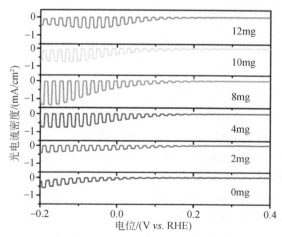

图 3.15　不同样品的光电流密度-电位曲线

0mg 为未修复的 SnSe 薄膜，2~4mg 为未完全修复的 SnSe 薄膜，8mg 为最适宜点修复的 SnSe 薄膜，10~12mg 为过度硒化的 SnSe 薄膜

成很大影响。同时，用于原位修复的 Se 能够提升载流子分离效率，这说明用于修复的 Se 使 SnSe 薄膜内部的结构更趋于完美。此外，在最适宜点原位硒化后，曲线中在无光照情况下的暗电流部分相比于其他样品更为平滑，意味着此类薄膜为稳定的半导体材料。

为了判别 SnSe 薄膜在溶液中光照下的稳定性，进行了 J-t 曲线测试。由图 3.16 可知，修复的 SnSe 薄膜相比于未修复的有更好的稳定性。在 0V $vs.$ RHE 下运行 2000s 之后，修复的 SnSe 薄膜依然维持了较好的光电化学性能，而未修复 SnSe 薄膜的光电流密度值仅为初始值的 25.6%。高的稳定性意味着 SnSe 薄膜的晶体结构更趋向于完美，不容易被外部苛刻环境破坏，同时也说明半导体光生电荷转移速度更快，不容易发生内部光腐蚀。总之，原位硒化处理可能修复了 SnSe 薄膜的结构，后续的表征将证实这一判断。

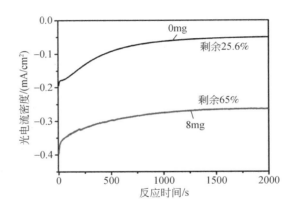

图 3.16　在光照下最适宜点修复与未修复的 SnSe 薄膜的稳定性测试曲线

0mg 为未修复的 SnSe 薄膜，8mg 为最适宜点修复的 SnSe 薄膜；运行电压为 0V $vs.$ RHE

通过 XRD 谱图分析硒化对结晶度的影响，同时了解硒化对薄膜的影响（图 3.17）。在少量硒化（2~4mg）之后，SnSe 的衍射峰变宽，强度变弱。这反映了在硒化之后，一部分晶体结构被破坏，从而由晶态向非晶态转变。而当硒化量达到最适宜点（8mg）时，SnSe 的衍射峰又重新变为尖锐。这个变化说明一个稳定的晶体结构又重新被构造。随着蒸发硒量的增加直至最佳点，衍射峰经历了一个从尖锐到平滑，再从平滑到尖锐的过程。这个过程很好地说明了蒸发硒在修复薄膜中的作用。蒸发的单质硒与退火晶化过程中的 SnSe 薄膜结合，使得已经晶化的 SnSe 重新解构。已经晶化的 SnSe 由于硫化物本身的原因，内部含有大量的本征态缺陷。而后蒸发的硒恰好能够补充进这些硒空位中。在少量硒化的过程中，硒的量过少使得晶体解构之后处于过渡态，故衍射峰强度下降。在最适宜点由于重新结晶而衍射峰强度上升。而在过量硒化（10~12mg）后，强度又开始下降。

这是因为多余的硒又开始进行解构，使得整个半导体薄膜处于富硒态。这与前面光电流增加与下降的趋势是吻合的。

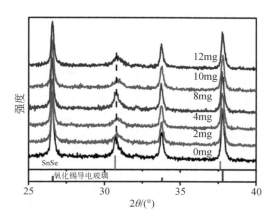

图 3.17　不同样品的 XRD 谱图

XRD 谱图证明存在 SnSe。少量硒化（2~4mg）后，峰的强度先降低，然后在最适宜点（8mg）恢复到与 0mg 相同的峰强度。过度硒化后，峰强度持续降低。该现象表明 SnSe 的结晶水平，意味着硒化过程中存在过渡态。0mg 为未修复的 SnSe 薄膜，2~4mg 为未完全修复的 SnSe 薄膜，8mg 为最适宜点修复的 SnSe 薄膜，10~12mg 为过度硒化的 SnSe 薄膜

在图 3.18 中，拉曼峰的信号改变也说明了在硒化之后，SnSe 的结构是趋向于完善的。拉曼光谱图是测量二维材料缺陷的有力手段。石墨烯的拉曼光谱图中，D/G 峰的比值反映了石墨烯中缺陷的数量。而 SnSe 薄膜在修复前后也反映了相似的规律。通过比较可以发现，在修复之后，拉曼信号比增强。这也意味着在开始修复之后，缺陷浓度开始下降。当提升硒化量达到最适宜点时，峰面积比值达到最大。这与光电流响应以及 EPR 测试结果一致，说明在硒化之后，薄膜的缺陷被修复，从而更利于光生电荷的分离。而在过量硒化后，信号比又随之下降。这也与过度硒化将结构破坏相吻合。

对修复前后以及不同修复量的 SnSe 薄膜进行了 IPCE 与 Mott-Schottky 数据分析。Mott-Schottky 曲线能反映半导体材料是 n 型还是 p 型、载流子浓度、平带电压及内部缺陷。图 3.19 为不同 SnSe 薄膜样品的 Mott-Schottky 曲线。平带电压反映的是将半导体与溶液接触之后所产生的能带弯曲拉平所施加的电压，同时也能够反映表面电荷与氢离子反应的难易程度。往往更负的平带电压更利于光生电荷与氢离子反应。在修复前，SnSe 的平带电压为 0.03V。而在最适宜点修复之后，平带电压下降至 -0.24V。研究表明在修复之后平带电压变负，确实更有利于表面析氢。而对于载流子浓度，往往通过斜率计算得到，在修复之后，载流子浓度由 6×10^{16} 减少至 3.2×10^{16}，下降了将近一半。这个结果可以认为是修复前的 SnSe

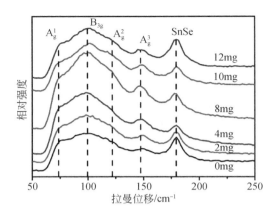

图 3.18　不同样品的拉曼光谱图
强度比上升与下降说明内部缺陷量的增多与减少

薄膜含有一种载流子浓度更高的物质所引起的。通过查阅文献，发现 SnO_2 的载流子浓度达到 4×10^{17}。而后文中证明了修复前的 SnSe 薄膜对空气的抵抗性差，容易在内部产生 Sn—O 键。载流子浓度下降是由于内部高载流子浓度物质的消失。

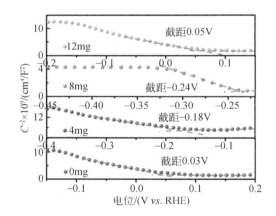

图 3.19　不同样品的 Mott-Schottky 曲线

另外，IPCE 数据可以反映半导体材料对光的吸收与利用效率情况（图3.20）。对于修复之前的 SnSe 薄膜，其主要吸收范围在 380 ~ 450nm。这个范围是一个较低波长的吸收范围，说明修复之前的 SnSe 仅仅只能利用紫外区的光线。而在部分修复之后，SnSe 薄膜的吸收区间明显红移，其吸收利用范围在380 ~ 500nm。而在最适宜点修复后，SnSe 薄膜的吸收区间趋近于理论值。这个范围与半导体本身的能带也是相关联的。由于修复之前的 SnSe 薄膜能带更窄，应该吸收利用更宽的光波长范围从而产生更高的光电流，但是其并未达到理论值。这是因为长波长的光能量较低，而过多的缺陷易于低能量的光生电荷进行捕获，所以只有被更高能量激发的光生电荷才能顺利到达材料表面，实施表面反应。这也印证了修复之前的 SnSe 薄膜内部确实存在阻止光生电荷运动的缺陷。

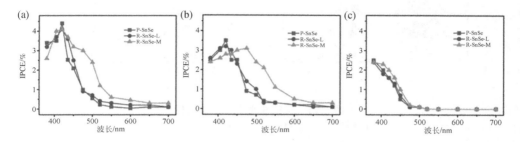

图 3.20　不同样品的入射光子–电流转换效率（IPCE）

0mg（未修复的 SnSe）、4mg（未完全修复的 SnSe）和 8mg（最适宜点修复的 SnSe）。（a）在 0.05mol/L H_2SO_4 溶液中，–0.2V $vs.$ RHE；（b）在 0.05mol/L H_2SO_4-Na_2SO_3 溶液中，0V $vs.$ RHE；（c）在 pH＝6.8 磷酸缓冲溶液中，–0.2V $vs.$ RHE。对于 8mg，光谱在所有溶液中趋于红移。与 0.05mol/L H_2SO_4 溶液相比，SnSe 薄膜的 IPCE 在 0.05mol/L H_2SO_4-Na_2SO_3 溶液中呈红移。与磷酸缓冲溶液相比，在 0.05mol/L H_2SO_4 溶液中，SnSe 薄膜的 IPCE 明显增加

　　为了进一步分析薄膜的成分及内部变化，对未修复的 SnSe 薄膜与修复完好的 SnSe 薄膜进行了内部 XPS 剖析。对于未修复的 SnSe 薄膜，其元素分布呈梯度状。表面的锡元素偏多，而硒元素偏少。越往内部硒元素含量开始慢慢增多。这是由这两种单质元素沸点不同所导致的。低沸点的元素往往先蒸发至基底，高沸点的元素沉积在表面。而硒的沸点比锡的沸点低，这使得薄膜内部硒含量更多，形成富硒态结构；而靠近表面的锡含量更多，形成贫硒态结构。这种状态的出现使得未修复的 SnSe 薄膜在环境与溶液中更加趋向于不稳定。而对于修复后的 SnSe 薄膜，表面 5nm 处的硒含量增加。对于这个现象，可能是由于贫硒态的 SnSe 薄膜区被后蒸发的硒所填补，从而形成少缺陷的 SnSe 薄膜。为了更加细致地研究修复前与修复后的 SnSe 薄膜在成键上的变化，对 XPS 图进行分析。如图 3.21 和图 3.22 所示，在修复之前，薄膜从表面到内部都显示存在少量单质锡与单质硒。而在修复之后，单质锡的含量明显减少，而单质硒在内部少有出现。这可能是由于蒸发上去的硒诱导了 SnSe 晶体的重构，在重构的同时，将这些未反应的单质硒与单质锡重新诱导反应以形成更稳定的结构。这说明蒸发上去的硒不仅自己参与了原位硒化修复的过程，同时也能诱导内部的未反应单质进行反应，从而获得缺陷更少、晶体结构更完善的 SnSe 薄膜。

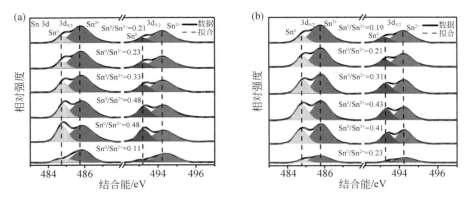

图 3.21 SnSe 薄膜的 Sn XPS 图

（a）未修复的 SnSe 薄膜；（b）最适宜点修复的 SnSe 薄膜

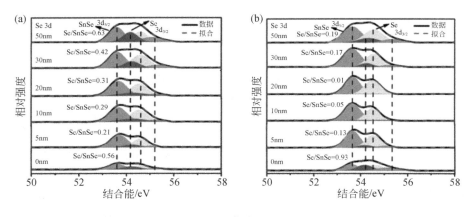

图 3.22 SnSe 薄膜的 Se XPS 图

（a）未修复的 SnSe 薄膜；（b）最适宜点修复的 SnSe 薄膜

为了深入确定是否有缺陷存在，使用电子顺磁共振（EPR）技术对薄膜进行分析。当存在缺陷时，其 EPR 谱中会出现特定的顺磁峰。这是由于孤对电子的存在而出现的顺磁响应。因此，若薄膜中存在不饱和的孤对电子则会产生 EPR 特征信号。如图 3.23 所示，在修复之前，SnSe 薄膜在磁场下表现出强烈的 EPR 信号。经对比文献可知，这个信号是硒空位所产生的。这说明 SnSe 在制备时温度较高容易导致硒的逸出，同时产生大量的硒空位。而在 SnSe 薄膜被少量硒原位修复之后，其中的 EPR 信号明显下降，但仍存在，且强度约为之前的一半。这说明原位硒化能有效地将不饱和位点重新补充，使孤对电子与硒元素耦合并形成键。同时由于参与原位硒化修复的硒元素量不够充足，仍然会存在一部分的缺陷尚未修复，因此尚存在信号峰。而当参与硒化的硒量达到最适宜值时，EPR 的信号峰完全消失。这个信息说明内部的孤对电子基本消失，此时蒸发的硒基本补充了 SnSe 薄膜中的空位，因而不再有孤对电子对磁场的响应。EPR 的结果很好地确认了 SnSe 内部的缺陷被原位硒化修复，同时也确定了用于原位硒化的硒的确存在修复薄膜缺陷的功能。

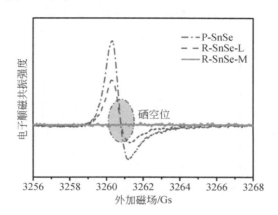

图 3.23　0℃下 P-SnSe（未修复的 SnSe 薄膜）、R-SnSe-L（未完全修复的 SnSe 薄膜）
和 R-SnSe-M（最适宜点修复的 SnSe 薄膜）的 EPR 图

$1Gs = 10^{-4} T$

为了确认硒化对薄膜本身的影响，还需要对薄膜的形貌进行研究。通过原子力显微镜（AFM）技术，分析了薄膜样品表面的粗糙度（图 3.24 和图 3.25）。在硒化修复之前，平均粗糙度（Ra）为 30.5nm。在少量原位硒化之后，样品表

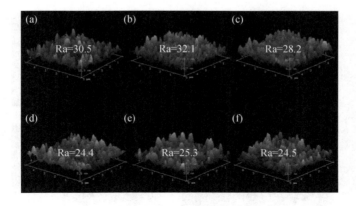

图 3.24　不同样品的 AFM 图（Ra 单位为 nm）
硒化量：（a）0mg；（b）2mg；（c）6mg；（d）8mg；（e）10mg；（f）14mg

面开始变得粗糙。而随着用于修复的硒量逐渐增多，表面的粗糙度慢慢减小。在达到最佳点之前，表面先变得粗糙再平滑是由于表面原位硒化解构晶体结构，从而形成中间态。这些中间态由于更趋向于非晶态，所以表面更加不平整。而随着往最佳态靠近，表面慢慢开始由解构变为再结晶，从而形成比修复前更为平整的表面。而在过度硒化之后，由于填入了后加入的硒，即使表面存在结构破坏，表面的粗糙度变化依然不大。这与 XRD 谱图所揭示的过程相互呼应。

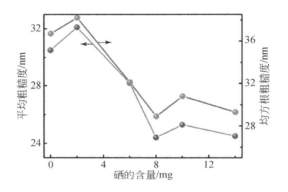

图 3.25　硒化量不同对薄膜表面粗糙度的影响

　　同样地，这个过程也可以通过对于薄膜表面的扫描电子显微镜（SEM）观察得到。如图 3.26 和图 3.27 所示，修复之前的 SnSe 薄膜表面为形状分明的晶体颗粒。而在少量硒化之后，之前的晶体表面出现许多小颗粒，这些小颗粒应为前面分析中的过渡态，即解构 SnSe。同时晶体与晶体之间的间距变大。当到达最适宜点时，晶体表面的小颗粒消失，重新成为一块完整的晶体。而当过度硒化时，

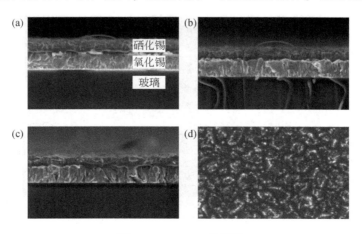

图 3.26　FESEM 截面图
（a）P-SnSe；（b）R-SnSe-L；（c）R-SnSe-M；（d）适度修复的 SnSe 薄膜表面

图 3. 27 FESEM 表面图

(a) 和 (d) P-SnSe；(b) 和 (e) R-SnSe-L；(c) 和 (f) R-SnSe-H

之前完整的晶体又开始瓦解，开始变为连成一片的小颗粒。这些小颗粒都说明了在硒化之后，晶体由蒸发硒诱导转变为一个过渡的状态，而在最适宜点时，恰好能够修复其中缺陷，重新形成新的结晶，继续增加蒸发硒，则晶体结构又重新被破坏。

对修复前后的 SnSe 薄膜进行了紫外–可见吸收光谱测试与 XPS 价带谱测试（图 3. 28）。通过对比发现，修复前的 SnSe 薄膜直接带隙为 1. 4eV，符合文献报道中 SnSe 薄膜的能带间隙范围（0. 9 ~ 1. 5eV）。而在完全修复之后，薄膜的能带间隙为 1. 8eV，这可能归因于表面形成了极薄的 $SnSe_2$ 层（其能带间隙约为 2. 0eV）。另外，一般有缺陷存在的半导体往往带隙会更小。这是因为缺陷往往会使得半导体存在杂质能级。一定空间区域内存在缺陷会迫使附近电子扭曲，从而诱导导带与价带的位置发生偏移。而当不同区域的导带价带堆叠起来时，其带隙宽就变为最低导带与最高价带的差值。这使得有缺陷的半导体较同类的无缺陷半导体带隙更窄。所以在修复后，能带间隙变宽也与内部缺陷被修复有关。

同时，用 XPS 价带谱测量了修复前后半导体的价带位置。如图 3. 29 所示，在修复前，由内到外的价带位置并不均一，并呈现由内到外递减的梯度态势，并在表面陡增。而修复后的价带位置均一度更高，说明其结构也更均一。将其与带隙结合，并将能量单位转化为电位得到图 3. 30。图中反映了内部光生电荷由内到外传输的难易程度。在修复前，当电子从内部往外运输时，由于表面电位突然升高，电子需要更高的能量才能往外运输。显然，这是不利于光生电荷扩散的。而在修复之后，电子往表面扩散基本没有阻碍，而在表面时有能带能量变低的趋势，

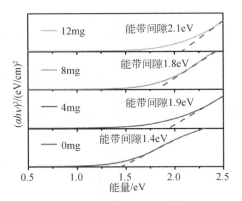

图 3.28　0mg、4mg、8mg 和 12mg 硒粉修复后的 SnSe 薄膜的直接带隙
光吸收系数 α 作为入射光能 E 的函数

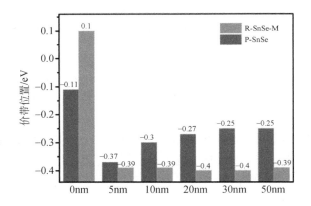

图 3.29　P-SnSe 与 R-SnSe-M 从内向外的价带位置情况

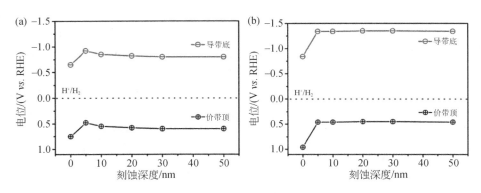

图 3.30　模拟光生电荷从内部往外部传输的过程
（a）P-SnSe；（b）R-SnSe-M

所以修复后的 SnSe 薄膜所产生的光生电荷能够顺利从内部到达表面。未修复的 SnSe 薄膜内部会积累载流子产生光腐蚀并降低效率。这也解释了未修复与修复的 SnSe 薄膜的稳定性差异与光电流差异。

　　SnSe 薄膜中存在硒空位，这些空位十分不稳定。当放置在空气中时，氧气作为高活性的反应分子会直接攻击并替代这些空位。而氧原子为强极性原子，周围电子云会被氧原子的极性所影响。同时，SnO 与 SnSe 各自属于不同晶相，这两种结构并不适配。因此，氧原子进入薄膜的空位形成氧缺陷，将会对薄膜的光电化学性能造成影响。另外，薄膜中的氧元素含量更利于判断薄膜中的缺陷量以及对缺陷进行定性。通过判断氧缺陷的含量，就可以间接判断薄膜中缺陷的多少。对于修复前的原始样品，除了表面的吸附氧，内部每个位置都存在氧元素。而在修复后，氧元素仅仅存在于表面。这说明修复前的 SnSe 薄膜由于放置在空气中一段时间，其内部空位已经被氧气所攻击并替代。而在修复之后，由于不存在空位，即使在空气中放置，内部也不会被氧气攻击。为了确认这些氧元素的确替换了空位并与锡成键，对 XPS 图（图 3.31）进行了分析。在修复之后，表面的氧元素来源是空气中的水与氧气的吸附。而在修复之前，内部氧元素与锡成键，形成 Sn—O 键。Sn—O 键的峰很明确地说明了修复前的 SnSe 薄膜内部被氧气所攻击。而从深度剖析图谱来看，这并不是由表面直接接触外部空气所导致的，内部同样存在 Sn—O 键的峰。这说明氧气不仅仅是对薄膜的表面产生影响，最重要的是外部的氧气也会对内部产生影响，造成整个薄膜体内部存在氧缺陷。同时也说明在修复之后，薄膜在空气环境中具有良好的稳定性，更加适用于实际应用。

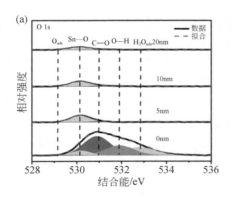 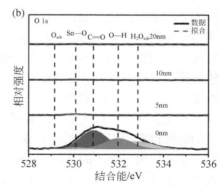

图 3.31　O 1s 的 XPS 精细图

（a）P-SnSe；（b）R-SnSe-M

通过 X 射线近吸收边精细结构（NEXAFS）谱图分析，可以更深刻地了解氧缺陷的存在以及氧缺陷对薄膜内部电子云的影响。如图 3.32 所示，相比于修复前和少量硒化的薄膜，完全修复的薄膜少了一个小的分裂峰。而这个分裂峰往往是极性物质拉动电子云，使得 e_g 与 t_{2g} 轨道分裂而形成的峰。这个峰说明电子云被某种极性物质拉扯从而分裂出来。而其中只有氧存在强极性，说明修复前的薄膜内部的空位被氧原子占据，拉动了电子云，使得电子轨道在极性作用下分裂。这个数据很好地佐证了 SnSe 薄膜内部存在缺陷并在经适量硒原位硒化后修复。

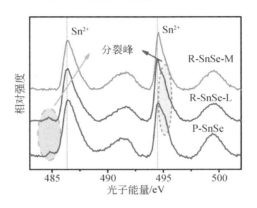

图 3.32　不同材料的 NEXAFS 谱图
圈中峰代表氧气拉动电子云形成的分裂峰

　　为了说明氧元素对薄膜性能所产生的影响，将薄膜在空气中放置不同时间，并测量放置之后薄膜性能的变化。在一开始刚从仪器中取出时，修复前的 SnSe 薄膜的饱和光电流密度为 $-0.47\mathrm{mA/cm^2}$，且在 0V $vs.$ RHE 时的光电流密度为 $-0.45\mathrm{mA/cm^2}$（图 3.33）。而在放置两周后，饱和光电流密度下降至 $-0.3\mathrm{mA/cm^2}$，且在 0V $vs.$ RHE 时的光电流密度下降至 $-0.14\mathrm{mA/cm^2}$。随着放置时间越久，饱和光电流密度和在 0V $vs.$ RHE 时的光电流密度越来越小。这都是源于氧气进入半导体薄膜的缺陷对半导体造成破坏。在放置一个月之后，所有的光电流密度基本趋近于 $0\mathrm{mA/cm^2}$。而经过修复的 SnSe 薄膜，在一周之后，其光电流密度基本没有发生变化，在半个月之后，约衰退了 $0.1\mathrm{mA/cm^2}$，而在一个月甚至在两个月之后，仍然保持着较高的活性。这说明修复后的 SnSe 薄膜在环境中相对稳定。主要原因是基本没有缺陷的 SnSe 薄膜没有位点被空气中的氧气进攻。而薄膜被氧气进攻占据后，由于氧原子的拉电子效应，附近的稳定电子结构又被重新诱导变形，从而变得容易被攻击。之后外界的氧气不断对该位点进行攻击产生新的 Sn—O 键，并扭曲了旁边的电子云。这使得未被修复的 SnSe 薄膜内部缺陷越来越多，性能不断衰退。

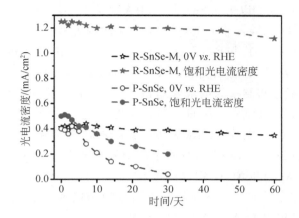

图 3.33　修复前后 SnSe 薄膜在空气中放置不同时间后光电流密度的变化

3. 小结

本小节通过真空镀膜法成功制备出 SnSe 薄膜，并通过改变退火温度、蒸发源的硒锡比例及蒸发源质量来优化 SnSe 薄膜光生电荷的分离效率。研究发现，在 150℃退火，粉末混合计量比 Sn/Se 为 1∶1，蒸发源质量为 0.1g 时光电流最大。同时了解了温度对 SnSe 薄膜结晶程度的影响。对于更高的温度，SnSe 薄膜更趋向于混乱的状态。通过在合成时进行原位硒化的策略，能够改善 SnSe 薄膜的光电化学性能，将其光电流大小提升至之前的 3 倍。通过对薄膜进行一系列的表征，发现原位硒化对 SnSe 晶体结构进行再结晶的行为，修复薄膜内部的缺陷，从而提升材料的光生电荷分离效率。另外，修复后的 SnSe 薄膜具有抵抗氧气进攻的性质，使得薄膜能够在空气中长时间放置，这对于其工业化应用至关重要。

3.3　高效、稳定层级光电阳极的设计及其析氧反应

3.3.1　氧缺陷调控 Si 基光电阳极的载流子分离效率以提升析氧性能

1. 实验部分

Si 基光电阳极的制备：在丙酮、乙醇和蒸馏水的超声波浴中，对 500μm 厚、磷掺杂、单面抛光、(100)晶面取向、电阻率 0.05～0.2Ω·cm 的 n 型 Si 片进行连续清洗。采用金属催化化学腐蚀法制备了纳米多孔 Si。将清洁的 Si 片在食人鱼溶液（30wt% H_2O_2 与 H_2SO_4 的体积比为 1∶3）中浸泡 5min，然后在 5wt%

HF 溶液中浸泡 10min，以去除 SiO$_2$ 层。用去离子水冲洗 Si 片，浸泡在 2mmol/L AgNO$_3$ 和 2wt% HF 的混合液中 30s。然后，再次用去离子水快速漂洗，并转移到 40wt% HF、20wt% H$_2$O$_2$ 与去离子水体积比为 3∶1∶10 的刻蚀液中 150s。用去离子水漂洗后，将刻蚀后的 Si 片浸入 40wt% HNO$_3$ 溶液中 20min，以去除 Ag 纳米颗粒残留。最后，将制备的纳米多孔 Si（b-Si）用去离子水漂洗并吹风干燥。在纯 Ar（99.99%）气氛中，用直流磁控溅射系统（北京创世威纳科技有限公司，MSP-3200）在室温下以 100W 的功率溅射平面圆形金属镍（Ni）靶（99.5wt%），以在 b-Si 和 BK7 玻璃片上沉积薄的 Ni 层。之后，在 Ar/O$_2$ 混合气氛中，通过溅射 Ni 靶和 Nb$_2$O$_5$ 靶（纯度 99.5wt%），在镍金属层上沉积了有 Nb 掺杂和没有 Nb 掺杂的 NiO$_x$。为了得到不同的 Nb 掺杂浓度，Nb$_2$O$_5$ 靶上的外加功率分别为 0W、30W 和 90W，分别对应于 NiO$_x$/Ni/b-Si（标记为 NS）、低 Nb 掺杂的 NiO$_x$/Nb/b-Si（标记为 l-Nb∶NS）和高 Nb 掺杂的 NiO$_x$/Nb/b-Si（标记为 h-Nb∶NS）。新鲜样品沉积后，分别在 200W 和 300W 的射频功率下，在工作压力 4.0Pa 的氮气等离子体中处理 30min。为了便于阅读，将经 200W 或 300W 等离子体处理的 NS、l-Nb∶NS 和 h-Nb∶NS 分别记为 NS_P$_2$、l-Nb∶NS_P$_2$ 和 h-Nb∶NS_P$_2$ 或 NS_P$_3$、l-Nb∶NS_P$_3$ 和 h-Nb∶NS_P$_3$。所有样品的背面首先被抛光，然后在厚度约为 300nm 的 Pd 层上涂上导电银漆，并用 Cu 带进行连接。干燥后，b-Si 电极的整个背面和部分正面都被环氧树脂包裹，形成了约 0.1cm^2 的暴露活性区域。利用校准后的数字图像和 ImageJ 来确定由环氧树脂定义的裸露电极表面的几何面积。

光电阳极的物理化学表征：为了研究样品的晶体结构，使用 Rigaku Ultima Ⅳ型衍射仪，采用 Cu Kα 辐射（λ = 0.15406nm），以 2°/min 的扫描速率，对样品进行 2θ 的 XRD 扫描，扫描角度为 1°。拉曼测量采用 HR800 拉曼显微镜，使用 532nm 波长的 Ar 离子激光，分辨率为 1cm^{-1}。使用原子力显微镜（AFM，SII Nano Technology 有限公司，NanoNavi）以非接触模式获得了薄膜的表面形貌。为了确定薄膜的微观结构和成分，采用场发射扫描电子显微镜（FESEM）和能量色散 X 射线谱（EDS）观察了薄膜的表面和截面部分。使用具有能量为 29.4eV 的单色 Al Kα 辐射的 XPS（Thermo ESCALAB 250Xi）分析样品的化学组成。所有结合能均以非晶碳的 C 1s 峰（284.8eV）为基准。原子力显微镜图显示了表面形态、微观电流-电压（I-V）曲线和电流映射图。这些图像是使用 Nanocute SII 扫描探针显微镜在接触模式和导电模式下采集的。在室温下，使用激发波长为 405nm 的荧光分光光度计（FLS-980，爱丁堡）测量光致发光（PL）谱。使用荧光寿命光谱仪（FLS-980）测量了时间分辨光致发光衰减光谱。利用双指数衰变模型拟合实验衰变瞬态数据，计算出所有样品的载流子寿命。为了确定样品中氧缺陷的浓度和种类，在 -50℃ 的温度下利用 JES-FA200（JEOL）连续波电子顺磁共振（EPR）谱仪应用 X 波段（9.2GHz）和扫描磁场获取了 EPR 谱。此外，还在 0℃ 时用氙灯对样品进行了无光照和有光照的 EPR 谱分析。为了合理公平地比较 EPR 强度，所有样品的 EPR 数据都进行了质量归一化处理。在 350～2600nm 的入射光线下，使用紫外-可见-近红外分光光度计（日立公司，UV-4100）测试样品的光透过率（T）。吸收系数 α 与 T 和薄膜厚度 d 的关系如下：

$$\alpha = -\frac{\ln T}{d} \tag{3.8}$$

使用 Quantum Design 公司的超导量子干涉装置（SQUID）磁强计测量了 25℃ 时磁化（M）与外加磁场（H）的关系。除非另有说明，否则外加磁场与样品表面垂直。所有样品的磁化数据均未根据 Si 基底的磁性进行校正。本小节研究中所用样品的典型净磁矩为 10^{-6}emu，比 SQUID 磁强计的基本灵敏度大两个数量级。

电阻-温度测试：对样品进行了随温度变化的电阻测试。测试前，将每个样品切割成 5mm×5mm，然后用导电银漆（Leitsilber 200）粘在一块石英玻璃上。玻璃上暴露在空气中的部分干银漆可作为一个电极，而另一个电极则是在每个样品表面用直径约 160μm 的银漆点缀而成。钨探针用于接触正面和背面点电极，并进行干法电阻测量。在监测电流密度的同时，基底偏压从 0V 扫描到 2.0V。使用配备 HW-1616 恒温控制器和 Keithley 2400 数字光源表的 GPS150 探针台测试了电流与电压（I-V）曲线。使用带有 AM 1.5G 滤光片的氙灯照明，并通过光功率计（北京泊菲莱科技有限公司，PL-MW 200）将光校准到 AM 1.5G 的强度（100mW/cm²）。测量光电流前，将每个样品切割成 5mm×5mm，然后用导电银漆（Leitsilber 200）粘在一块石英玻璃上。5 个电极是通过在每个样品表面点涂银漆制成的。使用钨探针接触前后点电极进行干法电阻测试。为了获得光电流，无论是否有照射，电压范围全部设定为 0.0～3.0V。

光电阳极的光电化学测试：在 PEC 1000 系统（北京泊菲莱科技有限公司）中使用三电极体系（工作电极为 Si 基光电阴极，对电极为铂丝，参比电极为 Ag/AgCl）进行光电化学反应测试，使用太阳模拟器（光纤光源，FX300）产生太阳光（AM 1.5G，100mW/cm²）。每次测试前，都用一个标准硅太阳能电池和一个辐照度计（北京泊菲莱科技有限公司）对太阳模拟器的强度进行校准。测试使用了两种电解液，包括 1.0mol/L NaOH 水溶液和含 1.0mol/L Na₂SO₃ 的磷酸盐缓冲溶液（pH=7.0）。使用 CHI 630E 电化学工作站，在有照明或无照明情况下收集线性扫描伏安法（J-V）数据。在典型的 J-V 测试中，电压以 0.01V/s 的扫描速率进行线性扫描。采用 CHI 660 型恒电位仪在 1.0mol/L NaOH 溶液中以 10kHz 的频率采集了 Mott-Schottky 曲线。Mott-Schottky 曲线的 x 轴截距是平带所需的偏压值。同样，该曲线的斜率可用来计算电极的供体密度。x 轴截距加上 kT/q（约

0.025V）等于平带电压。供体密度（N_D）可采用以下公式计算：

$$N_D = \frac{2}{e\varepsilon\varepsilon_0}\left[\frac{d\left(\frac{1}{C^2}\right)}{dV}\right]^{-1} \tag{3.9}$$

其中，ε 和 d（$1/C^2$）分别是 Si 的介电常数（11.68）和从 0.75V 至 0.95V 区域急剧上升的斜率。因此，可以计算出 NS、NS_P_3、l-Nb：NS 和 l-Nb：NS_P_3 的 N_D 分别为 $9.4\times10^{18}\,cm^{-3}$、$9.5\times10^{18}\,cm^{-3}$、$10.0\times10^{18}\,cm^{-3}$ 和 $3.2\times10^{18}\,cm^{-3}$。而费米能级与导带之间的能量差 V_n 为平带电压，由此得到势垒高度。应用测试到的 N_D 和导带中 $2.8\times10^{19}\,cm^{-3}$ 的状态密度（N_C），通过式（3.10）计算出 l-Nb：NS_P_3 的 V_n 为 0.056eV。

$$V_n = kT\ln\left(\frac{N_C}{N_D}\right) \tag{3.10}$$

2. 结果与讨论

本小节研究主要考察了等离子体处理和 Nb 掺杂协同增强 Si 基光电阳极的载流子分离和转移效率[119]。原始样品为 NiO$_x$/b-Si（NS），而掺 Nb 得到了高浓度 Nb（h-Nb：NS）和低浓度 Nb 掺杂的 NiO$_x$/黑色 Si（l-Nb：NS），在进行 200W 或 300W 的等离子体处理后，材料分别标记为 NS_P_2、l-Nb：NS_P_2、h-Nb：NS_P_2 或 NS_P_3、l-Nb：NS_P_3、h-Nb：NS_P_3。用 X 射线衍射仪对样品的晶体结构进行了表征。在 NS 中，可以观察到 36.9°、43.0° 和 62.6° 附近的三个衍射峰，与菱面体 NiO 相比，衍射峰略有向小角度移动的情况，这说明 NiO$_x$ 层存在晶格扭曲。经等离子体处理后，NiO$_x$ 层的峰位置几乎不变，而 Nb 掺杂的 NiO$_x$ 层的峰向更高的角度移动。样品的场发射扫描电子显微镜图和能量色散 X 射线谱线扫描模式数据表明，b-Si（纳米孔深度约为 500nm）的顶部被 NiO$_x$ 层很好地填充，从而有效地分离了 b-Si 和溶液。因此，图 3.34（a）示意性地说明了电极结构和整个氧化反应过程的横截面。在光照射下，b-Si 吸收光子并产生电子和空穴。空穴到达 NiO$_x$ 基保护层上，将表面的羟基/SO_3^{2-} 氧化为 O_2/SO_4^{2-}；电子则被传输到对电极将质子还原为 H_2。

在 1.0mol/L NaOH 溶液和 AM 1.5G 模拟太阳光条件下，测试了样品的光电流密度–电位（J-V）曲线，从而评价 NiO$_x$/Ni/b-Si 光电阳极的光电化学性能 [图 3.34（b）]。在黑暗状态下，所有的 Si 基光电阳极都表现出了可以忽略的光电流密度。而在黑暗条件下，NS 在 1.43V $vs.$ RHE 处只有 $7.9mA/cm^2$ 的光电流密度。在等离子体处理后，NS_P_2 和 NS_P_3 的光电转换行为具有相似性，并无明显改善。然而，在 1.43V $vs.$ RHE 处，低浓度 Nb 掺杂的 l-Nb：NS 表现出低的光

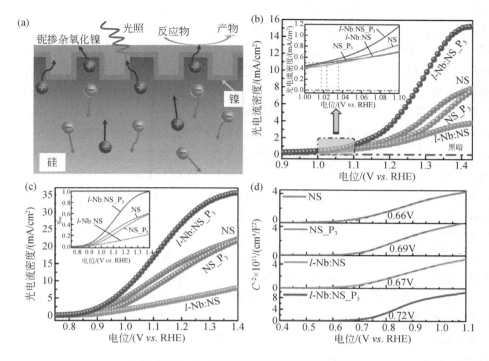

图 3.34　b-Si 光电阳极的光电化学性能测试

（a）Nb 掺杂 NiO_x/Ni/b-Si 中电荷产生过程和氧化反应的示意图；（b）光电阳极在 1.0mol/L NaOH 溶液和 1 个太阳光照射下的 J-V 曲线；（c）在 1.0mol/L Na_2SO_3 的磷酸盐缓冲液（pH=7.0）中，测定了 1 个太阳光照射下光电阳极的亚硫酸盐氧化 J-V 曲线，插图是根据亚硫酸盐氧化曲线计算的光电阳极电荷分离效率；（d）在频率为 10kHz，扫描速率为 5mV/s 条件下光电阳极的 Mott-Schottky 曲线

电流密度（约 3.8mA/cm^2）。令人惊讶的是，l-Nb:NS_P$_3$ 却显示了高的光电流密度（15.3mA/cm^2），分别是 l-Nb:NS 和 NS 的四倍和两倍。此外，在 h-Nb:NS_P$_2$ 和 h-Nb:NS_P$_3$ 中也观察到了 Nb 掺杂和等离子体处理的类似协同效应。同时，Si 基光电阳极的 I-V 测试明确了它们的光伏效应和开路电压（V_{oc}），这与样品的光电化学析氧数据基本一致。样品的入射光子–电流转换效率曲线和光电流密度–时间（J-t）曲线进一步证实了 Nb 掺杂和等离子体处理对光电化学性能的协同影响。

　　光电流密度由光电阳极的光吸收、电荷分离和电荷注入三者共同控制。具体地说，可以表达为：$J = J_{abs} \times \eta_{sep} \times \eta_{inj}$。当内量子效率为 100% 时，$J_{abs}$（理论光电转换的电流密度）等于 J（实际光电流密度）。其中，η_{sep} 是分离到达表面的光生空穴效率，而 η_{inj} 则是表面光生空穴参与反应的效率。为了定量 η_{sep}，在 1mol/L Na_2SO_3 的磷酸盐缓冲溶液和 AM 1.5G 光照下测量了亚硫酸盐氧化的 J-V 曲线

[图 3.34（c）]。光电化学亚硫酸盐氧化是评估光电化学材料电荷分离性能的有用工具，这是因为该反应在热力学和动力学上更容易进行（$\eta_{inj} = 100\%$）。η_{sep} 则可以通过比较析氧反应和亚硫酸盐氧化反应的光电流密度来计算，关系式为 $\eta_{sep} = J_{sul}/J_{abs}$。在此，$J_{sul}$ 是亚硫酸盐氧化反应的光电流密度。在 350～1150nm 区域，漫反射+散射光谱与低反射率（<20%）相差不大。此外，b-Si 的禁带宽度约为 1.1eV。通过结合 AM 1.5G 太阳光谱的吸光度，计算得知 NS、NS_P_3、l-Nb：NS 和 l-Nb：NS_P_3 的光电流密度分别为 36.6mA/cm^2、36.8mA/cm^2、36.2mA/cm^2 和 36.1mA/cm^2，意味着所有样品的光吸收几乎无差异。对于 l-Nb：NS_P_3 而言，亚硫酸盐氧化的 J-V 曲线 [图 3.34（c）] 遵循水氧化的趋势，在 1.40V vs. RHE 时的饱和光电流密度为 35.6mA/cm^2。如图 3.34（c）中插图所示，在 1.23V vs. RHE 时，l-Nb：NS_P_3 的 η_{sep}（约 81%）显著高于其他样品。对于 1.40V vs. RHE 以及更高的电压，l-Nb：NS_P_3 的 η_{sep} 为 99%，分别比 l-Nb：NS（约 22%）和 NS（约 61%）高 350% 和 62%。对于图 3.34（b）中的样品，η_{sep} 值与 J 值的变化基本相一致，这意味着 η_{sep} 将是提高 NiO$_x$/Ni/b-Si 光电阳极性能的主要因素。图 3.34（d）中样品的 Mott-Schottky 曲线被用来确定平带电压。在 Mott-Schottky 曲线中，NS、NS_P_3、l-Nb：NS 和 l-Nb：NS_P_3 的 x 轴截距分别为 0.68V、0.71V、0.69V 和 0.74V。此外，样品中 b-Si 的 N_D 值可计算为（3～10）×10^{18}cm^{-3}。根据实验部分中的式（3.9）和式（3.10），l-Nb：NS_P_3 的势垒高度约为 0.80eV，是所有材料中最高的。一般在固态肖特基势垒中，较高的势垒高度有助于提高光电阳极的光电压。

使用 XPS 对光电阳极各元素的化学环境进行了研究。在 l-Nb：NS_P_3 的表面几乎没有发现 Si 的信号，这意味着 b-Si 被完全覆盖了。l-Nb：NS_P_3 和 h-Nb：NS_P_2 中 Nb 和 Ni 的原子比分别约为 0.014 和 0.103。在 Ni 2p 精细谱 [图 3.35（a）] 中，854.3eV 和 855.8eV 处的 XPS 峰归结为 NS 中的 Ni^{2+} 和 Ni^{3+}。对于 l-Nb：NS，两个峰的位置向较低的结合能方向移动。经等离子体处理后，l-Nb：NS_P_3 中 Ni^{2+} 和 Ni^{3+} 的峰位置分别为 854.4eV 和 856.0eV。总体而言，峰位置的变化是通过调节该物种的化学环境而引起的。此外，对于 l-Nb：NS_P_2 和 h-Nb：NS_P_2，在 Ni-O-Nb 振动范围（790～850cm^{-1}）内的拉曼模式都得到了增强。l-Nb：NS 和 l-Nb：NS_P_3 的 Nb 3d$_{5/2}$ 结合能分别为 206.5eV 和 206.3eV [图 3.35（b）]。同时，可以清楚地观察到，所有样品都显示了一些氧配位较低的缺陷位。在这些样品中，l-Nb：NS_P_3 具有最少的缺陷位和较低的氧配位。在这些数据基础上，假设 Nb 掺杂引起了 Ni 原子中氧的轻微缺乏或迁移，而 Nb 氧化物的 Nb 和 O 分别占据了等离子体处理后 NiO$_x$ 晶格的 Ni 位和氧空位。NiO$_x$ 基保护层的价带如图 3.35（c）所示。NS 表现出典型的 NiO$_x$ 的价带特征，最大的边缘值约为 0.81eV。

对于 l-Nb：NS 和 l-Nb：NS_P_3，价带的最大能量蓝移和红移分别约为 0.76eV 和 0.97eV。在清洁的 BK7 玻璃基板上测量了 NiO$_x$ 基底的光学透过率。除 l-Nb：NS 外，样品在可见光-近红外波段的透过率均达到 80% 以上。如图 3.35（d）所示，由于未被占据的 Ni 3d 和混合的 O 2p/Ni 3d，通过 Tauc 曲线的外推线性部分 $[(\alpha h\nu)^2\ vs.\ h\nu]$ 计算发现等离子体处理后直接能带间隙呈现蓝移。根据价带最大值和带隙（3.17eV）数据，l-Nb：NS_P_3 的导带最小值出现在约 2.20eV 处。

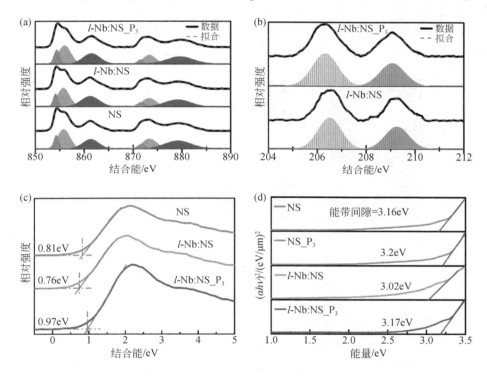

图 3.35　样品成分和能带结构的分析

（a）NS、l-Nb：NS 和 l-Nb：NS_P_3 的 Ni 2p 的 XPS 精细谱图；（b）l-Nb：NS 和 l-Nb：NS_P_3 的 Nb 3d 的 XPS 精细谱图；（c）NS、l-Nb：NS 和 l-Nb：NS_P_3 的价带 XPS 图；（d）对于 NS_P_3、l-Nb：NS 和 l-Nb：NS_P_3，具有直接跃迁性质的 NiO$_x$ 基保护层的吸收系数 α 与入射光子能量 E 之间的函数曲线

为了研究载流子输运，利用导电型原子力显微镜（C-AFM）对样品垂直构型的电学性质进行测试。图 3.36（a）和（b）分别显示了 l-Nb：NS_P_3 的原子力显微镜图和典型的 I-V 曲线。显然，l-Nb：NS_P_3 在所有位点都具有电流响应。在这些位点中，位点 1、3、4、5、6 具有大电流（>2nA），而其他位点的电流小于 1nA。与 l-Nb：NS_P_3 相比，l-Nb：NS 仅在一定位点有较强的电流响应（约 3nA）。此外，在施加偏压的范围内，NS 和 NS_P_3 只有微弱的电流响应。需要注意的是，

综合表面形貌和 I-V 曲线而言，沿着区域边界是没有自由载流子运输的。总而言之，在 Nb 掺杂和等离子体处理的共同作用下，光电阳极的电流通量和导电通道数量同时增加。样品的光致发光峰集中位于 650nm 处（几乎相当于 1.89eV）[图 3.36（c）]，这主要归结于禁带跃迁和光生载流子复合时所发射的荧光。l-Nb：NS_P$_3$ 显示了明显的荧光猝灭现象，意味着光生载流子的复合受到抑制。而用时间分辨荧光光谱研究了样品的载流子动力学，并给出了衰减曲线和动力学参数 [图 3.36（d）]。测量的载流子寿命为电子–空穴对浓度通过辐射复合衰变到 $1/e$ 所需的时间。因此，较长的寿命通常意味着较慢的载流子复合。与 NS 相比，l-Nb：NS_P$_3$ 的荧光寿命为 12.29μs，意味着载流子复合明显被延缓。

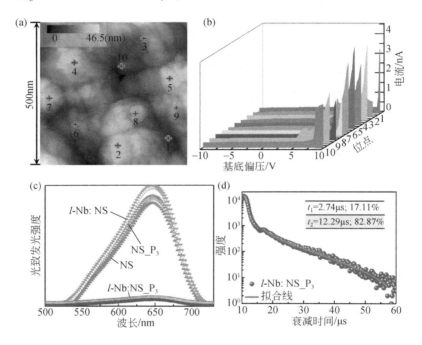

图 3.36　样品的载流子动力学参数和路径

l-Nb：NS_P$_3$ 的原子力显微镜形貌图（a）和典型的 I-V 曲线（b）形貌图中位点数和 I-V 曲线的位点数一致；（c）NS、NS_P$_3$、l-Nb：NS、l-Nb：NS_P$_3$ 的室温光致发光谱，激发波长为 405nm；（d）l-Nb：NS_P$_3$ 的室温时间分辨光致发光衰减曲线，插入的表格中为相应的动力学参数

电子顺磁共振（EPR）谱是一种灵敏无损的技术，可以选择性地检测具有未成对电子材料的缺陷和状态。如图 3.37（a）所示，由于氧缺陷的存在，在所有样品中都可以看到尖锐的 EPR 信号。然而，对应于 g 值在 2.10～2.38 之间的镍离子物种没有被赋予 EPR 信号。NS 和 NS_P$_3$ 的 EPR 信号几乎相同，在 $g \approx$

1.9995 处出现不对称共振峰。与 NS 和 NS_P$_3$ 相比，l-Nb∶NS 有更强的 EPR 信号，但 g 值不变。经过等离子体处理后，l-Nb∶NS_P$_3$ 中的 EPR 信号最弱，同时 g 向较高的峰位移动（约 1.9997）。此外，h-Nb∶NS_P$_2$ 的 EPR 信号也发生了类似的变化。在 EPR 谱中，EPR 信号的强度和 g 值与缺陷的浓度和种类密切相关。有文献报道，根据模拟的 EPR 数据，氧空位和金属-O$^-$ 的信号分别被指定为 $g \approx$ 1.999 和 2.000。因此，氧空位和 Ni-O$^-$ 对 EPR 信号有共同贡献。当 Nb 掺杂到 NiO$_x$ 层中时，等离子体处理会引起氧空位的减少，但对 Ni-O$^-$ 的量几乎没有影响。因此，可以预见在等离子体处理下，Nb 氧化物发生再弥散和反应而填充氧空位。为了深入了解光诱导空穴传输过程，在 0℃、光照前后进行了原位 EPR 实验。由于 $g_\perp$ 信号的敏感性，采用 $g_\perp$ 信号的变化来代表总体 EPR 信号的变化。图 3.37（b）显示了在光照射下的 EPR 强度（I_l）以及 I_l 与 I_d（在暗处的 EPR 强度）的

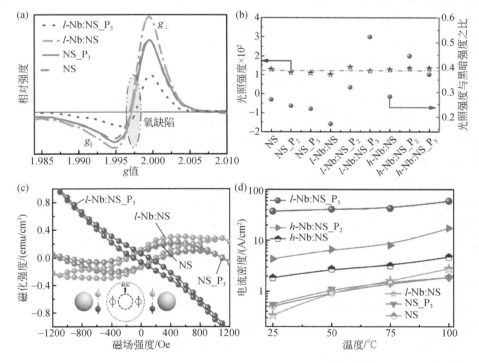

图 3.37　NiO$_x$ 基/Ni/b-Si 光电阳极的固体表征

（a）NS、NS_P$_3$、l-Nb∶NS 和 l-Nb∶NS_P$_3$ 在 −50℃ 下的 EPR 谱；（b）在光照射下的 EPR 强度（I_l）以及 I_l 和 I_d 的比值与样品的函数关系；（c）NS、NS_P$_3$、l-Nb∶NS 和 l-Nb∶NS_P$_3$ 在垂直于样品表面的外加磁场作用下的室温磁滞曲线，1Oe=79.5775A/m；（d）氧化镍保护层的电流密度随温度变化的曲线，在 Si 基底电压为 2.0V 条件下，获得探针与银触点之间的电流

比值与样品的函数关系。不难发现，所有样品的 I_1 值大致为 125。延长辐照时间后，I_1 值几乎保持不变。因此，在 NiO_x 基保护层体系中，只有特定的氧缺陷能在加速光诱导空穴迁移方面发挥重要作用。此外，不同的样品呈现出不同的 I_1 和 I_d 比值，这与光电化学性能和 η_{sep} 成正比。在这些样品中，l-Nb：NS_P_3 的 I_1 和 I_d 比值最高（约 0.52），这意味着光生空穴的消耗量最低。正如之前所报道的那样，Ni-O⁻ 阴离子通常会捕获一个空穴，产生一个氧自由基，然后迅速从体表移动到表面，再转移到反应物种 OH⁻ 上，进而产生 O_2。但是，氧自由基会被氧空位捕获，形成稳定的晶格氧，从而降低 EPR 信号。

考虑电磁相互作用，研究了光电阳极的磁性和电荷输运性质之间的耦合。从图 3.37（c）中可知，样品的室温铁磁性与氧缺陷的浓度成正比，因为缺陷 sp 态的局域性促进了局部力矩的形成，而缺陷波函数的延伸尾部导致了氧缺陷引起的力矩之间的长程耦合 [图 3.37（c）的插图]。有趣的是，当施加的磁场与样品表面平行时，l-Nb：NS_P_3 的铁磁性出现明显增强。l-Nb：NS_P_3 的磁各向异性有助于电流流动过程中电荷从内部向表面的垂直迁移。通过变温 J-V 测量 [图 3.37（d）]，探讨了 Si 基光电阳极的本征电荷传输特性。研究发现，l-Nb：NS_P_3 的电流密度对温度的依赖性很小，其温度范围为 25～75℃，证实其为载流子隧穿运输机制。其他样品在该温度范围内的电流密度随温度升高越来越大，意味着更多的热激活和块体受限的导电机制。测量的跨 NiO_x 层的电荷传输对氧缺陷的显著依赖说明了 Nb 掺杂和等离子体处理的协同效应的重要性，该效应可以调节氧缺陷的浓度和种类。

本小节工作系统地研究了 Nb 掺杂和等离子体处理对 NiO_x 基保护层的物理化学和光电化学性能的协同影响，从而确立了 Ni-O⁻ 物种在空穴传输中的重要作用 [图 3.38（a）]。纯 NiO_x 是一种非化学计量比的氧化物，具有氧缺陷（如 Ni-O⁻ 和氧空位）。NiO_x 层中的光致空穴转移过程被认为有两条路径 [图 3.38（a）中（i）]：将空穴传输到光电阳极表面进行氧化反应和捕获活性物质以消耗空穴。具体来讲，在光照条件下，入射光子被 b-Si 层吸收，产生光诱导电子–空穴对，空穴从 b-Si 转移到 NiO_x 层。光照过程中 EPR 信号的存在表明，活性氧自由基是金属氧化物中活性顺磁中间体的空穴输运的主要原因。光诱导的空穴很可能与一个非化学计量比的 O⁻ 阴离子（Ni-O⁻）有关，并涉及活性氧自由基的形成。当自由基到达固/液界面时，光电阳极表面发生氧化反应，产生 O_2。然而，氧空位很容易抓住两个光生电子而产生带负电荷的氧空位。这些空位主要是活性氧自由基的陷阱中心，从而导致空穴的消耗以及电子–空穴复合。Nb 在 NiO_x 基保护层中的掺杂主要是从 NiO_x 的晶格中产生 NbO_2。首先，Nb 离子的引入产生了与正空穴来源相关的替代缺陷，这些空穴降低了辐照过程中载流子的浓度。此外，还利用导电性质和缺陷表征以及导电 AFM、XPS、原位 EPR 等手段，成功地研究了等离子

体处理后纯 NiO_x 层和 Nb 掺杂 NiO_x 层中氧缺陷的性质。结果表明，经过等离子体
处理后，Nb 掺杂的 NiO_x 层中的氧空位减少。在图 3.38（a）中，提出了经等离
子体处理的 NbO_2 可以取代 Ni 晶格并填充氧空位。因此，通过 Nb 掺杂和等离子
体处理的协同效应来实现空穴传输的增强。另外，NiO_x 基保护层能带结构的改善
可以使整个光电阳极的能带能量朝着有利的方向排列。图 3.38（b）显示了经
300W 等离子体处理后的低浓度 Nb 掺杂 $NiO_x/Ni/b$-Si 光电阳极的示意图。以 eV
为单位的带边值被转换为以 V 为单位的电化学能量势。在这里，形成导带最小值
和价带最大值两个尾部来优化 NiO_x 基保护层的能带间隙。拖尾效应导致光电阳极
具有合适的能带排列（例如，$E_{g,Si} \approx 1.10V$，$E_{g,NiO_x} \approx 3.17V$），b-Si 和 Nb 掺杂

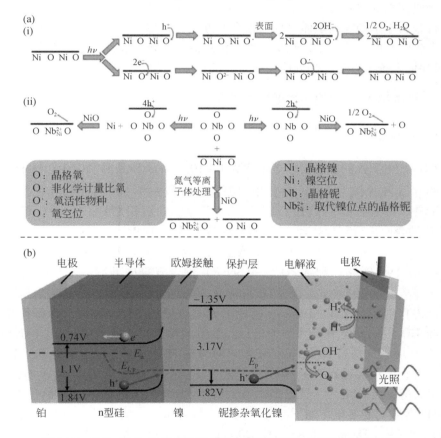

图 3.38 　 $NiO_x/Ni/b$-Si 光电阳极的空穴传输和电荷分离的工作原理图

（a）NiO_x 基保护层上空穴传输的反应机制；（b）等离子体处理的光电阳极能带结构，费米能级被标
记为 Si 半导体的空穴准费米能级（E_n）、电子准费米能级（$E_{f,p}$）和保护层的费米能级（E_p）

NiO$_x$ 的导带最小值分别约为 0.74V、1.35V，价带最大值分别约为 −1.84V、1.82V。在这种情况下，b-Si 和 NiO$_x$ 基层具有几乎相近的价带边缘。因此可以推断，导带中的较大势垒能够阻止光生电子从 b-Si 到 NiO$_x$ 基层的传输，而空穴则被允许顺利通过价带转移。

3. 小结

综上所述，本书编著者提出了一种简单的两步法来调节氧缺陷的浓度和种类，从而提高 NiO$_x$/Ni/b-Si 光电阳极的光生载流子分离/输运效率。在此，O$^-$ 对空穴输运有着重要的促进作用。同时，优化的能带排列可以有效地驱动 NiO$_x$/Ni/b-Si 光电阳极的空穴和电子分离。这项工作表明，在保护层/硅基光电化学系统中进行金属掺杂和等离子体处理相结合的方法可以替代传统的和单一的方法来提高光电化学性能。该策略在光伏器件、传感器、发光二极管、电化学电极等保护层/半导体系统中具有广阔的应用前景。

3.3.2 微米级 TiO$_2$ 光电阳极的磁电耦合效应促进载流子分离

1. 实验部分

TiO$_2$ 光电阳极的制备：以电阻率为 1~10Ω·cm 和晶面取向为 (100) 的单面抛光的 p 型 Si 片作为基片，并使用丙酮、乙醇和去离子水的混合溶液进行超声波浴清洗。将清洁和干燥后的 Si 片装入沉积室。在沉积之前，通过 Ar 等离子体对 Si 片的表面进行刻蚀处理。使用直流磁控溅射（DCMS）系统（北京创世威纳科技有限公司，MSP-3200）在 Si 基底上沉积钛（Ti）层和 TiO$_2$ 层，在室温下分别在纯 Ar（99.99%）和 Ar/O$_2$（99.99%）混合气氛中溅射一个平面圆形的 Ti 靶（纯度大于 99.95wt%，直径 50.8mm）。Ti 层的沉积压力、直流功率和沉积时间分别为 0.4Pa、200W 和 2min。沉积 Ti 层后，通过 DCMS 和退火制备各种不同条件的 TiO$_2$ 层，退火在马弗炉中进行。为了简单起见，具有高压应力和低压应力的 TiO$_2$ 薄膜分别表示为 TiO$_2$-HS 和 TiO$_2$-LS。TiO$_2$-HS 经过退火处理来释放残余压应力，得到常规的 TiO$_2$ 薄膜（标记为 TiO$_2$-A）。同时制备非晶态 TiO$_2$ 薄膜及其退火薄膜（标记为非晶态 TiO$_2$-A），作为传统合成的 TiO$_2$ 薄膜的代表材料。TiO$_2$-HS 薄膜的制备条件如下：沉积压力、溅射功率、沉积时间和溅射气氛分别为 2Pa、300W、180min 和 Ar∶O$_2$=20sccm∶20sccm 的混合气体。TiO$_2$-LS 薄膜的制备条件如下：沉积压力、溅射功率、沉积时间和溅射气氛分别为 2Pa、250W、180min 和 Ar∶O$_2$=20sccm∶20sccm 的混合气体。TiO$_2$-A 薄膜的制备条件如下：将 TiO$_2$-HS 薄膜放入马弗炉中，在空气中加热至 500℃，维持 60min 进行退火处理。非晶态 TiO$_2$ 薄膜的制备：沉积压力、溅射功率、沉积时间和溅射气氛分别为 1Pa、100W、300min 和 Ar：O_2＝20sccm：20sccm 的混合气体。非晶态 TiO_2-A
薄膜的制备：将非晶态 TiO_2 薄膜放入马弗炉中，在空气中加热至 500℃，维持
60min 进行退火处理。

光电化学氧化性能测试：通过标准的三电极模式结合 CHI 750E 电化学工作
站使用 PEC 1000 系统进行光电化学性能测试。其中，工作电极为 TiO_2 光电阳
极，Pt 网和 Ag/AgCl 电极（饱和 KCl 溶液）分别为对电极和参比电极，电解质
溶液为 1.0mol/L KOH 溶液。通过 AM 1.5G 的滤波片模拟太阳光，光照强度为
100mW/cm^2。在每次测试之前，用一个标准硅太阳能电池和一个辐照度计对太阳
模拟器的强度进行校准。光电流密度–施加电位（J-V）测试的扫描速率为
5mV/s。测试得到光电流密度–时间（J-t）曲线并收集了阴阳极的气体产物。电
化学活性通过循环伏安法在 $-0.25 \sim -0.13$V $vs.$ RHE 之间测试，扫描速率分别为
20mV/s、40mV/s、60mV/s、80mV/s 和 100mV/s。双电层电容是通过绘制不同
电位下 ΔJ 与扫描速率的关系进行评估。基于 TiO_2 光电阳极的电化学阻抗谱
（EIS）是由 CHI 750E 电化学工作站在 0V $vs.$ RHE 和 1 个太阳光照射下，频率范
围为 $0.1 \sim 1000$Hz 进行测试。在 1.0mol/L KOH 水溶液和 1.23V $vs.$ RHE 条件下，
在 $0.1 \sim 100$Hz 频率范围内测试了强度调制光电流谱（IMPS）。Mott-Schottky 曲线
在黑暗和 1kHz 频率下测试。

2. 结果与讨论

本小节研究工作主要报道了压应力诱导的铁磁性以及光电效应和电磁耦合作
用极大地提升载流子的分离/转移效率[139]。如图 3.39（a）所示，通过磁控溅射
技术调控反应条件，制备了不同压应力的 TiO_2-HS 样品和 TiO_2-LS 样品，并将
TiO_2-HS 样品在马弗炉中退火（空气气氛）以释放残余压应力，从而得到具有拉
应力的正常 TiO_2 薄膜（TiO_2-A）。通过 FSM 500TC 型号的薄膜应力测试仪获得
TiO_2 薄膜的曲率从而计算应力值。其中，TiO_2-HS 的内应力值为 -18.2MPa，
TiO_2-LS 的内应力值为 -10.3MPa，而 TiO_2-A 的内应力则为 54.3MPa。可知，
TiO_2-HS 和 TiO_2-LS 具有压应力，而 TiO_2-A 显示为拉应力。为了更直观地反映应
力对薄膜的作用，如图 3.39（b）所示，绘制了不同应力条件下的薄膜状态。根
据经验，压应力的形成与薄膜高度密集的微观结构密切相关。

通过 FESEM 图可以观察光电阳极的结构。如图 3.40（a）~（c）所示，具有
压应力的样品 TiO_2-HS 和 TiO_2-LS 由密集的晶粒和超薄的纳米片组成，而具有拉
应力的样品 TiO_2-A 则为松散的柱状晶结构，这与之前测试的内应力的结果一致。
同时，图 3.40（d）~（f）所示样品 EDS-mapping 图和 FESEM 截面图表明制备的
光电极薄膜中存在 Ti 和 O 元素。因此可以得出结论：成功合成了不同残余内应
力的 TiO_2 光电阳极，且 TiO_2-HS 和 TiO_2-A 的薄膜厚度仍基本一致，厚度

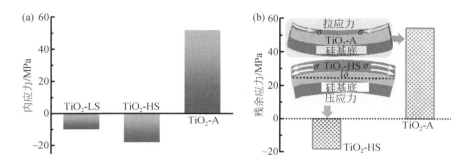

图 3.39　（a）TiO_2-HS、TiO_2-A 和 TiO_2-LS 的应力图；（b）TiO_2-HS 和 TiO_2-A 的薄膜示意图

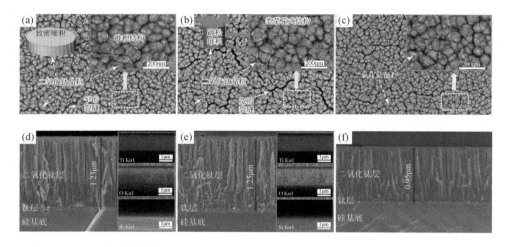

图 3.40　FESEM 俯视图像：（a）TiO_2-HS，（b）TiO_2-A，（c）TiO_2-LS；FESEM 截面图
　　　　和 EDS-mapping 图：（d）TiO_2-HS，（e）TiO_2-A，（f）TiO_2-LS

约 1.2μm。

图 3.41 为原子力显微镜（AFM）图，显示了薄膜的表面形态。由图可知，TiO_2-HS、TiO_2-A 和 TiO_2-LS 的表面都很平坦，其均方根（RMS）粗糙度分别为 9.7nm、9.2nm 和 9.5nm，意味着这些薄膜的表面形貌差别不大，这与 FESEM 的观察结果一致。

如图 3.42 所示，通过掠入射 X 射线衍射（GIXRD）、X 射线吸收谱（XAS）和 X 射线光电子能谱（XPS）相结合的方法，观察了 TiO_2 薄膜的晶态结构和电子结构。其中，图 3.42（a）和（b）为不同 TiO_2 薄膜的 GIXRD 谱图，表征了光电阳极的晶体结构。由图 3.42（a）可知，TiO_2-HS、TiO_2-A 和 TiO_2-LS 的衍射峰几乎没有差异，符合锐钛矿晶型 TiO_2 的 XRD 衍射峰。同时，三个样品的最优

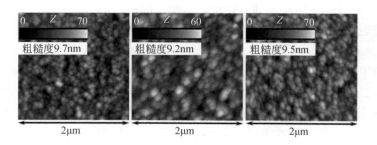

图 3.41　AFM 形貌图

(a) TiO$_2$-HS；(b) TiO$_2$-A；(c) TiO$_2$-LS

取向均为高能晶面(211)，排除了光电化学性能的提升与高能晶面(211)之间的作用关系。图 3.42 (b) 中，非晶态 TiO$_2$ 没有衍射峰，而其在退火后呈现为金红石相结构。图 3.42 (c) 为 TiO$_2$-HS 的 XPS 全谱图，可以观察到 O、Ti 和 C 元素的特征峰。同时，图 3.42 (d) 和 (e) 为 TiO$_2$ 光电阳极的 Ti K 边的 X 射线吸收近边结构（XANES）和扩展 X 射线吸收精细结构（EXAFS）谱图。从图像

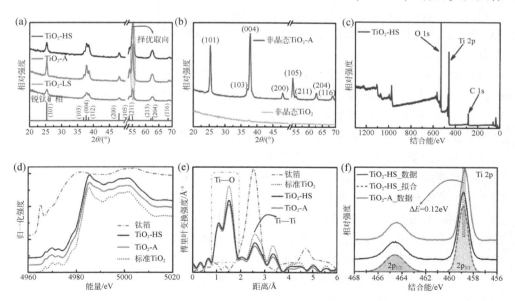

图 3.42　(a) TiO$_2$-HS、TiO$_2$-A 和 TiO$_2$-LS 的 GIXRD 谱图；(b) 非晶态 TiO$_2$ 和退火后的非晶态 TiO$_2$ 的 GIXRD 谱图；(c) TiO$_2$-HS 的 XPS 全谱图；(d) TiO$_2$-HS、TiO$_2$-A、标准 TiO$_2$ 和钛箔的 Ti K 边 XANES 谱图；(e) TiO$_2$-HS、TiO$_2$-A、标准锐钛矿 TiO$_2$ 和金属 Ti 的测量 EXAFS 谱的傅里叶变换；(f) TiO$_2$-HS 和 TiO$_2$-A 的 Ti 2p XPS 谱

中可知，TiO_2-HS 和 TiO_2-A 拥有锐钛矿结构。但是，由于二维薄膜结构，TiO_2 光电阳极的配位数低于标准锐钛矿 TiO_2 块体。如图 3.42（f）所示，TiO_2-HS 的 Ti $2p_{3/2}$ 主峰集中在 458.86eV，对应于 Ti^{4+}，且比 TiO_2-A 的主峰对应的结合能（458.74eV）高，表明此样品的 Ti 阳离子的配位环境中存在轻微的电子重建。在高的压应力下，Ti 原子之间发生强烈的 d-d 库仑作用，导致 Ti—O 键出现强烈的 Jahn-Teller 变形，这是由强自旋轨道相互作用引发的 Ti 和配位 O 之间的电荷转移，而 Ti 和 O 之间的电荷转移可以引起 Ti $2p_{3/2}$ 主峰的正向移动。通过光学测量和间接能带间隙性质可知，TiO_2-HS 和 TiO_2-A 的能带间隙分别为 3.07eV 和 3.06eV，二者基本一致。因此，从以上结构、形貌和光学的表征结果可知，除了内应力和电子结构以外，TiO_2-HS 和 TiO_2-A 显示出几乎相同的化学组成、晶体结构、表面形态、薄膜厚度和能带间隙，意味着 TiO_2-HS 和 TiO_2-A 具有相同的光收集能力。

　　一般退火可以改善 TiO_2 光电阳极的结晶度，从而提高光电化学析氧性能。如图 3.43（a）所示，退火后的非晶态 TiO_2（非晶态 TiO_2-A）比非晶态 TiO_2 的光电化学析氧性能更好。同时，从图 3.43（b）的光电流密度–电位（J-V）曲线来看，TiO_2-HS 比 TiO_2-A 具有更高的饱和光电流密度和更低的起始电位，意味着 TiO_2-HS 的光电化学析氧性能更好。压应力以及其诱导的电子结构可能影响 TiO_2 光电阳极的光电化学行为。为了进一步探索压应力对光电化学析氧性能的影响，同时测试了具有较低压应力的 TiO_2 光电阳极（TiO_2-LS）的光电化学行为［图 3.43（c）］。与 TiO_2-HS 相比，TiO_2-LS 光电阳极显示了更差的析氧性能，但是要优于 TiO_2-A 光电阳极的析氧性能。这进一步证明了压应力和光电化学 OER 性能之间呈正比关系。为了进一步研究光电流的瞬时响应以及光电化学的内在行为，调整了测试的条件，将持续光照模式调整为斩光模式。由图 3.43（d）和（e）可知，常规的 TiO_2 光电阳极（本小节研究中退火释放了压应力的 TiO_2-A 和非晶态 TiO_2）的斩光 J-V 曲线与它们在照明和黑暗中的 J-V 电位曲线基本一致。然而，在测试时发现 TiO_2-HS 光电阳极经历 3s 光照和 3s 黑暗后测试得到的斩光 J-V 曲线显示了不寻常的趋势。在控制光照和黑暗时间均为 3s 时，TiO_2-HS 光电阳极的斩光 LSV 曲线在 $0.2 \sim 0.8$V $vs.$ RHE 有一个凸起的小峰。同理，如图 3.43（f）所示，在 TiO_2-LS 的斩光 J-V 曲线中同样能够观察到相同的信号峰。但是，相比于 TiO_2-HS 而言，TiO_2-LS 的电化学信号峰更小，证明了这一独特的小峰与压应力相关。

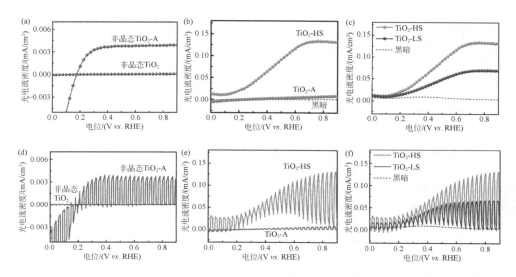

图 3.43　在 AM 1.5G 模拟太阳光（100mW/cm²）下和黑暗中（虚线）以 5mV/s 的扫描速率
测量的光电阳极的 J-V 曲线

（a）非晶态 TiO₂ 和非晶态 TiO₂-A 的 J-V 曲线；（b）TiO₂-HS 和 TiO₂-A 的 J-V 曲线；（c）TiO₂-HS 和 TiO₂-
LS 的 J-V 曲线；（d）非晶态 TiO₂ 和非晶态 TiO₂-A 的斩光 J-V 曲线；（e）TiO₂-HS 和 TiO₂-A 的斩光 J-V 曲
线；（f）TiO₂-HS 和 TiO₂-LS 的斩光 J-V 曲线

　　由上述结果可知，有压应力的样品在斩光 LSV 曲线中存在电化学信号峰。在
斩光模式下，TiO₂-HS 光电阳极在黑暗中的瞬时电流密度远高于黑暗下持续电流
密度 [图 3.44（a）]。如图 3.44（b）和（c）所示，TiO₂-HS 进行了不同电压
下的斩光测试，并记录了在 0.1V vs. RHE 和 0.3V vs. RHE 的电化学曲线。该曲
线反映了在开光瞬间产生的一个尖锐而短暂的还原电流，这种还原电流存在的时
间小于 1s。而在经典的 TiO₂ 光电阳极（如 TiO₂-A 光电阳极）中，并没有观察到
这样的还原电流。相应地，如图 3.44（d）~（f）所示，当合上挡板使光电极瞬
间处于黑暗状态时，观察到一个明显的氧化电流。在整个斩光过程中，可以发现
相较于短暂而尖锐的还原电流，该氧化电流表现出两个特点：①斩光时 TiO₂-HS

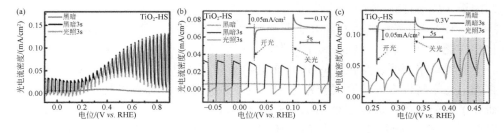

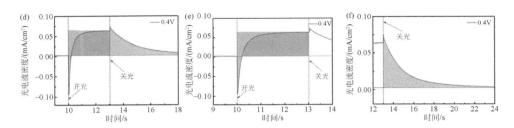

图 3.44　光电阳极在 1mol/L KOH 中的光电流密度–电位曲线（开/关光周期：3s）
（a）TiO$_2$-HS 从 -0.1V *vs.* RHE 到 0.9V *vs.* RHE 的斩光 *J-V* 曲线；（b）TiO$_2$-HS 从 -0.075V *vs.* RHE 到
0.175V *vs.* RHE 的斩光 *J-V* 曲线；（c）TiO$_2$-HS 从 0.225V *vs.* RHE 到 0.475V *vs.* RHE 的斩光 *J-V* 曲线；
（b）和（c）中的插图分别是 TiO$_2$-HS 在固定电位 0.1V *vs.* RHE 和 0.3V *vs.* RHE 下光照（光照 10s）和黑
暗中的光电流密度–时间曲线。在 0.4V *vs.* RHE 固定电位下，TiO$_2$-HS 在不同采集时间范围的斩光光电
流密度–时间曲线：（d）从 9s 到 18s；（e）从 9s 到 14s；（f）从 12s 到 24s

光电阳极的光电流密度要高于保持稳定光照时的光电流密度；②该氧化电流的衰
减时间较长，超过了 11s。

　　在氧化电流衰减时间较长的基础上，可以假设 TiO$_2$-HS 的斩光 *J-V* 曲线中的
电化学信号峰（凸起小峰）是由在黑暗中的斩光时间和氧化电流的衰减时间之
间紧密耦合造成的。为了验证这一假设，研究了在斩光模式下，不同黑暗时间
（即改变斩光模式下黑暗的时间）下 TiO$_2$-HS 光电阳极的斩光 *J-V* 曲线［图 3.45
（a）］。通过维持斩光模式中的光照时间不变而改变斩光中的黑暗时间，从而调
控斩光 *J-V* 曲线中小凸峰的大小。实验结果验证，当斩光模式中的黑暗时间小于
氧化电流的衰减时间时，小凸峰的存在是不可避免的。斩光模式中的黑暗时间非
常短（如 0.05s），斩光 *J-V* 曲线可以显示为一条平滑的线并有一个大而宽的凸
峰。此外，进一步细化研究固定电压下光电流密度–时间曲线。通过改变斩光次
数，得到不同黑暗时间下不同次数斩光曲线叠加的图谱［图 3.45（b）~（e）］。
由此可以推断出，凸起小峰是暗电流和光电流的斩光曲线交点，而交点的位置与
斩光模式的黑暗时间密切相关。因此，TiO$_2$-HS 光电阳极的斩光 *J-V* 曲线中小凸
峰的形成可直接归因于关光后氧化电流的衰减。测试结果还表明，该小凸峰无法
归因于 TiO$_2$ 晶粒边界中由光照产生的氧空位。事实上，根据上述实验结果可以
推断：TiO$_2$-HS 光电阳极在斩光 *J-V* 曲线上的这些独特现象与它大幅提高的光电
化学性能和电荷载流子的动力学行为密切相关。

　　实验结果表明，与正常的 TiO$_2$ 光电阳极相比，具有压应力的 TiO$_2$ 光电阳极
在光电化学特性方面的表现非常不同。为了找到这种特殊光电化学性质的根源，
研究了太阳光和外加偏压对 TiO$_2$-HS 光电阳极的光电化学析氧性能的确切贡献，
并设计了多个步骤用以测试 TiO$_2$-HS 光电阳极在开路时的光电化学性能（图

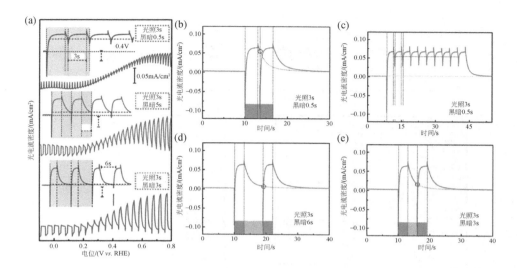

图 3.45 （a）在 1mol/L KOH 中测量的 TiO₂-HS 在不同光照周期下的斩光 $J\text{-}V$ 曲线，插图是在 0.4V $vs.$ RHE 条件下相应的光电流密度–时间曲线。TiO₂-HS 在固定电位 0.4V $vs.$ RHE 和 3s 光照条件下不同关灯时间的斩光光电流密度–时间曲线：（b）、（c）在黑暗中 0.5s 时不同采集时间范围的曲线；（d）在黑暗中 6s 时不同采集时间范围的曲线；（e）在黑暗中 3s 时不同采集时间范围的曲线

3.46）。TiO₂-HS 光电阳极在斩光模式开光瞬间产生的还原电流可以按照以下三个过程进行测试 [图 3.46（a）和（b）]：①0 ~ 1s 时，在黑暗的开路条件下进行光电化学测试；②1s 后，移除挡光板，使得 TiO₂-HS 被灯源模拟的 1 个太阳光照射，并在开路条件下产生空穴–电子对；③最后，在光照后不同的时间将 TiO₂-HS 光电阳极接入外接电路，得到相应的 $J\text{-}t$ 曲线。可以清楚地看到，这些在光照后不同时间接入外接电路的 TiO₂-HS 光电阳极测得的 $J\text{-}t$ 曲线几乎与一直通路的 $J\text{-}t$ 曲线相重叠 [图 3.46（b）]。此外，研究 TiO₂-HS 光电阳极关光瞬间的氧化电流时，使用与研究还原电流类似的三个过程进行测试：①0 ~ 6s 时，在光照下的开路条件下进行光电化学测试；②6s 后，使用挡光板隔绝光照；③最后，在不同的遮光时间下将 TiO₂-HS 接入外接电路，得到相应的 $J\text{-}t$ 曲线 [图 3.46（c）和（d）]。同样，实验结果表明，在不同的遮光时间后接入电路，TiO₂-HS 的 $J\text{-}t$ 曲线与一直通路的 $J\text{-}t$ 曲线完全吻合 [图 3.46（d）]。这直接证明了在开启/关闭灯光后，TiO₂-HS 光电阳极的瞬时还原/氧化电流及其衰减过程只与光照相关，与外接电位无关。因此，开/关灯后的瞬时还原/氧化电流来自 TiO₂-HS 光电阳极的压应力与自身的独特特性。

光电极的光电化学反应主要包括三个协同过程：光吸收、电荷分离和电荷注

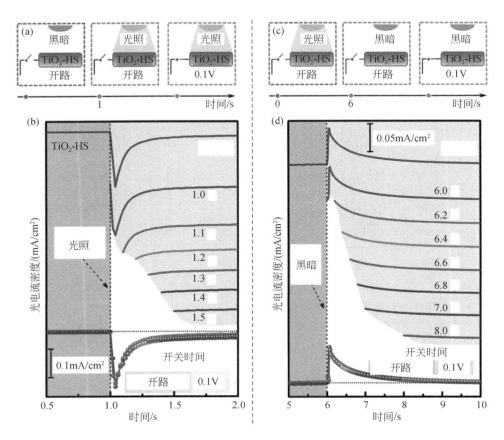

图 3.46　（a）测试 TiO$_2$-HS 光电阳极在开灯时的光激发和电特性的示意图；（b）1s 时开灯，
TiO$_2$-HS 在 0.1V *vs.* RHE 和不同时间外接电路下的光电流密度–时间曲线；（c）测试 TiO$_2$-HS
光电阳极在关灯时的光激发和电特性的示意图；（d）6s 时关灯，TiO$_2$-HS 在 0.1V *vs.* RHE 和
不同时间外接电路下的光电流密度–时间曲线

入。如图 3.47（a）所示，通过紫外–可见分光光度计可以得到 TiO$_2$-HS 和 TiO$_2$-
A 的透过率，并用透过率（T）和薄膜厚度（d）计算得到吸收系数 α，从而计算
达到 100% 内量子效率时的光电流。如图 3.47（b）所示，在计算出 $\alpha h\nu$ 值后，
通过朗伯–比尔公式的变型，最终以（$\alpha h\nu$）^{2} 为纵坐标，以 $h\nu$ 为横坐标，计算得
出 TiO$_2$-HS 和 TiO$_2$-A 的能带间隙。紧接着，如图 3.47（c）所示，通过公式可以
计算出 TiO$_2$-HS 和 TiO$_2$-A 的光收集效率（η_{lhe}）：

$$\eta_{lhe} = (1 - 10^{-\eta_{abs}}) \times 100\% \qquad (3.11)$$

在零反射率条件下，图 3.47（c）的插图是通过吸收率=100–透过率–反射率的
关系式从透过率光谱中得出的 TiO$_2$ 薄膜的紫外–可见吸收光谱。此外，图 3.47

（d）体现了 AM 1.5G 条件下太阳光谱的辐照强度和积分电流密度。100% 内量子效率下的光电流密度（J_{abs}）可以通过 350~380nm 波长范围内光电阳极的积分电流密度来估计。由此计算出 TiO_2-HS 和 TiO_2-A 的 J_{abs} 分别约为 0.54mA/cm² 和 0.56mA/cm²。

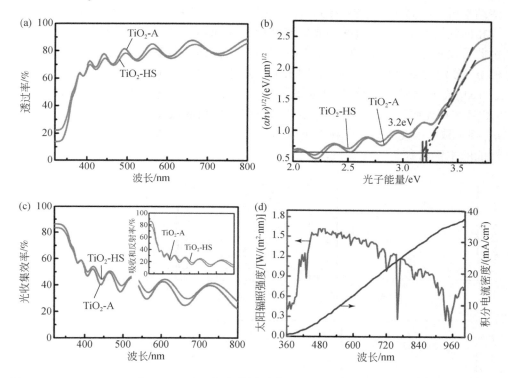

图 3.47　（a）TiO_2-HS 和 TiO_2-A 在空气中的透过率；（b）TiO_2-HS 和 TiO_2-A 的光学吸收系数与入射光子能量的关系图；（c）TiO_2-HS 和 TiO_2-A 的光收集效率（η_{lhe}），插图是样品的紫外–可见吸收光谱；（d）AM 1.5G 太阳光谱的辐照强度和积分电流密度

　　如图 3.48（a）和（b）所示，为了量化 η_{sep} 和 η_{inj}，设计了对比实验，分别在有和没有 0.05mol/L Na_2SO_3 空穴清除剂的 1.0mol/L NaOH 溶液和 AM 1.5G 照明条件下测量了 TiO_2-HS 和 TiO_2-A 的 LSV 曲线及 SO_3^{2-} 氧化的 J-V 曲线。相比于析氧反应，SO_3^{2-} 氧化反应在热力学和动力学上都更容易进行。因此，光电化学 SO_3^{2-} 氧化被认为具有 100% 的 $\eta_{inj,sul}$，通常通过这种方式来评估光电阳极的载流子动力学。对于同一光电阳极，析氧的载流子注入效率（$\eta_{inj,OER}$）可以通过以下公式得到：

$$\eta_{inj,OER} = \frac{J_{OER}}{J_{sul}} \tag{3.12}$$

其中，J_{OER} 和 J_{sul} 分别是光电阳极发生 OER 和亚硫酸盐氧化反应的电流密度。图 3.48（b）的插图显示 TiO$_2$-HS 在 0.46V *vs*. RHE 条件下具有约 94% 的 $\eta_{inj,OER}$，比 TiO$_2$-A 的 $\eta_{inj,OER}$ 约高 1.5 倍，实现了 $\eta_{inj,OER}$ 的大幅提高。如图 3.48（d）所示，TiO$_2$-HS 和 TiO$_2$-A 的电化学表面积分别为 25.43μF/cm^2 和 8.06μF/cm^2。这些结果可能与高压应力导致的表面活性位点增加有关。在二者光吸收（J_{abs}）基本相同的情况下，TiO$_2$-HS 的光电流密度比 TiO$_2$-A 的光电流密度高出约 220 倍，由此可以知道 TiO$_2$-HS 的 η_{sep} 比 TiO$_2$-A 的 η_{sep} 高两个数量级 [TiO$_2$-HS 与 TiO$_2$-A 的 η_{sep} 分别为 26.5% 和 0.4%，图 3.48（c）]。同时，图 3.48（e）和（f）显示了 TiO$_2$ 光电阳极的电化学阻抗谱数据和强度调制光电流谱。与 TiO$_2$-A 相比，TiO$_2$-HS 在光照下具有更低的电荷转移电阻和更高的载流子浓度，与计算得到的 η_{sep} 相一致。因此，载流子在电极内的分离和转移是决定 TiO$_2$ 光电阳极光电化学性能的主要因素。

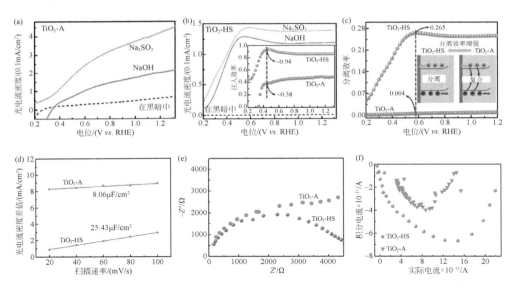

图 3.48　（a）在 1.0mol/L NaOH 和有/没有 0.05mol/L Na$_2$SO$_3$ 空穴清除剂的情况下，TiO$_2$-A 的光电化学氧化 *J-V* 曲线；（b）在 1.0mol/L NaOH 和有/没有 0.05mol/L Na$_2$SO$_3$ 空穴清除剂的情况下，TiO$_2$-HS 的光电化学氧化 *J-V* 曲线，插图是根据 *J-V* 曲线计算的 TiO$_2$-HS 和 TiO$_2$-A 的载流子注入效率；（c）TiO$_2$-HS 和 TiO$_2$-A 的载流子分离/转移效率，插图是 TiO$_2$-HS 和 TiO$_2$-A 在块体中的载流子分离和复合示意图；（d）通过绘制 ΔJ 与扫描速率的关系来评估 C_{dl} 值；（e）TiO$_2$-HS 和 TiO$_2$-A 在 0V *vs*. RHE 的 EIS Nyquist 图；（f）TiO$_2$-HS 和 TiO$_2$-A 在相同输出电流 [（100+10）mA] 下的 IMPS 图

　　为了研究光诱导载流子和光电阳极电子状态之间的关系，使用原位 XPS 表征技术对 TiO$_2$-HS 光电阳极进行表征，结果如图 3.49 所示。图 3.49（a）为 TiO$_2$-HS 光电阳极的高分辨率 Ti 2p XPS 图，可知 2p$_{3/2}$ 峰在光照前的位置为 458.86eV，而在光照时则向高结合能区域移动了 0.06eV，表明 Ti—O 键的扭曲在光照后变得更强。如图 3.49（b）所示，TiO$_2$-HS 光电阳极的 O 1s XPS 图也反映了相应的电子结构变化，进一步印证了 Ti—O 键的扭曲。原位 XPS 在光照前和光照后的变化来源于光激发的载流子在 Ti 和 O 位点上进行了转移并形成了活性极化子。不仅如此，关闭光照后会发现 TiO$_2$-HS 的 Ti 2p$_{3/2}$ 峰向低的结合能方向移动，到达 458.90eV，但是没有完全恢复到光照前的 458.86eV。同理，在 TiO$_2$-HS 光电阳极的 O 1s XPS 图中可以得到相同的结论。在高真空条件下，位于致密晶体结构中的活性极化子可以稳定存在于 TiO$_2$-HS 光电阳极中，从而实现了载流子的暂时储存。为了进一步探索 TiO$_2$-HS 光电阳极内部和表面的电子重构情况，采用同步辐射 XPS（SR-XPS）对 TiO$_2$-HS 光电阳极和 TiO$_2$-A 光电阳极进行表征 ［图 3.49（c）］。利用具有不同光子动能（E_{ph}）的可调谐光子束，对光电阳极进行不同层次的剖析。当 E_{ph} 高于 50eV 时，采样深度强烈依赖于由 E_{ph} 定义的光电子动能。如图 3.49（c）所示，与黑暗中的结合能相比，照明下的结合能更高。为了更好地量化 Ti—O 键的光诱导畸变程度和形成的活性极化子数量，将光照和黑暗下 Ti 2p 光谱主峰位置之间的差异（$\Delta E = E_{Ti, 照明} - E_{Ti, 黑暗}$）作为畸变程度和活性极化子数量的评判标准，差异越大则说明畸变程度越大、极化子数量越多。从图 3.49（c）中可知，当 E_{ph} 为 140eV、550eV、650eV、750eV 和 850eV 时，ΔE 分别为 0.013eV、0.162eV、0.195eV、0.216eV 和 0.221eV，这表明活性极化子的数量与光电阳极的深浅密切相关，这可能归因于电极内部具有更多的晶界从而能够储存更多的活性极化子。

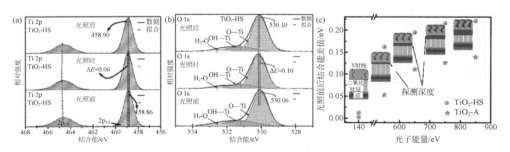

图 3.49　光照前、光照时和光照后 TiO$_2$-HS 光电阳极的 Ti 2p XPS 图（a）和
O 1s XPS 图（b）；（c）SR-XPS 图中 TiO$_2$-HS 和 TiO$_2$-A 的 Ti 主峰位置在
有光照和无光照时的差异与光子能量的关系

　　将 TiO_2-HS 光电阳极的 SR-XPS 图和 FETEM 图相结合，可以发现 TiO_2-HS 的极化子主要集中在晶界上，表明光诱导的载流子容易被晶界上的缺陷 [如五配位的 Ti 原子（Ti_5）和氧桥键（O_{br}）] 所捕获。在 TiO_2-HS 和 TiO_2-A 光电阳极的 O 1s XPS 图中，随着 E_{ph} 的增加，TiO_2-HS 的 O 1s 峰在光照下偏移位移增大，表明 Ti—O 键的畸变程度更强。当 E_{ph} 增加时，TiO_2-A 在光照下的 O 1s 峰并没有发生太大的偏移。这些结果表明与 TiO_2-A 相比，在光照期间 TiO_2-HS 光电阳极在表面和内部有更多的活性极化子生成和储存。

　　利用 X 射线近吸收边精细结构（NEXAFS）谱对光电阳极的光生载流子和原子结构变化进行表征。众所周知，TiO_2 的 Ti L 边由两个双峰组成，是通过 Ti 2p 的自旋轨道相互作用所产生的。当电子从 Ti $2p_{3/2}$ 或 $2p_{1/2}$ 轨道转移到 Ti 3d 轨道时，会形成八面体对称的 t_{2g} 轨道和 e_g 轨道。在 TiO_2-HS 光电阳极的 Ti L 边光谱中清楚地显示了锐钛矿 TiO_2 的吸收特征，而其中并没有 Ti^{3+} 的存在迹象 [图 3.50（a）]。当处于光照下时，可以发现 t_{2g} 峰和 e_g 峰的强度略有增加，意味着能级附近电子自旋向下的极化状态增多。同时，TiO_2-HS 的两个峰在光照下比在黑暗中的能量更高，从而说明了电子轨道与光生电子的重新分配和混合。在 TiO_2-HS 光电极 O K 边的 NEXAFS 谱 [图 3.50（b）] 中也存在光照时 t_{2g} 和 e_g 峰强度的类似变化。为了进一步研究 TiO_2-HS 光电阳极中的缺陷状态，在 130K 下使用光辅助电子顺磁共振（EPR）谱来测试 TiO_2 光电阳极，如图 3.50（c）所示。实验结果表明，TiO_2-HS 和 TiO_2-A 在黑暗和光照下都检测不到 Ti^{3+} 和氧空位的 EPR 信号。综上所述，光照下的 TiO_2 光电阳极的晶界中形成了活性极化子且不存在 Ti^{3+} 和氧空位。

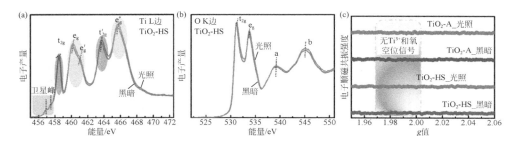

图 3.50　（a）TiO_2-HS 在光照和黑暗时的 Ti L 边谱图；（b）TiO_2-A 在光照和黑暗时的 O K 边谱图；（c）TiO_2-HS 和 TiO_2-A 在光照和黑暗条件下的 EPR 谱

　　利用光辅助开尔文探针力显微镜（KPFM）可以了解 TiO_2-HS 将光转化成化学能时的表面物理反应。具体来讲，通过补偿光照下或黑暗中显微镜尖端和光电阳极之间的静电力，能够确定二者的表面电位差（V_{spd}）。如图 3.51（a）和（b）

所示，TiO$_2$-HS 在开路且光照条件下的 V_{spd} 为 447.0mV，与黑暗中的表面电位差相比变得更小。TiO$_2$-HS 在光照下导致的 V_{spd} 负移是由于电子从块状半导体的体相转移到了表面，使带正电的 Ti$_5$ 原子形成极化子。同时，依据 TiO$_2$-HS 在光照下的表面电位分布图，可以看出电位分布显示出不均匀性，其中晶界处的表面电位相较于表面其他位置的电位更低，因此推断电子产生的活性极化子集中在晶界处，这一表征结果也与前面推测的结论一致。图 3.51 （c）是 TiO$_2$-A 的 V_{spd} 曲线。相比于黑暗条件下，有光照时 V_{spd} 曲线会发生正移，这与 TiO$_2$-HS 的情况相反。事实上，TiO$_2$-HS 和 TiO$_2$-A 上的这些表面物理过程与它们光电化学的 LSV 曲线的变化是一致的，例如，光照导致表面电位的负移对应 TiO$_2$-HS 在开光瞬间产生的还原电流。

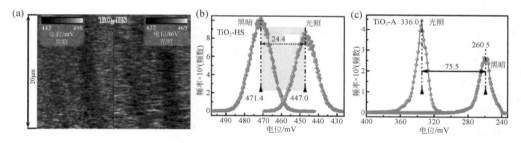

图 3.51　（a）光照和黑暗时 TiO$_2$-HS 的 KPFM 图；（b）TiO$_2$-HS 的 V_{spd} 曲线；
（c）TiO$_2$-A 的 V_{spd} 曲线

　　光诱导的亲水性是光敏 TiO$_2$ 材料的另一个重要的表面特性。如图 3.52 （a）所示，相比于黑暗中 8.2° 的接触角，在光照条件下，KOH 溶液的液滴在 TiO$_2$-HS 表面完全扩散，表现出更小的接触角（约为 0°），意味着表面发生了光诱导超亲水现象。在光照下，TiO$_2$-LS 和 TiO$_2$-A 光电阳极的表面也表现出类似的润湿性变化。由于 EPR 实验结果已经证实了 TiO$_2$ 光电阳极中不存在氧缺陷，这些行为很难归因于光生 Ti^{3+} 缺陷位点导致的解离性水吸附的增强。为了找到吸附的水分子和光激发的 TiO$_2$ 表面之间的相关性，采用全反射傅里叶变换红外光谱（FTIR）和热谱（TDS）来分析 TiO$_2$ 光电阳极的光诱导亲水性增强的表面状态 ［图 3.52 （b）和（c）］。与特征红外吸收峰和热解吸峰相关联的主要有三种表面羟基，具体如下：①在红外光谱约 3250cm^{-1} 位置的伸展频率（ν_{OH}）和热解吸谱约 25℃ 的热解吸峰，对应于 H$_2$O 分子吸附在固体表面的信号；②红外光谱约 3450cm^{-1} 位置的伸展频率和热解吸谱约 100℃ 的热解吸峰，对应于解离吸附的 H$_2$O 分子；③红外光谱图约 3650cm^{-1} 位置的伸展频率和热解吸谱约 250℃ 的热解吸峰，对应于与氧空位结合的表面羟基。在图 3.52 （b）和（c）中，对光电阳极表面所吸附的水分子红外光谱进行拟合，在 3000～3800cm^{-1} 之间的振动峰分成两个峰，两峰的中心分别在约 3250cm^{-1}（峰 β）和约 3450cm^{-1}（峰 α）。很明显，TiO$_2$-HS 的 α 和 β 峰的比值约为 TiO$_2$-A 的 2 倍，这表明在光照下，TiO$_2$-HS 表面吸附解离的 H$_2$O 的活性位点数量比 TiO$_2$-A 多。图 3.52（d）显示了光诱导亲水性测试后光电阳极表面的 H$_2$O 的热解吸谱（$m/z=18$）。TiO$_2$-HS 和 TiO$_2$-A 的特征解吸峰在 100℃左右。与 TiO$_2$-A 相比，TiO$_2$-HS 显示出更高的解吸峰，这表明 TiO$_2$-HS 对解离的 H$_2$O 分子有更强的吸附能力，与 FTIR 的结果一致。结合上述表征结果，这些表面活性位点很可能是由 O$_{br}$/Ti$_5$ 位点周围的空穴/电子产生的光生极化子与界面水分子结合，导致光诱导的亲水性［图 3.52（d）的插图］。因此，TiO$_2$ 光电阳极的表面特性直接由 Ti—O 键的畸变和激发态电子轨道的重叠形成的活性极化子决定，与光电化学性能和光生电荷载流子动力学密切相关。

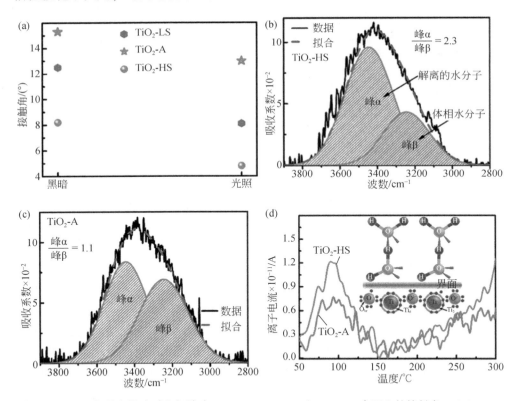

图 3.52　（a）光照和黑暗时电解液在 TiO$_2$-HS、TiO$_2$-A 和 TiO$_2$-LS 表面上的接触角；（b）TiO$_2$-HS 和水溶液界面的全反射 FTIR 图；（c）TiO$_2$-A 和水溶液界面的全反射 FTIR 图；（d）TiO$_2$-HS 和 TiO$_2$-A 的 TDS 图，插图示意了 H$_2$O 分子在光照 TiO$_2$ 薄膜表面的取向

通过 SR-XPS 对 TiO$_2$ 光电阳极的价带（VB）进行测试，获取了 TiO$_2$-HS 和 TiO$_2$-A 的能带结构。如图 3.53（a）所示，TiO$_2$-A 显示出低强度的态密度（DOS），其 VB 最大值的边缘位于 1.77eV，与经典 TiO$_2$ 的价带位置相同。与之相比，TiO$_2$-HS 的 VB 最大值为 1.40eV，明显向低能量方向移动。此外，TiO$_2$-HS 在费米能级附近也有一个边缘为 0.55eV 的凸起，认为这是压应力引起了电子轨道的相互作用并引入了额外的局域态结构所致，这一局域态结构可作为活性位点促进空穴的转移。以 eV 为单位的价带最大值可以转换为以 V 为单位的电化学能势，从而绘制 TiO$_2$ 光电阳极的能带结构。图 3.53（b）中 TiO$_2$-HS 的能带结构示意图清楚地显示了光激发空穴的转移情况。数据表明其能带间隙为 3.2V，价带边最大值为 2.25V，导带边最小值为 −0.95V，满足光电化学分解水的要求。同时，1.40V 的额外活性位点可以促进空穴转移至表面，参与光电化学析氧反应。

光致发光（PL）谱是判断光电极的电荷载流子分离和转移的有效表征方法。图 3.53（c）表明 TiO$_2$-HS 和 TiO$_2$-A 的 PL 峰都集中在约 665nm，主要源于带隙转换和载流子在转移过程中的重新复合。与 TiO$_2$-A 相比，在 TiO$_2$-HS 的 PL 谱上可

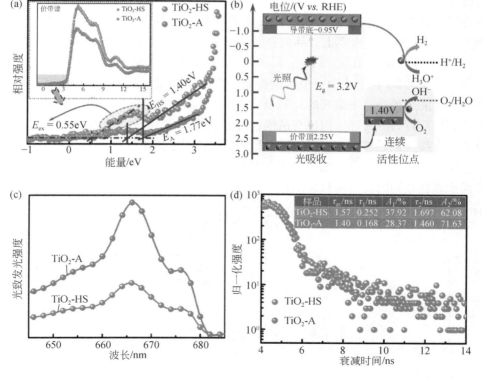

图 3.53　（a）TiO$_2$-HS 和 TiO$_2$-A 的价带谱图；（b）TiO$_2$-HS 的能带结构示意图；（c）TiO$_2$-HS 和 TiO$_2$-A 的 PL 谱；（d）TiO$_2$-HS 和 TiO$_2$-A 的 TRPL 谱

以观察到明显的荧光猝灭，表明载流子的复合行为受到了抑制。时间分辨光致发光（TRPL）谱的衰减曲线和动力学参数能够说明光电极的载流子寿命。如图3.53（d）所示，TiO_2-HS 和 TiO_2-A 的载流子寿命分别为 1.57ns 和 1.40ns。然而，与 TiO_2-A 相比，TiO_2-HS 的载流子寿命只有微小增加，这与大幅度增长的光电化学析氧性能不符。因此，如此小的载流子寿命增长与载流子的分离和转移的实质性改善是无法匹配的。TiO_2-HS 的光生载流子被迅速分离转移并储存为有效的极化子是提高光电化学性能的一个重要因素。

电和磁是电荷移动过程中产生的独立而又相互联系的现象，磁场可以改变载流子的移动，从而产生电流。为了进一步阐明促进载流子分离/转移的真正因素，通过从不同方向在光电阳极表面施加外磁场，研究了 TiO_2 光电阳极的室温铁磁性。如图3.54（a）所示，TiO_2-A 表现为顺磁行为，而 TiO_2-HS 则显示出明显的铁磁性，其铁磁饱和矩（M_s）和内在矫顽力（H_c）分别为 38emu/cm³ 和 2kOe。TiO_2-HS 的磁各向异性可以归因于非180°的磁畴壁在压应力的驱动下向垂直方向运动，并在外部磁场作用下形成长程磁矩。图3.54（a）的插图说明了 TiO_2-HS 内部磁矩的相互作用机制。对于一个完美的 TiO_2 晶粒，八面体配体场中的每个Ti 原子应该与六个 O 原子（标记为 Ti_6）完全配位，并分成高 e_g 和低 t_{2g} 轨道。如图3.54（b）所示，事实上，晶粒表面的 Ti 原子拥有未配对（只占有一个电子）的 3d 轨道（标记为 Ti_5）。通常，Ti_5 中的每个 t_{2g} 轨道都被自旋的单一电子占据，使得未填充的 3d 轨道作为一个自旋控制阀来调整载流子的转移。由此推测得到的一个可能途径是：半填充的 t_{2g} 轨道和未填充的 e_g 轨道之间发生电子跃迁，从而导致了铁磁行为。另外，间接交换耦合将电子从 2p 轨道激发进入 Ti_6 的未占据 3d轨道，直接与最近邻的 Ti_5 的 3d 轨道相互作用，引起最近邻的 Ti_6 和 Ti_5 之间的铁磁作用。在这些情况下，施加的压应力会导致电子跃迁和相互作用的发生，从而有助于磁性结构的转换和自旋重构。

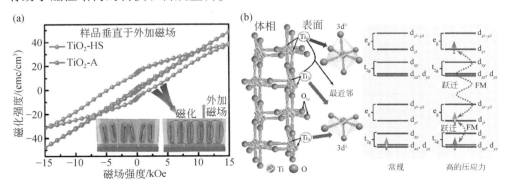

图3.54　（a）在垂直于光电阳极表面的外加磁场作用下 TiO_2-HS 和 TiO_2-A 的室温迟滞曲线，插图为室温铁磁性示意图；（b）TiO_2-HS 铁磁性的形成原理图

综合光电化学析氧性能、原位/非原位表征、磁场和电场的交换作用，在图 3.55 中提出了 TiO_2 光电阳极载流子的动力学行为及其增强机制，包括光生载流子的分离、储存、转移和注入。考虑到铁磁性的各向异性，TiO_2-HS 的每个晶粒都可以通过相邻晶粒的磁感应线。对于光电阳极，固/液界面的能带弯曲能够驱使空穴在持续的光照下不断向表面移动。然而，由于铁磁性的存在，在洛伦兹力的作用下，开灯的瞬间可以产生一个感应电位，以阻碍空穴的运动，并驱动电子从次表层进入固/液界面，以便它们参与析氢反应。这种析氢反应的时间很短（小于 0.5s），与感应电动势的动态变化有关［图 3.55（a）左侧］。如图 3.55（a）右侧所示，当光被关闭时，磁场将立即产生一个相反的感应电动势，从而促进光生空穴的转移，对应于瞬时氧化电流的增加。但是值得注意的是，在黑暗中电流的衰减时间超过 11s，与诱导电动势的影响相比有所延长。更长的衰减时间可能是感应电动势和储存空穴的极化子共同作用导致的。另外，以一个普通的 TiO_2 晶粒为例，在晶粒边界上 O_{br} 和 Ti_5 位点分别捕获空穴和电子。在光照条件下，TiO_2 吸收光子激发的电子和空穴一般是按照布朗运动随机地往任何方向移动。这个过程会不可避免地导致一些空穴和电子的复合，而残余的载流子则迁移到边界的 O_{br} 和 Ti_5 位点而形成极化子［图 3.55（b）中（i）］。极化子扮演着临时储存位点和载流子转移通道的角色。然而，带正/负电的极化子随机分散在晶粒的边界上，相邻的正/负极化子容易复合而降低光生载流子的分离效率。回到黑暗状态，正/负极化子释放的空穴和电子将迅速复合，而无法增强氧化电流。但是，如果 TiO_2 晶粒具有铁磁性，那么就会在 TiO_2 光电阳极内部建立一个固有的磁场。从楞次定律角度，在磁场中拥有不同电荷的光生空穴和电子会向相反的方向移动［图 3.55（b）中（ii）］。空穴和电子定向到达相反的边界，分别形成完全分离的正极化子和负极化子。在光照下，空穴和电子顺利地被输送到光电阳极和对电极的表面，分别将水分解成氧气和氢气。在闭光条件下，由于正/负极化子的完全空间隔离，释放的空穴和电子短暂时间内不会发生复合，且在空间电荷层驱动下，空穴持续向表面转移而参与氧化反应，从而产生了明显的持续电流［图 3.55（b）中（ii）］。因此，载流子的定向转移可以极大地提高载流子分离和转移的效率。由于压应力引起的 Ti—O 键扭曲，TiO_2-HS 表面比 TiO_2-A 表面拥有更多的活性位点，可以吸附和解离更多的 H_2O 分子，具有更好的亲水性。在图 3.55（c）中，这些活性位点利于空穴参与化学反应，促进光电化学析氧性能。

3. 小结

综上所述，利用物理气相沉积法制备了具有压应力的 TiO_2 光电阳极，诱导产生铁磁性，结合光电效应和电磁耦合效应增强了光生载流子的分离/转移效率，

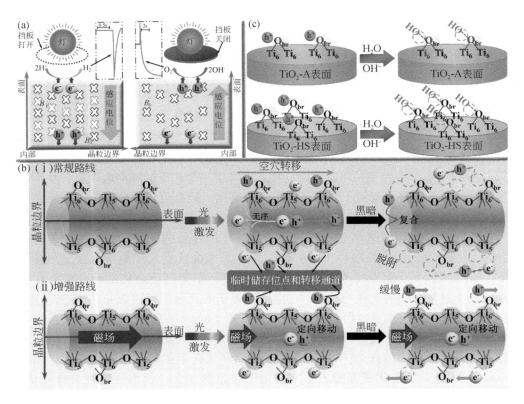

图 3.55 （a）瞬时光照（左）和瞬时黑暗（右）时，具有铁磁性的 TiO_2 光电阳极的电磁感应示意图；（b）有无铁磁性的 TiO_2 光电阳极的载流子分离和转移示意图：（ⅰ）常规无序转移途径和（ⅱ）定向分离途径；（c）有无铁磁性的 TiO_2 光电阳极的表面催化作用示意图

对于实现高效的光电化学氧化反应具有重要意义。光生载流子和不饱和配位点所形成的极化子在载流子分离、传输和储存方面起着重要的作用。具有压应力的 TiO_2 薄膜在 0.54V $vs.$ RHE 处具有 $0.13mA/cm^2$ 的光电流密度，比常规 TiO_2 光电阳极的光电流密度提升了大约 220 倍。其中，载流子的分离效率在具有铁磁性的 TiO_2 光电阳极内部有着大约两个数量级的明显提高。总体来讲，这项工作为提高光电极的光电化学性能提供了新的思路和途径。

3.4 结论与展望

本章中，对光电极的成分和结构与光电化学水分解反应之间的关系进行了介绍，加深了读者对于缺陷工程和内建物理场强化载流子分离/转移的认识。利用等离子体处理、金属原子掺杂、退火处理、高能量沉积等手段在光电极中调控缺陷的浓度和种类，从而改善光电极的光吸收能力、载流子动力学行为和稳定运行时长，大幅度提升了光电化学分解水性能。高效、稳定的窄带隙半导体基光电极的开发和设计不仅为实用化光电化学分解水产氢/产氧奠定了坚实的基础，也可以扩展到其他类型的光电化学反应中。而由于优异的化学稳定性，改善宽带隙半导体基光电极的载流子动力学行为吸引了众多研究人员的关注，在本章中提供了一个新颖而有效的策略：通过引入内建铁磁场，形成光–电–磁耦合场控制载流子分离和传输。

事实上，从 1972 年至今，光电化学分解水产氢/产氧的研究是极其多的，而光电极的设计和开发也远不止于此。但整体而言，光电极的制备方法、改善策略、表征技术等均与本章描述的内容相通，高效、稳定、廉价的层级 Si 基光电极或氧化物光电极在未来的工业化光电化学分解水应用之路上具有光明的前景，但目前针对实际应用的研究和无偏压光电化学器件的开发仍然较少，期待更多的研究人员投入更多的关注。无论如何，发展利用太阳能驱动水分解产氢的研究始终在奔向更高效、更稳定、更廉价、更环保的路上。

第4章 光电化学氮还原合成氨

4.1 引 言

全世界每年氨（NH₃）的产量约为 2 亿 t，反映了农业、制药生产和其他工业过程对氨的巨大需求。含有 17.6wt% 氢的 NH₃ 也被认为是一种新兴的易于运输的氢能载体和无碳太阳能储能载体。由于传统的 Haber-Bosch 工艺能耗高、CO₂ 排放大，因此迫切需要开发一种环境友好、温和条件下固氮合成氨的绿色途径。人们探索了多种促进氮还原反应的策略，包括生化技术、光催化技术、电化学技术和光电化学技术。其中，光电化学技术能够结合光催化技术和电化学技术的优点而备受关注。这种方法不仅可以在常温和常压等温和条件下实现氮还原合成氨反应，而且还可以直接由太阳能驱动整个反应。

最近，大量研究人员致力于研究氮还原合成氨的反应。室温下的氮还原反应通过调整催化剂结构、引入掺杂剂和缺陷、操纵反应条件，可以产生一定量的 NH₃ 并提高法拉第效率。由于水是最常见和最环保的质子源和溶剂，因此开发水基体系实施氮还原反应具有重要的现实意义和技术意义。然而，在温和条件下，大多数报道的氮还原反应在水溶液中效率较低，其转化效率保持在约 10% 或更低。低转化效率的最重要原因是 NH₃ 产物的选择性差、N₂ 还原的能垒高以及水溶液中析氢竞争反应的存在。为了解决这些问题，作者开展了一系列的光电化学氮还原研究工作：构筑高度分散 Au 纳米颗粒的聚四氟乙烯（PTFE）多孔框架作为助催化剂，形成了亲气-亲水异质结构，促进 N₂ 富集和调控质子活性；利用局域化电子结构和合金化效应降低氮还原反应的能垒，耦合增强 N₂ 分子的吸附而加速 NH₃ 产物的合成；开发电化学辅助增强光电化学氮还原反应的新策略，同步协调 N₂ 分子的断键和氢化步骤，大幅提升光电化学氮还原性能；首次使用 Si 基光电阴极在 LiClO₄-碳酸丙烯酯（PC）溶液中实施锂（Li）介导光电化学氮还原反应，证实了 Li 循环的重要性和作用机制，以获得 43.09 μg/（cm²·h）的 NH₃ 产率和 46.15% 的优异法拉第效率。

4.2　水溶液体系中层级光电阴极的光电化学氮还原合成氨

4.2.1　亲气–亲水异质结构

1. 实验部分

首先在丙酮、乙醇和蒸馏水组成的超声波浴中清洗 $500\mu m$ 厚的 p 型 Si 片。清洗后的 Si 片在 5wt% HF 溶液中浸泡 5min，去除原生 SiO_2 层，然后用蒸馏水冲洗，用压缩氮气吹干。在沉积之前，用 Ar 等离子体处理进一步清洁 Si 表面。在纯 Ar（99.99%）气氛和室温下，利用磁控溅射设备（北京创世微纳科技有限公司，MSP-3200），以 100W 的功率溅射高纯 Ti 靶 30s，在 Si 晶片上沉积了 Ti 金属薄层（标记为 Ti/Si）。然后，Ti/Si 样品被转移到一个真空蒸发系统（沈阳科晶自动化设备有限公司，GSL-1800X-ZF4）制备 PTFE 多孔框架。通过在 110A 的电流下蒸发 PTFE 粉末（上海阿拉丁生化科技股份有限公司，平均晶粒尺寸 $5\mu m$），旨在探索 Si 基光电阴极上 PTFE 层对氮还原反应的影响。PTFE 粉末的质量是 0g、0.25g、0.5g、0.75g 和 1.0g，对应的样品分别标记为 TS、PTFE_0.25/TS、PTFE/TS、PTFE_0.75/TS 和 PTFE_1/TS。蒸发后，在室温下利用磁控溅射以 25W 的功率溅射 Au 靶（纯度大于 99.9wt%）10s，在样品表面沉积 Au 纳米颗粒。在此条件下，含 Au 纳米颗粒的样品分别简记为 Au/TS、Au-PTFE_0.25/TS、Au-PTFE/TS、Au-PTFE_0.75/TS 和 Au-PTFE_1/TS。所有样品的背面都先抛光，然后镀上约为 300nm 厚度的 Au 层，用银胶连接到金属 Cu 带上，形成欧姆背接触。干燥后，将 Si 基光电阴极的整个背面和部分正面包裹在环氧树脂中，建立一个约 $0.1cm^2$ 的暴露活性区域。使用校正后的数字图像和 IamgeJ 软件来确定暴露电极表面的几何面积。

为了研究样品的晶体结构，利用 Cu Kα 射线（$\lambda = 0.15406nm$）的 Rigaku Ultima Ⅳ 型衍射仪对样品进行了 2θ X 射线衍射（XRD）扫描，扫描入射角为 1°，扫描速率为 1°/min。采用 80° 掠射角的傅里叶变换红外光谱仪（FTIR，Thermo Nicolet iS10）测定样品表面是否存在 PTFE 层。用 X 射线光电子能谱（XPS，Thermo ESCALAB 250Xi）分析了样品的化学成分，单色 Al Kα 射线通能为 29.4eV。所有结合能均通过非晶碳产生的 C 1s 峰（284.8eV）进行校正。原子力显微镜（AFM）图显示了表面形貌和微观电流–电压（I-V）曲线，使用 Nanocute SⅡ 扫描探针显微镜在接触和导电模型下操作。为了探究光电化学反应前后样品的微观结构和组成，采用场发射扫描电子显微镜（FESEM，Magellan 400）和能量色散 X 射线谱（EDS）对膜的表面和横截面进行了观察。采用高分辨透射电子显微镜（HRTEM，Tecnai G2 F20 S-Twin）进一步分析了包覆在 PTFE 多孔框架上的 Au 纳米颗粒。采用 Thermo Scientific 公司的 iCAP-Q 型电感耦合等离子体质谱仪（ICP-MS）测定电解液中 Pt 的浓度。利用日立 UV-4100 紫外–可见–近红外分光光度计，在入射 350～2600nm 范围内采用积分球法检测其透光率。为了探测界面水分子的取向，利用 Thermo Nicolet iS50 傅里叶变换红外光谱仪（FTIR）和衰减全反射（ATR）附件记录了光电阴极表面附近水分子的光谱。在 FTIR 中，ATR 附件用于分析样品表面的薄水膜，由金刚石半球形 ATR 晶体组成，入射角为 45°。每次运行之前，需要清洗金刚石晶体，以避免污染。对于每次测量，使用内置的压力施加器与滑动离合器和扭矩螺丝刀一起将 10μL 水滴夹在样品和金刚石晶体之间。水的吸光度光谱用洁净金刚石与空气和水的背底光谱校正后，生成界面水光谱。该技术可以分析薄的水膜（约 300nm）和产物光谱，其中包含有关表面和大量水的信息。

通过测量电解质液滴在样品表面的接触角（CA）来确定样品的润湿性。采用数字视频图像的方法，利用接触角仪（承德鼎盛试验机检测设备有限公司，JY-82A）在室温环境中对液滴进行处理。采用空间分辨率为 1280～1024，彩色分辨率为 256 灰度级的 CCD 相机对液滴进行图像采集。用 1mL 微注射器将 0.05mol/L H_2SO_4 电解质（约 5μL）与 0.05mol/L Na_2SO_3 混合液注射到样品表面。在黑暗和 30min 光照（由功率为 300W、波长范围为 250～2000nm 的氙灯产生）下，测量每个薄膜的 CA 值，并根据五次测量结果取平均值。此外，采用捕获气泡法（接触角仪型号 Datphysics OCA20）测试了体积约为 1μL 的氮气（N_2）气泡在光电阴极表面的 CA 值，并将其认为是样品表面围绕固定气泡的电解质平衡 CA。利用高灵敏度微电机平衡系统（Datphysics DCAT11，德国）评估 N_2 气泡和光电极界面之间的相互作用力。在酸性溶液（0.05mol/L H_2SO_4）中，用疏水氟硅烷预处理的金属环悬浮 N_2 气泡。光电阴极表面以 0.02mm/s 的移动速率与 N_2 气泡接触。随后，当表面接触后离开 N_2 气泡时，平衡力逐渐增大，达到临界力。最后，试样表面脱离 N_2 气泡，测力循环完成。N_2 气泡所受的临界力可以看作是光电极界面与 N_2 气泡之间的黏附力。

本小节研究所用化学试剂均为分析纯试剂，由美国 Aladdin 公司提供。在 PEC 1000 系统（北京泊菲莱科技有限公司）中，采用太阳模拟器（光纤光源，FX300），以 Si 基光电阴极为工作电极，铂丝为对电极，Ag/AgCl 为参比电极，采用三电极密封电解池，在太阳光源（AM 1.5G，100mW/cm^2）照射下进行光电化学氮还原反应。在每次测量之前，太阳模拟器强度通过标准硅太阳能电池和辐照度计（北京泊菲莱科技有限公司，PL-MW 200）进行校准。以 0.05mol/L Na_2SO_3 和 80mL 0.05mol/L H_2SO_4 水溶液为电解液。为了避免 Pt 的损失，将 Na_2SO_3 添加到电解液中，以作为电子供体来清除光生空穴，从而保护 Pt 电极。

此外，在 H_2SO_4-Na_2SO_3 水溶液中，$N_2 + 3H_2SO_3 + 3H_2O \longrightarrow 2H_2SO_4 + (NH_4)_2SO_4$，总反应产物是 $(NH_4)_2SO_4$，是一种常用的氨肥。光电化学测量使用 CHI 630E 电化学工作站进行，反应温度约为 25℃。利用控制电位和反应时间来评价光电阴极的氮还原活性。在每次测试中，电解液以 2sccm 的流量连续用 N_2 鼓泡，并以约 300r/min 的速率用搅拌棒搅拌。氮还原反应前，N_2 通过电解液 30min 以去除 O_2。流出的 N_2 流通过一个充满水的收集器起泡，以建立一个密封的反应。采用吲哚酚蓝法和氨/铵离子选择电极（ISE，Bante Instruments，NH_3-US）定量测定生成的产物 NH_3。在吲哚酚蓝法中，首先从电解后的电解液中移取 1mL 反应溶液。然后，将反应溶液与 1mL 含有水杨酸和柠檬酸钠的 1.0mol/L NaOH 溶液、1.5mL 0.05mol/L NaClO 和 0.1mL 1wt% $C_5FeN_6Na_2O$（亚硝基铁氰化钠）混合。将混合物轻轻搅拌 30s，然后静置 2h，以确保完全显色。用紫外-可见分光光度计测定混合物在约 650nm 处的吸光度。浓度-吸光度曲线用 H_2SO_4-Na_2SO_3 电解液中不同浓度的标准硫酸铵溶液进行标定。经三次独立标定，吸光度与 NH_3 浓度呈良好的线性关系，拟合曲线为 $y = 0.3892x - 0.0009$（$R^2 = 0.9995$）。此外，ISE 探针使用含有牺牲剂的标准氨溶液（浓度低于电极制造商的盐度限制）进行校准。为了避免残留溶液的干扰，将 ISE 探头浸泡在去离子水中搅拌，使检测前后的表面电位达到 201.2mV（去离子水中表面电位的初始值）。电位-浓度对数的曲线使用 H_2SO_4-Na_2SO_3 电解液中不同浓度的标准硫酸铵溶液进行标定。经三次独立标定，拟合曲线为 $y = -56.857x + 100.774$（$R^2 = 0.9968$），表明电位与浓度的对数呈良好的线性关系。用 Watt-Chrisp 法估计了电解质中肼的存在。通常取 2mL 电解液与 2mL 着色液（4g 对二甲氨基苯甲醛溶解于 20mL 浓硫酸和 200mL 乙醇中）混合。轻轻搅拌 20min 后，用紫外-可见分光光度计测定所得溶液的吸收光谱。以 H_2SO_4-Na_2SO_3 电解液中已知浓度的 N_2H_4 溶液为标定标准，以约 460nm 处吸光度绘制标定曲线（$y = 0.7157x - 0.0079$，$R^2 = 0.9993$）。

为了进一步证实 NH_3 的生成，用 ATR-FTIR 对电解后的电解质进行测定。在每次测试中，溶液的厚度是相同的。所有光谱均以透过率表示。此外，采用 $^{15}N_2$ [98at%（原子分数）^{15}N] 作为进料气进行同位素标记实验，以确定 NH_3 的来源。在 -0.2V vs. RHE 下进行 4h 的光电化学氮还原反应后，取出 20mL 电解液，在约 70℃ 下加热浓缩至 5mL。随后，取所得溶液 0.9mL，与含有 100ppm 二甲基亚砜的 0.1mL D_2O 混合，作为 ^1H 核磁共振波谱仪（Bruker Avance Ⅲ HD500）测量的内标。氨产率 [$r(NH_3)$] 和法拉第效率（FE）由以下公式计算：

$$r(NH_3) = \frac{[NH_3] \times V}{t \times A} \tag{4.1}$$

$$FE(NH_3) = \frac{3 \times 96485 \times [NH_3] \times V}{Q} \tag{4.2}$$

其中，$[NH_3]$ 是测得的 NH_3 浓度；V 是电解液体积（80mL）；t 是反应时间；A 是光电阴极几何面积；Q 是通过光电阴极的总电荷。在 298.15K 实验条件下，假设溶液中有 1atm（$1atm=1.01325\times10^5Pa$）N_2 和 0.1mmol/L NH_4OH，利用能斯特方程计算了平衡电位。

$$N_2(g)+2H_2O+6H^++6e^- \longrightarrow 2NH_4OH(aq) \qquad \Delta G^\ominus=-33.8kJ/mol \quad (4.3)$$

$E^\ominus=-\Delta G^\ominus/nF=0.058V$，其中 $n=6$ 是反应中转移的电子数；F 是法拉第常数。

$$E=E^\ominus-\frac{RT}{6F}\ln\left(\frac{[NH_4OH]^2}{[H^+]^6}\right)+0.059V\times pH \qquad (4.4)$$

在 0.05mol/L H_2SO_4 溶液中，平衡电位为 0.137V *vs.* RHE。

所有密度泛函理论（DFT）计算都是使用 Vienna 第一性原理模拟软件包（VASP）中平面波技术进行计算的。离子-电子相互作用采用投影增强平面波（PAW）方法描述。所有计算均采用 Perdew-Burke-Ernzerhof（PBE）交换相关泛函数表示的广义梯度近似（GGA）和平面波基组截止能量为 420eV 的条件。在这项工作中，建立了三层（$4\sqrt{3}\times3$）超级单体，共 72 个 Au 原子来模拟 Au（111）表面，即 Au/TS。为了模拟 Au 支持的 PTFE 框架（Au-PTFE/TS），在上面提到的 Au（111）平面上放置了五个 C_2F_4 重复单元（$C_{10}F_{22}$ 链）。在计算中，底部的两层被固定在它们的块体位置，而剩下的原子则允许移动。收敛阈值设置为能量 10^{-4}eV 和力 0.04eV/Å。布里渊区采用 $2\times5\times1$ Monkhorst-Pack 网格进行 k 点采样。采用 PBE-D3 方法描述范德瓦耳斯相互作用。采用介电常数为 8046 的泊松-玻尔兹曼隐式溶剂化模型模拟了溶剂对吸附剂的影响。在 $T=298$K 时，各组分的自由能（G）由式（4.5）估算：

$$G=E_{DFT}+E_{ZPE}-TS \qquad (4.5)$$

其中，E_{DFT} 是 DFT 总能量；E_{ZPE} 是 DFT 零点能量；S 是 DFT 熵。对于吸附中间体，E_{ZPE} 和 S 由振动频率计算确定，其中所有 $3N$ 个自由度都被视为谐振子近似，忽略了来自基板的贡献。而对于分子，这些数据取自 NIST 数据库（http://cccbdb.nist.gov/）。

2. 结果与讨论

在本小节研究中，通过在光电阴极表面引入亲气-亲水异质结构，微观调控 N_2 分子和质子的浓度，促使反应平衡向光电化学氮还原合成氨方向倾斜[82]。图 4.1（a）显示了用于光电化学氮还原反应的亲气-亲水异质结构 Si 基光电阴极的制备过程。薄 Ti 层/Si 光电阴极（标记为 TS）中 Ti 层在酸性条件下具有钝化功能，并作为生长 Au 纳米颗粒和 PTFE 多孔框架的黏附层。聚四氟乙烯（PTFE）作为最疏水的材料之一，在光电化学氮还原过程中被用来作为 N_2 扩散

和稳定光电阴极的多孔框架。此外，Au 纳米颗粒作为氮还原反应的活性催化剂
分散在光电阴极表面［图 4.1 （a）］。作者研究了亲水 TS 光电阴极上的 Au 纳米
颗粒，以及涂覆 Au 纳米颗粒在合适厚度的疏水 PTFE 多孔框架上的光电阴极，
记为 Au-PTFE/TS ［图 4.1 （a）］。此外，还制备了不同厚度 PTFE 多孔框架的其
他光电阴极（见"实验部分"所述）。通过 X 射线衍射（XRD）证实了晶体型
Au 纳米颗粒助催化剂成功负载在 Au/TS 和 Au-PTFE/TS 上，如图 4.1 （b） 所
示。在 Au/TS 上观测到位于 38.2° 和 44.4° 的两个宽峰，它们分别对应 Au 的
（111） 和 （200） 面 （PDF 编号 04-0784，JCPDS）。与 Au/TS 相比，Au-PTFE/
TS 的衍射峰更宽、更低，意味着 Au-PTFE/TS 中的 Au 纳米颗粒更小。同时，在
其他不同厚度的 PTFE 样品中也发现了结晶的 Au 纳米颗粒。此外，利用傅里叶
变换红外光谱（FTIR）对样品的成分进行了进一步的鉴定。在约 $1150cm^{-1}$ 和约
$1250cm^{-1}$ 处的两个峰证实了—CF_3 官能团的存在 ［图 4.1 （b） 的插图］，表明存
在 PTFE。随后，利用 X 射线光电子能谱（XPS）研究样品的元素特征和状态。
Ti 薄层在环境中被氧化形成非晶态 TiO_2 层，可以起到保护层的作用，提高光电阴
极的稳定性。C 1s XPS 图中约 291.8eV 和 F 1s XPS 图中约 688.9eV 的峰值分别
与 C—F 键和 F—C 键的结合能相近，与 FTIR 数据一致。在 Au 4f XPS 图
［图 4.1 （c）］ 中，Au/TS 光电阴极在约 84.1eV 和约 87.8eV 处的峰归属于金属
Au （Au^0）。有趣的是，Au-PTFE/TS 光电阴极在约 84.8eV 和约 88.4eV 处有额外
的 XPS 峰，与 Au 离子（Au^+）相关。为了揭示光电阴极的结构，利用场发射扫
描电子显微镜（FESEM）和线扫描模式的能量色散 X 射线谱（EDS）对光电阴
极的微观结构进行了研究。在 Au-PTFE/TS 中观察到明显的三维多孔 PTFE 框架
结构 ［图 4.1 （d）］。不同于将 Au 纳米颗粒涂覆在平面 Si 上，Au-PTFE/TS 光电
阴极表面的 Au 纳米颗粒的尺寸为 2~10nm，这些颗粒高度分散在 PTFE 多孔框
架和 TS 表面 ［图 4.1 （d） 的插图］。此外，Au-PTFE/TS 中 PTFE 多孔层厚度约
为 24nm ［图 4.1 （e）］。同时，EDS 谱图分析表明，在 Si 表面连续构建了由 Au
纳米颗粒、PTFE 多孔框架和 Ti 层组成的 Au-PTFE/TS。Au-PTFE/TS 的高分辨透
射电子显微镜（HRTEM）图显示，在非晶框架上有晶面间距约 0.23nm 的纳米颗
粒，进一步阐明了具有 （111） 平面的 Au 纳米颗粒和 PTFE 框架的存在。具有
PTFE 多孔框架的光电阴极在 380~1200nm 波长范围内的反射率低于 Au/TS 光电
阴极。根据间接允许跃迁模型，在所有光电阴极中均观察到约 1.1eV 的 Si 能带
间隙。

　　图 4.2 （a） 和 （d） 分别显示了空气中 Au/TS 和 Au-PTFE/TS 表面上
0.05mol/L H_2SO_4 与 0.05mol/L Na_2SO_3 电解液的液滴形状。Au-PTFE/TS 具有疏水
表面，其表面上液体的接触角（CA_1）约为 125°，而 Au/TS 表面则为亲水的
（CA_1 约为 78°）。事实上，在其他不同厚度 PTFE 多孔框架的光电阴极表面也观察

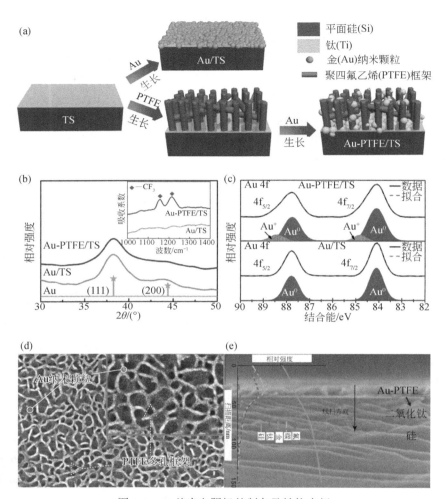

图 4.1　Si 基光电阴极的制备及结构表征

（a）Au/TS 和 Au-PTFE/TS 的制备工艺示意图；（b）Au/TS 和 Au-PTFE/TS 的 XRD 谱图（Au 的标准 XRD 卡片，PDF 编号 04-0784，JCPDS），插图为 Au/TS 和 Au-PTFE/TS 的 FTIR 图；（c）光电阴极的 Au 4f XPS 图，实线是 XPS 数据，虚线是光电阴极实验数据的拟合，可以分解为两个峰的叠加，分别表示为 Au^0 和 Au$^+$；（d）Au-PTFE/TS 的 FESEM 俯视图，插图为指定区域的放大图；（e）Au-PTFE/TS 的 FESEM 横截面图，插图是箭头指向的相应的 EDS 线测量数据

到疏水性。值得注意的是，纯 PTFE 多孔层包覆的光电阴极的 CA$_1$ 比同时具有疏水 PTFE 多孔框架和 Au 纳米颗粒亲水位点的 Au-PTFE/TS 更高。这些结果表明，通过调控疏水性 PTFE 多孔框架和 Au 纳米颗粒催化活性位点能够调节光电阴极表面的亲疏水性。此外，在长时间光照下 Au-PTFE/TS 依然保持稳定的疏水性能。光电阴极的亲气性能通过俘获 N$_2$ 气泡来测量评估。Au-PTFE/TS 表面的气泡

接触角（CA$_g$）约为88°，表明其与N$_2$气泡具有较强的相互作用［图4.2（e）］，然而，Au/TS表面的CA$_g$约为111°，表明其与N$_2$气泡的相互作用相对较弱［图4.2（b）］。同时，光电阴极的亲气性能随着PTFE多孔框架厚度的变化而变化。从Au/TS表面疏气性到Au-PTFE/TS表面亲气性的转变是由于PTFE多孔框架的加入。随后，对Au-PTFE/TS表面对N$_2$气泡的附着力进行了评估。相比之下，Au/TS光电阴极对N$_2$气泡的附着力约为30.1μN，低于Au-PTFE/TS光电阴极对N$_2$气泡的附着力。因此，当Au-PTFE/TS浸入电解液中时，液体更难进入PTFE多孔框架，并且会在光电阴极表面形成气穴，产生局部的N$_2$浓度增强效应。

利用ATR-FTIR探测Au/TS和Au-PTFE/TS表面附近界面水分子的取向，分别如图4.2（c）和（f）所示。为了区分这两种光谱，先扣除金刚石与水的背景光谱，接着对在3100～3800cm^{-1}之间水的宽带振动谱（OH拉伸区）解卷积成以约3200cm^{-1}、约3400cm^{-1}和约3600cm^{-1}为中心的三个峰。这些峰位于约3200cm^{-1}、约3400cm^{-1}和约3600cm^{-1}处，分别归因于水分子的四面体结构、跨越界面氢键OH拉伸模式、指向表面的非氢键OH拉伸模式。与亲水材料相比，疏水材料在约3600cm^{-1}处的峰值更高。在图4.2（c）和（f）中，Au/TS和Au-PTFE/TS表面上的约3200cm^{-1}处与水的OH拉伸相关的峰值强度几乎相同。相比之下，Au-PTFE/TS在约3600cm^{-1}处的峰值约为Au/TS的2倍。相应地，Au-PTFE/TS在约3400cm^{-1}处也显示出更高的峰值，表明其表面有更多的跨界面羟基。在一定程度上，约3400cm^{-1}和约3600cm^{-1}处的峰强度随着PTFE层厚度的增加而增加。此外，具有较厚PTFE层的光电阴极（Au-PTFE_1/TS），在约3400cm^{-1}和约3600cm^{-1}处的峰值强度低于Au-PTFE_0.75/TS，这是由于表面堆积了更多的Au NPs，与XPS数据一致。因此，可以想象，靠近Au-PTFE/TS表面的水分子的氢键网络被破坏，如图4.2（f）的插图所示。一个指向表面的氢键矢量与Au原子和水分子的OH之间的氢键有关，而其余三个氢键矢量则指向远离表面的方向。相反，Au/TS表面的Au原子和非晶态TiO$_2$与界面水分子形成氢键，形成亲水性水化结构［图4.2（c）的插图］。

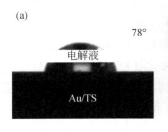
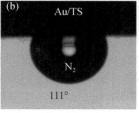
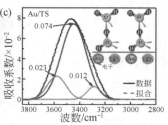

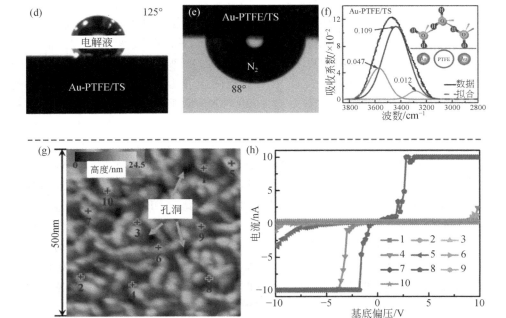

图 4.2　Si 基光电阴极的物理化学性质

0.05mol/L H$_2$SO$_4$-0.05mol/L Na$_2$SO$_3$ 电解质溶液分别在 Au/TS（a）和 Au-PTFE/TS（d）表面上的液滴形态；水下 N$_2$ 气泡在 Au/TS（b）和 Au-PTFE/TS（e）表面上的形状；Au/TS（c）和 Au-PTFE/TS（f）表面上界面水的原始（实线）和拟合（虚线）的红外光谱，其余三条拟合线分别代表以约 3600cm^{-1}、约 3400cm^{-1} 和约 3200cm^{-1} 为中心的峰，插图是靠近 Au/TS 和 Au-PTFE/TS 表面的水分子取向示意图；Au-PTFE/TS 的 AFM 形貌图（g）和标记位置的典型 I-V 曲线（h），AFM 图中位置 1～10 与 I-V 曲线相对应

　　为了探究载流子输运性能，利用导电型原子力显微镜（C-AFM）在垂直模式下对光电阴极进行了电学测量。Au-PTFE/TS 的 AFM 形貌图像和典型标记位置的 I-V 曲线分别如图 4.2（g）和（h）所示。Au-PTFE/TS 在 4、5、6 和 8 位表现出电流响应。其中，孔洞的 4 和 8 位置表现出灵敏且强烈的电流响应（10nA），在施加偏压-10V 时，具有 Au 纳米颗粒的 PTFE 多孔框架上 5 和 6 位置的电流小于 3nA。与 Au-PTFE/TS 相比，Au/TS 在 1～10 所有位置都能在低外加偏压下产生高的电流响应（10nA）。然而，随着 PTFE 多孔框架厚度的逐渐增加，样品的电流响应明显减弱。最后，在-10～10V 的外加偏压范围内，TS 涂层厚度约为 24nm 的纯 PTFE 多孔框架没有电流响应。结果表明，由于 Au 纳米颗粒的导电性能，高度分散的 Au 纳米颗粒为氮还原反应提供了必要的电子传输通道。并且对于 Au-PTFE/TS 光电阴极而言，Au 纳米颗粒在 TS 表面的电流响应比在 PTFE 多孔框架上的电流响应更强、更快。

图 4.3（a）为光电化学氮还原反应的示意图。在 1 个太阳光照射下，以 0.05mol/L H_2SO_4 和 0.05mol/L Na_2SO_3 的混合溶液作为电解液，而 N_2 则为氮源的原材料。为了使 N_2 气泡与光电阴极表面接触且避免环境污染，在氮还原反应过程中进行轻微搅拌，使 N_2 气泡通过充满水的导管形成液封。将 Na_2SO_3 添加到电解质中以作为电子供体，清除光生空穴而保护 Pt 阳极。电解 24h 后，采用电感耦合等离子体质谱法测得电解液中 Pt 的浓度约为 $5.8×10^{-3}\mu g/mL$。NH_3 和肼（N_2H_4）两种产物分别采用吲哚酚蓝法和 Watt-Chrisp 法测定（详见"实验部分"）。制备已知浓度的硫酸铵和 N_2H_4 标准溶液，分别用约 650nm 和 460nm 处的吸光度绘制校准曲线。结果表明，电解后的电解液中均未检测到 N_2H_4。在 4h 和给定电位下，Au/TS 和 Au-PTFE/TS 的 NH_3 产率和法拉第效率（FE）显示在图 4.3（b）

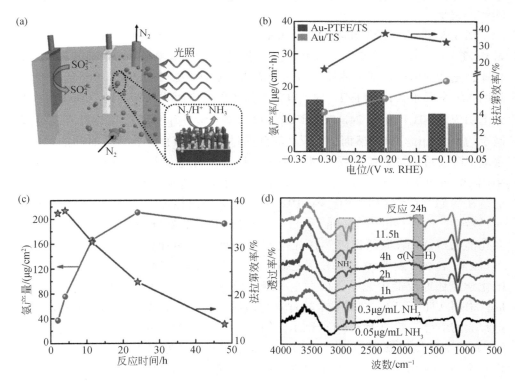

图 4.3　Si 基光电阴极的光电化学氮还原合成 NH_3

（a）在 1 个太阳光照射和 0.05mol/L H_2SO_4-0.05mol/L Na_2SO_3 电解液中光电化学电解池示意图；（b）在不同给定外加电位下 Au/TS 和 Au-PTFE/TS 上 NH_3 产率（柱状图）和 FE（散点图）；（c）Au-PTFE/TS 的 NH_3 产量和 FE 与反应时间的变化关系；（d）不同反应时间下 Au-PTFE/TS 光电阴极氮还原电解后电解液的 FTIR 图，下面两条线分别为电解液中浓度为 0.05μg/mL 和 0.3μg/mL 硫酸铵标准溶液的 FTIR 图

中。在不同外加电位下，Au/TS 光电阴极的 NH_3 产率为 $8.6 \sim 11.3 \mu g/(cm^2 \cdot h)$，而 FE 为 $4.1\% \sim 7.4\%$。然而，在加入合适的 PTFE 多孔框架后，Au-PTFE/TS 的 NH_3 产率和 FE 分别显著提高至近 1.5 倍和 4 倍。根据 Nernst 方程的计算，在上述实验条件下，N_2 还原为 NH_3 的标准电位为 0.137V vs. RHE（参见"实验部分"的计算）。在图 4.3（b）中，NH_3 产率和 FE 随着负电位的增加而增加。直到 $-0.2V$ vs. RHE，Au-PTFE/TS 在 4h 时实现了最大的 NH_3 产率和 FE，分别为 $18.9 \mu g/(cm^2 \cdot h)$ 和 37.8%。超过这个外加电位后，NH_3 产率和 FE 下降。这是由于在高的负电位条件下，析氢反应在光电阴极表面有很强的竞争性吸附。在不同反应时间和不同光电阴极中均观察到 NH_3 产率和 FE 对于电位的依赖性。此外，通过线性扫描伏安（LSV）曲线和气相色谱分析证明了光电阴极上相应的析氢性能和产氢量。

　　图 4.3（c）显示了在 $-0.2V$ vs. RHE 条件下 Au-PTFE/TS 光电阴极的 NH_3 产量和 FE 随反应时间的变化。与黑暗、Ar 替代 N_2 和去除 Au 助催化剂的对照实验相比，随着光电化学氮还原反应时间的增加，Au-PTFE/TS 的 NH_3 产量逐渐增加，说明 NH_3 来源于 Au-PTFE/TS 的光电化学氮还原反应而非外界污染。Au-PTFE/TS 光电阴极的 NH_3 产量在 24h 内达到最大值（约 $210.5 \mu g/cm^2$），在 48h 时略有衰减至约 $192.5 \mu g/cm^2$。然而，当反应时间超过 4h 时，FE 随着反应时间的增加而逐渐下降，可能是氮还原反应过程中光电阴极的光电化学活性降低和电解质中 NH_3 浓度增加共同导致的。在实际应用中，评估光电阴极的耐久性是至关重要的。在约 11.5h 反应时间内，Au-PTFE/TS 光电阴极显示了良好的光电化学氮还原稳定性。此外，电解 11.5h 后，FTIR 图和 FESEM 图与 EDS 数据显示，PTFE 多孔框架和 Au 纳米颗粒依然在光电阴极表面上。然而，电解 24h 后，在 Au-PTFE/TS 表面可发现 Au-PTFE 层的损失和 Si 基底的光氧化。这可能是长时间光电化学氮还原反应中光电阴极发生了降解所导致的。为了进一步明确 NH_3 的生成，采用 ATR-FTIR，在减去水的背景光谱后，收集具有相同液膜厚度的电解后电解液的信息。如图 4.3（d）所示，约 $2950 cm^{-1}$ 和 $2850 cm^{-1}$ 处的两个尖峰来自 NH_4^+ 的 N—H 拉伸振动，而约 $1710 cm^{-1}$ 和约 $1560 cm^{-1}$ 处的尖峰来自 σ（N—H）弯曲振动。在 $-0.2V$ vs. RHE 下电解 4h 后，电解液的 FTIR 显示出四个峰，反映了 NH_4^+ 的特征。峰的强度随反应时间的增加而增加，表明 NH_3 的产量增加。此外，通过一种氨/铵离子选择电极（ISE）测试光电化学氮还原反应中 NH_3 的产量。光照下 Au-PTFE/TS 光电阴极的 NH_3 产率随时间和电位的变化关系与上述结果一致，而在黑暗中 NH_3 的产率可以忽略不计。同时，进行了 ^{15}N 同位素标记实验，定性验证了光电化学氮还原反应合成 NH_3 的氮源。在 ^1H 核磁共振（^1H NMR）波谱图中，当供气为 $^{15}N_2$ 时，电解质中出现了 $^{15}NH_4^+$ 的偶极耦合。因此，

具有亲气–亲水异质结构的 Au-PTFE/TS 在常温常压条件下对光电化学固氮合成氨是非常有效的。

　　为了进一步补充和支持实验结果，采用密度泛函理论（DFT）计算了亲气–亲水异质结构对光电化学固氮合成氨的活化能势垒和热力学的影响。一般氮还原反应机制有两种，即解离机制和关联机制。根据计算，由于 N_2 在 Au 表面的解离是非常高的吸热过程，因此解离机制不可行。另一方面，关联机制可分为远端途径和交替途径，这是受生物化学中提出的固氮酶机制的启发。N_2 转化为 NH_3 需要多个质子耦合电子转移（PCET）反应。对于远端途径，N_2 中的一个 N 原子首先被氢化，然后以 NH_3 的形式释放，在能量上比两个 N 原子同时氢化产生两个 NH_3 分子的交替途径更有利。图 4.4（a）给出了 Au/TS 和 Au-PTFE/TS 在远端途径上不同状态下的自由能分布图。形成 *NNH 的第一个电子转移步骤是决速步骤（RDS）。DFT 计算表明，N_2 在 Au-PTFE/TS 上加氢生成 *NNH 的自由能变化（ΔG）为 2.37eV，小于 Au/TS 上的 2.52eV，表明在 Au-PTFE/TS 上容易生成 *NNH。生成 *NNH 的 ΔG 降低很可能与 Au 纳米颗粒-PTFE 多孔框架所形成的独特亲气–亲水异质结构有关，从而使光电化学氮还原性能显著提高。为了获得更深入的认识，通过将 Au-PTFE/TS 的电子电荷减去单个 PTFE 和 Au/TS 的电子电荷，构建了电荷密度差图 [图 4.4（b）]。可以清楚地看到，电荷密度在 PTFE 和 Au/TS 之间重新分布，从 PTFE 到 Au/TS 有相当大的电荷转移，这与 XPS 数据中 Au^+ 的存在是一致的 [图 4.1（c）]。结果表明，Au-PTFE/TS 能产生比 Au/TS 更大的 *NNH 基团结合强度，从而表现出优异的催化活性。另外，在 PTFE-Au 和 Au 上吸附的 *H 基团自由能分别为 0.34eV 和 0.37eV。这意味着一旦在 Au^+ 位点产生 *H 中间体并附着在 PTFE 框架上，它将通过质子耦合电子转移过程（ $*H+e^-+N_2\longrightarrow *NNH$ ）迅速形成 *NNH。然而，部分不含 Au 的 PTFE 不利于吸附 *H，这对通过限制质子浓度来控制析氢反应的速率起着重要作用。

　　根据实验结果和理论计算，亲气多孔框架和亲水金属纳米颗粒对 Au-PTFE/TS 的促进机制显示在图 4.4（c）中。Si 晶片在光照下产生光生电子–空穴对，然后电子到达光电阴极表面诱导 N_2 还原形成 NH_3。由于 PTFE 的疏水性，固液接触最可能发生在沉积在 PTFE 多孔框架顶端的 Au 纳米颗粒上，即使在低电流条件下也能获得活性质子。同时，由于 Au-PTFE/TS 的疏水表面，整体质子活性（即 H^+ 的吸附量）降低。活性质子通过搅拌和 N_2 鼓泡从 PTFE 框架的外部向内部转移。活性质子和 N_2 分子与 PTFE 框架表面的 Au 纳米颗粒紧密接触，有利于分子间相互作用，使 N_2 加氢，并在适当的电子能量下克服固氮合成 NH_3 的决速步骤。结果表明，PTFE 多孔框架在水介质下呈现稳定的 N_2 层，从而在 TS 表面形成高压 N_2 微环境。由于高的 N_2 浓度和高的电子能量，在 TS 表面的 Au 纳米颗粒涂层中最终可以较好地释放 NH_3。结果表明，亲气–亲水异质结构的 Au-PTFE/TS

对光电化学氮还原合成 NH_3 具有优异的催化活性和选择性。

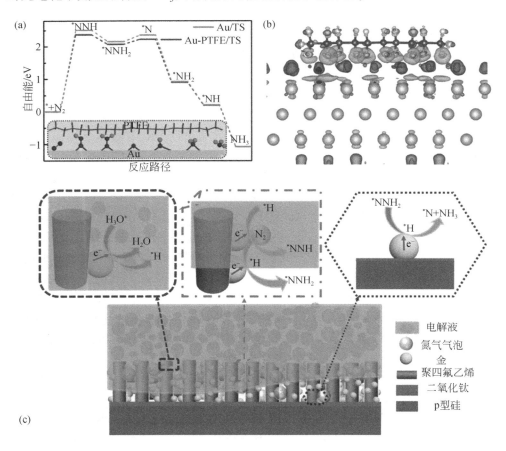

图 4.4　计算模拟和反应机理

（a）Au/TS 和 Au-PTFE/TS 上氮还原反应的自由能谱，插图是 Au-PTFE/TS 上氮还原反应的远端机制示意图；（b）Au-PTFE/TS 的电荷密度差，浅灰色和深灰色的等值面分别代表电荷积累和损耗；（c）亲气–亲水层级结构 Si 基光电阴极的光电化学氮还原反应的增强机制示意图，氮还原反应途径主要包括 * H 的形成（左侧方框虚线）、N 原子的氢化（中间方框虚线）和 NH_3 的释放（右侧方框虚线）

3. 小结

综上所述，本小节研究工作成功制备了一种亲气–亲水异质结构 Si 基光电阴极，用于光电化学氮还原合成氨，获得了高法拉第效率（37.8%）和高产率 [约 $18.9\mu g/(cm^2 \cdot h)$]。亲气 PTFE 多孔框架在光电阴极表面提供了富氮层，使反应平衡向 NH_3 的合成方向移动。同时，PTFE 框架上的 Au 纳米颗粒表现出优异的催化活性，可以有效降低 N_2 还原的能垒。高光电–化学转换效率与产率相结合，表明在温和条件下利用可再生太阳能还原 N_2 具有广阔的应用前景。

4.2.2　局域化电子结构

1. 实验部分

单面抛光、（100）取向、掺硼的 p 型 Si 片的电阻率和厚度分别为 $1 \sim 10 \, \Omega \cdot cm$ 和 $500 \mu m$，分别在丙酮、乙醇和去离子水中超声清洗 20min。在 N_2 流中干燥后，将清洁的 Si 片装入沉积室。沉积前，使用 Ar 等离子体进一步清洁 Si 片表面。使用磁控溅射系统（北京创世威纳科技有限公司，MSP-3200）在纯 Ar（99.99%）气氛下，以 20W 的功率在室温下溅射平面圆形金属 Au 靶（纯度大于 99.9wt%）20s，沉积 Au 纳米颗粒（NPs）。随后，通过在室温下溅射 Co 靶（纯度大于 99.9wt%）60s，将 Co NPs 沉积在 Au NPs 上。为了在样品上获得不同的 Co 原子比，在 Co 靶上施加 0W、40W、60W 和 80W 的功率，分别产生没有 Co 和低、中、高负载含量的 Co 样品。沉积后，新鲜样品在空气中 800℃退火 60s，形成 Au NPs/Si 样品（标记为 Au 样品），Au NPs/低 CoO_x 层/Si 样品（标记为 Au/l-CoO_x 样品），Au NPs/中 CoO_x 层/Si 样品（标记为 Au/CoO_x 样品）和 Au NPs/高 CoO_x 层 /Si 样品（标记为 Au/h-CoO_x 样品）。

为了研究电解前后样品的化学组成，并探测氧化态和电子结构，进行了角分辨 X 射线光电子能谱（AR-XPS）测试。这些测试是在 Kratos Axis Ultra DLD 光电子能谱仪上进行的，使用单色 Al Kα（1486.6eV）辐射源，工作功率为 225W。通过以从 90°（法线）到 10°（入射角）的各种角度旋转样品来改变光电子的出射角。在分析过程中，光谱仪的分析室的真空压力保持在 $5 \times 10^{-9} Torr$（$1 Torr = 1.33322 \times 10^2 Pa$）或更低。电子结合能标度参照了非晶碳的 C 1s 线，设定在 284.8eV。收集 XPS，测量光谱的通能为 160eV，高分辨率光谱的通能为 40eV。Au $4f_{5/2}$ 与 Au $4f_{7/2}$ 双峰的面积比设定为 3∶4，而半峰全宽（FWHM）值被限制在每种化学状态认为合理的值。此外，同步辐射 X 射线光电子能谱（SR-XPS）数据在 Elettra 同步辐射光源的材料科学光束线（MSB）上记录。在 150eV、400eV 和 700eV 以上的核吸收边缘的光子能量下记录了高分辨率的核能级光谱，以便对材料进行无损深度剖析。价带（VB）光谱测量在光子能量（E_{Ph}）为 70eV 时进行。MSB 终端站包括一个超高真空仪器（基底压力为 $10^{-10} mbar$），配备了一个 Specs Phoibos 150 多通道电子能量分析器。在 SR-XPS 中使用的光子能量使用金箔［Au $4f_{5/2}$ 核能级光谱（83.95eV）或费米能级］标准进行校准。所有光谱都在电子能量分析器的恒定透射能量下记录，所有测量都在与样品法线相对的 55°角度下进行。CasaXPS 用于在 Shirley 背景校正后拟合洛伦兹-高斯峰，从而允许对包含多种物种的光谱进行解卷积。SR-XPS 强度数据经过校正，以纠正光子能量对光吸收截面和核能级轨道的角度不对称参数的影响，以及电子动能对光电子非弹性散射和光谱仪传输的影响，从而提供检测到的元素的原子分数。

　　本小节研究工作中的所有化学试剂均为分析纯，由 Sigma-Aldrich（美国）提供。在 0.05mol/L H_2SO_4 水溶液中，使用带有质子导电阳离子交换膜的密封 H 型电池（以 Si 基电极作为工作电极，Pt 网作为对电极，Ag/AgCl 作为参比电极）进行了电化学氮还原反应（NRR）的研究。使用 CHI 6044d 电化学工作站进行电化学测试，控制电解电位和反应时间。在每次测试中，电解液连续以 2sccm 的流量通入 N_2。为了确保在电解液中去除 O_2，反应前用纯度为 99.999wt% 的 N_2 通气 30min。出口的 N_2 气流通过一个装满水的容器进行气体密封。制备的 NH_3 通过使用氨/铵离子选择性电极（ISE，Bante Instruments，NH_3-US）和吲哚酚蓝法进行定量测定。对于氨/铵离子 ISE 的使用，具有最低浓度限制的 ISE 探头为 0.01μg/mL，使用含有电解质（浓度低于电极制造商的盐度限制）的标准氨溶液进行校准。为了避免残留溶液的干扰，ISE 探头在测试前后浸入去离子水中并搅拌，以达到 115mV 的表面电位（去离子水中的表面电位初始值）。使用一系列浓度的 H_2SO_4 电解质中的标准硫酸铵溶液校准电位-浓度对数曲线。拟合曲线（$y = -58.367x - 8.383$，$R^2 = 0.9958$）在三次独立校准中显示出优异的能斯特响应。此外，所有电解后的电解液都测量了三次以上。在吲哚酚蓝法中，首先从电解后的电解液中吸取 2mL 反应溶液。然后，将反应溶液与含有水杨酸和柠檬酸钠的 2mL 1.0mol/L NaOH 溶液、1mL 0.05mol/L NaClO 和 0.2mL 1wt% $C_5FeN_6Na_2O$ 混合。轻轻搅拌混合物 30s，然后静置 2h 以确保溶液完全混合而颜色完全显示。使用紫外-可见分光光度计测量混合物在约 650nm 处的吸光度。使用一系列浓度的 H_2SO_4 电解质中的标准硫酸铵溶液校准浓度-吸光度曲线。拟合曲线（$y = 0.396x + 0.107$，$R^2 = 0.9992$）在三次独立校准中显示出吸光度和 NH_3 浓度之间的优异线性关系。此外，所有电解后的电解质都测量了三次以上。通过使用富集气体（98at% ^{15}N）的 $^{15}N_2$ 同位素标记实验来确定 NH_3 的产生是否源自 NRR。清洗 $^{15}N_2$ 气体非常重要，因为 $^{15}N_2$ 气体中存在一些杂质，如 NH_3 和 NO_x 物种。通过使用装有 50mL 的 0.1mol/L NaOH 的水填充容器来去除杂质。在 4h 和 -0.5V $vs.$ RHE 条件下，取出 30mL 电解质，在约 70℃ 下加热浓缩至 5mL。随后，取出 0.9mL 的所得溶液，并与含有 100ppm 二甲基亚砜作为内标的 0.1mL D_2O 混合，使用具有 Prodigy 探头的 ^1H 核磁共振波谱仪（Bruker Avance Ⅲ HD500）测量。

　　使用 Vienna 第一性原理模拟软件包（VASP）中实施的平面波技术进行第一性原理计算。离子-电子相互作用使用投影增强平面波（PAW）方法描述。所有的计算中都采用了由 Perdew-Burke-Ernzerhof（PBE）交换相关泛函表示的广义梯度近似（GGA）和平面波基组截止能量为 400eV 的条件。为了模拟 Au/CoO_x 界面，在 Co_3O_4(110) 表面上放置了一个 Au_{10} 团簇。这里，Au_{10} 团簇被用来模拟 Au 纳米颗粒，这在许多以前的文献中已经报道过。Co_3O_4（110）平面采用 Co_2O_4 端面来模拟 CoO_x 层。这是因为 Co 的高价氧化态有利于 Au 纳米颗粒呈现正价。对于 Au/CoO_x 薄片，最上层的三层［包括 Co_3O_4（110）薄片和 Au_{10} 团簇］允许松弛，除了 Co_3O_4（110）底部固定在体积晶格位置。这个系统使用了 σ 值为 0.1eV 的高斯平滑方法。能量的收敛阈值设定为 10^{-4}eV，力的收敛阈值设定为 0.08eV/Å。布里渊区使用 2×2×1 Monkhorst-Pack 网格进行 k 点采样。Dudarey 等引入的 GGA+U（U=3eV）方案被用来描述 Co 原子的强关联 d 电子。吸附物上的溶剂效应使用了介电常数为 80 的泊松-玻尔兹曼隐式溶剂化模型模拟。在 T= 298K 时，根据式（4.5）估算每种物种的自由能（G）。对于吸附中间体，通过振动光谱计算确定了 E_{ZPE} 和 S，其中所有 $3N$ 个自由度均被视为谐振子近似，忽略了来自基板的贡献。而对于分子，这些数据则来自 NIST 数据库（http://cccbdb.nist.gov/）。

2. 结果与讨论

本小节研究工作主要报道了助催化剂的局域电子结构能够调控光电化学氮还原反应的性能[140]。图 4.5（a）展示了 Au 基样品的合成示意图。具有（100）取向、硼掺杂的 p 型 Si 晶片作为基底。采用气相沉积技术将 Au NPs 和 Co NPs 依次沉积在 Si 表面，并且在空气中利用 800℃ 的快速退火处理形成 Au NPs/CoO_x/Si 样品［标记为 Au/CoO_x，图 4.5（a）］。鉴于钴氧化物和 Au 之间存在强烈的电荷交换，选择 CoO_x 层引入和调控 Au^+ 活性位点。此外，在 Si 晶片上沉积纯 Au NPs 样品（标记为 Au）作为对照［图 4.5（a）］。同时，一系列负载不同 Co 含量的样品也被制备和考察。通过掠入射 X 射线衍射（GIXRD）谱图确认了所有样品上均成功负载晶态 Au NPs。在 38.2°、44.4° 和 64.6° 处的三个峰值分别对应于 Au 的（111）晶面、（200）晶面和（220）晶面（PDF 编号 04-0784，JCPDS）。与 Au 样品相比，Au/CoO_x 样品显示出更多、更宽、强度更低的衍射峰，表明 Au NPs 具有更多的晶面和更小的晶粒尺寸。此外，结合场发射扫描电子显微镜（FESEM）和线扫描模式的能量色散 X 射线谱（EDS）来描述样品的结构。将直径小于 50nm 的 Au NPs 分散在 Au/CoO_x 样品的表面，而薄 CoO_x 层以约 12nm 的厚度包围 Au NPs。在其他不同 Co 负载量的样品中也观察到了类似的结构。高分辨透射电子显微镜（HRTEM）图［（图 4.5（b）］表明 Au/CoO_x 样品由 Si 基底、薄层和 Au NPs 组成，这与 FESEM 分析一致。Si 基底、薄层和 Au NPs 的晶面间距分别为 0.313nm、0.217nm 和 0.237nm，分别对应于 Si 的（111）晶面、CoO 的（200）晶面和 Au 的（111）晶面。使用扫描透射电子显微镜（STEM）和 EDS 映射进一步检测了 Au/CoO_x 样品的横截面［图 4.5（c）］。总而言之，薄的

CoO$_x$ 层包围着 Au NPs 的底部，Au NPs 的顶部直接暴露在外部环境中。

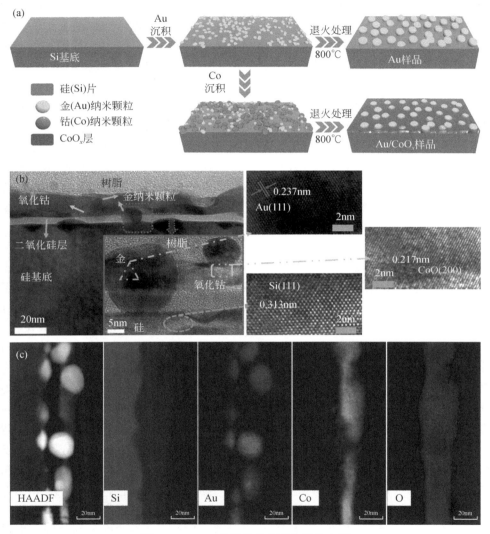

图 4.5　Au/Si 基样品的合成和结构表征

（a）制备 Au/Si 基样品的示意图；（b）Au/CoO$_x$ 样品的横截面 HRTEM 图，插图为标记区域的 HRTEM 放大图，右侧的高倍率图像与插图中标记的区域相匹配；（c）Au/CoO$_x$ 样品的 STEM 图及相应的元素分布图

　　角分辨和同步辐射 X 射线光电子能谱（AR-XPS 和 SR-XPS）是通过可调的取样角度（θ_{TO}）和光子能量（E_{Ph}），实现非破坏性地深度剖析探测近表面元素的原子组成和电子态（从亚纳米到 10nm 深度）的有力技术。在光电子发射过程中，光电子在材料中发生非弹性散射之前的平均自由程（IMFP）和相应的行程

是固定的。然而，在 AR-XPS 中光电子的逃逸深度（与那些未发生非弹性散射的电子相关）会在较低的光电子入射角度（θ_{TO}）值下减小，因为光电子被迫从更浅的深度进入表面。同样，在固定 θ_{TO} 的 SR-XPS 中，当光电子的动能（以及相关的 E_{Ph}）增加时，IMFP 和相应的光电子逃逸深度也会增加，从而导致在低/高 E_{Ph} 下光电子实施浅层/深层探测。对 Au/CoO$_x$ 样品的表面进行 SR-XPS 的全谱检测，展示了 Au 4f、Co 3p、Si 2p、C 1s 和 O 1s 的特征峰。Au/CoO$_x$ 样品的 Co 与 Au 的原子比为 8.2。对于 AR-XPS，通过旋转样品台可以改变光电子与样品表面法线的夹角，从而调节 θ_{TO} 得到不同深度的 XPS 信号。在 θ_{TO} 为 90° 时，Au/CoO$_x$ 样品的 Au 4f 谱线被拟合成四个峰 [图 4.6（a）]，其中 Au 4f$_{7/2}$ 在 83.9eV 和 85.1eV 的峰分别代表金属 Au（Au^0）和 Au 正离子（Au$^+$）。Au 的平均氧化态（定义为 Au$^+$ 与 Au^0 的比值）约为 0.24。当 θ_{TO} 设定为 10° 时，未检测到 Au$^+$ 信号。同时，随着 θ_{TO} 从 90° 降低到 10°，几乎没有观察到 Au/CoO$_x$ 样品的 Co 2p 峰。通过将 AR-XPS 结果与 HRTEM 图相关联，可以想象在 θ_{TO} 为 10° 时，样品表面的可检测区域集中在 Au NPs 的顶端，归因于纳米颗粒的自身阴影效应，如图 4.6（a）的插图所示。为了进一步获得 Au 氧化态分布情况并避免表面形貌的影响，通过获取来自不同 E_{Ph} 的 SR-XPS 信息，剖析样品表面不同深度的电子结构。在高于约 50eV 的能量范围内，X 射线的可检测深度随着其电子动能（与光子能量相关）的增加而增加，如图 4.6（c）的插图所示。在 E_{Ph} 为 150eV、400eV 和 700eV 时，Au/CoO$_x$ 样品的 Au 4f 光谱均显示了两个峰，拟合后分别代表 Au^0 和 Au$^+$ [图 4.6（b）]。然而，如图 4.6（c）所示，Au 的平均氧化态分别为 1.10、0.61 和 0.45，对应于 E_{Ph} 为 150eV、400eV 和 700eV，这表明表面或亚表面（<1nm）上存在更多的 Au$^+$。在其他不同 Co 含量的 Au 基样品上也发现了平均氧化态随着 E_{Ph} 的增加而减小的趋势。令人惊讶的是，在 Au 样品的表面或亚表面上也有少量 Au$^+$（小于 0.1），而在样品内部 Au$^+$ 消失 [图 4.6（a）]。Au 样品的这种现象可能是由于 Au NPs 表面的高表面吉布斯自由能导致环境中氧物种（如 O$_2$ 或 OH$^-$）吸附在纳米颗粒表面上。至于 Au/CoO$_x$ 样品的 Co 3p 光谱，60.7eV 和 63.4eV 处的两个峰分别归因于 Co^{2+} 和 Co^{3+} 的存在。在不同 E_{Ph} 下测量，Au/CoO$_x$ 样品也显示了不同的 Co^{2+} 与 Co^{3+} 的比值，与 Au 的平均氧化态成正比。可以推断，Au/CoO$_x$ 样品上 Au$^+$ 的生成是由于在快速退火过程中 Au^0 向 Co^{3+} 进行了电子转移。此外，随着 Co 电子结构的变化，Co^{2+} 的位点数量也发生了调整。因此，根据 AR-XPS 和 SR-XPS 数据可知，Au/CoO$_x$ 样品的 Au$^+$ 主要集中在被 CoO$_x$ 层包裹的 Au NPs 上，并且更多地集中在表面而不是内部。通过 SR-XPS 对样品的价带（VB）进行分析 [图 4.6（d）]，以更好地阐明 Au$^+$ 对催化活性的电子效应。值得注意的是，费米能级附近的态密度对 Au 的局部结构环境非常敏感。Au 样品在费米能

级附近显示出较低的态密度强度，其价带最大能量位于 0.53eV 处，与典型 Au 块体的价带特征相同。相比之下，其他具有 Au$^+$ 的样品显示出价带最大能量向更深层的明显偏移。在表面氧化态最高的 Au/CoO$_x$ 样品中费米能级附近的态密度几乎消失，而价带最大能量观察到为 1.42eV。然而，Au 基样品的价带结构与其催化行为密切相关。由于电子密度从 d 轨道转移到价带 s 轨道，Au^0 难以接受 σ 键提供的电子并进行 π 反馈至吸附的三键分子，如 N$_2$ 和 CO。对于 Au$^+$ 而言，态密度的重新分布可以加强吸附表面上的反应分子（如 N$_2$）。为了进一步研究 Au 氧化态对电子传输特性的影响，采用了导电型原子力显微镜（C-AFM）和温度相关

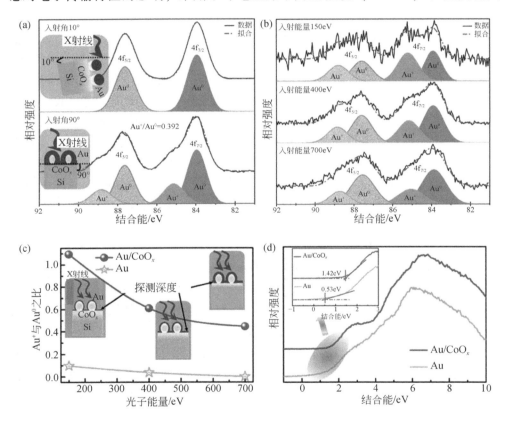

图 4.6　Au 基样品的 AR-XPS 和 SR-XPS 深度剖析

（a）使用 AR-XPS 在 E_{Ph} 为 1486eV 时，Au/CoO$_x$ 样品的 Au 4f 光谱，θ_{TO} 为 90° 和 10°，展示了在不同 θ_{TO} 下样品的激发情况；（b）使用 SR-XPS 在 E_{Ph} 为 150eV、400eV 和 700eV 时，Au/CoO$_x$ 样品的 Au 4f 光谱，θ_{TO} 为 55°；（c）Au 样品和 Au/CoO$_x$ 样品的 Au$^+$ 与 Au^0 比值随光子能量的变化，概述了 X 射线探测深度与光子能量的依赖关系；（d）使用 SR-XPS 在 E_{Ph} 为 70eV 和 θ_{TO} 为 55° 时，Au 样品和 Au/CoO$_x$ 样品的 VB 谱，插图为对应于椭圆标记区域的高倍率图

的隧道传输测量。显然，相比于高 Au^0 或低 Au^+ 浓度，拥有高 Au 平均氧化态的 Au/CoO_x 样品显示了更小的电荷转移比，与价带谱图数据一致。同时，除 Au 样品外，其他含 Co 的 Au 基样品的电流密度 （J）对温度（在 $-50 \sim 100^{\circ}C$ 范围内）的依赖性非常小，符合电子传输的隧道效应。

在 0.05mol/L H_2SO_4 电解液中，通过 H 型反应池（包括阳极室、阴极室和质子交换膜）进行了 Au 基样品的氮还原合成氨反应。为了避免来自环境的氮源污染，N_2 出口流经一个充满水的容器，形成液体密封。NH_3 产物由氨/铵离子选择电极（ISE）检测。使用一系列已知浓度的标准硫酸铵溶液建立 NH_3 的 ISE 标准曲线。图 4.7（a）展示了在给定电极电位和 10h 条件下 Au 和 Au/CoO_x 样品的 NH_3 产率和 FE。在外加电位范围内，Au 样品的 NH_3 产率和 FE 分别在 2.0 ~ 6.1μg/（$cm^2 \cdot h$）和 0.4% ~ 5.4% 范围内。然而，在引入 Au^+ 后，Au/CoO_x 样品的 NH_3 产率和 FE 分别增加至近 2.5 倍和 3.5 倍。样品的氮还原性能随着施加电位的增加而增强，直到 $-0.5V$ *vs.* RHE 时 ［图 4.7（a）］，Au/CoO_x 样品在 10h 内实现了最大 NH_3 产率 ［15.1μg/（$cm^2 \cdot h$）］ 和最大 FE（19%）。超过此电位后，氢物种在样品表面的强竞争吸附加速了 H_2 的析出，从而抑制了氮还原反应。在不同的反应时间下其他 Au 基样品的 NH_3 产率和 FE 也显示出类似的电位依赖性。此外，在去除 Au NPs、N_2 或外加电位的对照实验中并无产物 NH_3 的形成，从而排除了"假阳性"结果的干扰。在 Au/CoO_x 样品上，氮还原反应产生的 NH_3 随着反应时间的增加逐渐增加，进一步证实了产物 NH_3 源自氮还原反应。在 20h 反应时间内，NH_3 产量随着反应时间的增加呈现线性增加，而超过 20h 后 NH_3 产量将不再出现明显增加，意味着 Au/CoO_x 样品的稳定运行时间约为 20h。通过线扫描模式的 EDS 数据和 FESEM 图仅检测到 Au NPs，没有检测到 Co。在酸性条件和负电位下，CoO_x 层逐渐溶解到电解液中，XPS 数据也证实了在反应 20h 后 Au/CoO_x 样品表面的 Co 已经消失，表明了 Au/CoO_x 样品中 Au NPs 在 N_2 转化为 NH_3 的固定过程中起着关键作用。除了 ISE 测量外，还使用吲哚酚蓝法来确定 NRR 产生 NH_3 的情况。在 10h 反应过程中，Au/CoO_x 样品上的 NH_3 产率随外加电位的变化与前述结果一致。此外，还使用了 ^{15}N 同位素标记实验来定性和定量验证氮还原反应中氮源和 NH_3 产量。为了去除包括少量 NH_3 气体和可还原的活性氮（如 NO_x）在内的杂质，首先将标记为 $^{15}N_2$ 的气体通过装有 0.1mol/L NaOH 的水瓶，然后通入 H 型反应池。^1H NMR 谱图显示，与 $^{15}N_2$ 气体的信号相对应的 $^{15}NH_4^+$ 的双重耦合间隔约为 73Hz，而在含有 N_2 的电解液中观察到三个对称的 $^{14}NH_4^+$ 信号。在氮还原过程中，Au/CoO_x 样品中电解液中的 $^{15}NH_4^+$ 和 $^{14}NH_4^+$ 信号强度比 Au 样品上的信号强，与 ISE 测量结果一致。同时，在无电极情况下通过 $^{15}N_2$ 气体的电解液中没有 $^{15}NH_4^+$ 和 $^{14}NH_4^+$ 的 NMR 信号。

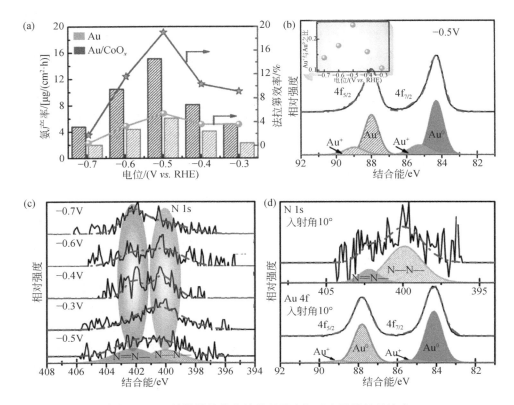

图 4.7　Au 基样品的催化性能以及电解后电子结构的演变

（a）在给定电位和 10h 反应条件下，Au 样品和 Au/CoO$_x$ 样品的 NH$_3$ 产率（柱状图）和 FE（散点图）。（b）在 -0.5V vs. RHE 条件下，经过 10h 电解后，Au/CoO$_x$ 样品的 Au 4f 光谱（θ_{TO} 为 90°），插图为 Au/CoO$_x$ 样品的 Au$^+$ 与 Au^0 比值与电位的依赖关系。（c）在不同电位下，经过 10h 电解后，Au/CoO$_x$ 样品的 N 1s 光谱（θ_{TO} 为 90°）。以 -0.5V vs. RHE 为例，Au/CoO$_x$ 样品的 N 1s 光谱可以拟合为两个峰，分别对应 N≡N— 和 N—N—。（d）在 -0.5V vs. RHE 条件下，经过 10h 反应后，Au/CoO$_x$ 样品的 Au 4f 和 N 1s 光谱（θ_{TO} 为 10°）

　　由于 Au NPs 的催化氮还原性能已得到证明，进一步探索了 Au 氧化态催化氮还原反应的潜在机制。采用准原位 XPS 来收集电解 10h 后 Au 基样品表面的电子态、化学键合和氧化态的信息。在给定电位下电解后的 Au/CoO$_x$ 样品的 Au 4f$_{7/2}$ 谱线显示出两个峰，分别在 84.3eV 和 85.3eV 对应于 Au^0 和 Au$^+$ ［图 4.7（b）］。与原始 Au/CoO$_x$ 样品（其峰值为 83.9eV 和 85.1eV）相比，分别发生 0.4eV 和 0.2eV 的高结合能位移。Au f 带中心的向下位移反映了在氮还原反应过程中 Au NPs 在原子范围内通过强电子效应形成了杂化带。此外，不同外加电位下 Au 的平均氧化态出现变化，这与氮还原反应效率的变化相关。在这些条件中，Au/

CoO$_x$ 样品在 -0.5V $vs.$ RHE 下保持了最高的 Au 平均氧化态（0.25，约等于初始值），表明 Au$^+$ 可能在这个外加电位下稳定超过 10h。相比之下，电解 10h 后 Au/CoO$_x$ 样品表面的 N 1s 信号较弱 [图 4.7（c）]，可能归因于 N$_2$ 分子在 Au NPs 表面的耦合，与 Au 4f 核结合能的变化相关。使用洛伦兹-高斯分布函数，将 Au/CoO$_x$ 样品在不同外加电位下的 N 1s 谱线拟合成两个峰，分别在 400.2eV 和 402.2eV，对应于 N—N— 和 N≡N— 活性中间体。N≡N— 与 N—N— 峰强之比随外加电位的变化与 Au 的平均氧化态的变化一致。这一趋势表明，在氮还原反应过程中 Au NPs 上的 Au$^+$ 活性位点有利于裂解 N≡N 键并形成 N≡N— 中间体，而 Au^0 可能是 N—N— 中间体的结合位点，从而实现后续的氢化反应。显然，N 基物种在 Au NPs 上的结合强度受到外加电位的影响。然而，在 Au 的电解中，电催化剂表面没有 XPS N 1s 核能级信号。此外，在 $\theta_{TO} = 10°$ 时，电解后 Au/CoO$_x$ 样品的 Au 4f 和 N 1s 核能级光谱如图 4.7（d）所示。当 $\theta_{TO} = 10°$ 时，Au/CoO$_x$ 样品的 Au$^+$ 和 N≡N— 成分的强度显著减小，再次明确 Au$^+$ 和 N≡N— 之间的关系以及 Au$^+$ 在 Au NPs 上的分布相关。同样，在 -0.5V $vs.$ RHE 和 10h 反应后，其他含 Co 的 Au 基样品的 XPS 结果也呈现出 Au$^+$ 和 N≡N— 之间的关系。

　　密度泛函理论（DFT）计算已经证明 CoO$_x$ 和 Au 之间的电荷交换行为，CoO$_x$ 层是控制 Au 氧化态的有力候选者 [图 4.8（a）]。根据 Bader 电荷分析，从 Au$_{10}$ 团簇到高价 Co 有明显的电荷转移，导致靠近 CoO$_x$ 层底部的 Au 原子（称为 Au$^+$）上有 0.26 个正电荷。与此形成鲜明对比的是，Au$_{10}$ 团簇顶部的 Au 原子仍为金属 Au（Au^0）的电荷状态。这些结果表明，被 CoO$_x$ 层包围的 Au 原子更倾向于生成 Au$^+$ 位点，因而 Au NPs/CoO$_x$ 结构提供了一种有效调节 Au 催化剂中氧化态的策略。为了进一步阐明 Au^0 和 Au$^+$ 位点对 Au/CoO$_x$ 样品氮还原反应（NRR）性能的影响，模拟了由 Au$_{10}$ 团簇在 Co$_3$O$_4$ 表面上进行氮还原反应的末端路径及其相应的吉布斯自由能。基于不同的氢化顺序，联合的氮还原机制可能遵循末端路径或者交替路径。在末端路径中，首先对远处的 N 原子进行氢化，并最终释放出 NH$_3$。然而，在交替途径中两个 N 原子可以同时被氢化，产生两个 NH$_3$ 分子。在之前的工作中，氮还原反应的末端路径在 Au 基催化体系上是可行的。氮还原反应末端路径上，Au^0 和 Au$^+$ 位点的各种状态（*N$_2$、*NNH、*NNH$_2$、*N、*NH 和 *NH$_2$）的自由能剖面和相应的原子配置如图 4.8（b）所示。首先，N$_2$ 分子在 Au$^+$ 和 Au^0 位点的吸附能分别为 0.297eV 和 0.517eV，表明 N$_2$ 分子和 Au$^+$ 位点之间有更强的相互作用。一般形成 *NNH 的第一步氢化步骤是速率决定步骤（RDS）。因此，Au$^+$ 位点上 RDS 的自由能变化（ΔG）为 1.82eV，小于 Au^0 位点上的 2.40eV，表明 *NNH 可以更容易地连接到 Au$^+$ 位点。此外，从 *NNH$_2$ 到 *N 的第三步在 Au$^+$ 位点上更为有利，其 ΔG 为 1.57eV，比在 Au^0 位点上降低了 55% 以上（ΔG 为

$3.52eV$）。降低 $^*NNH_2+H \longrightarrow \, ^*N+\, ^*NH_3$ 步骤的反应能垒可以加速 N_2 到 NH_3 的转化，并减少 $^*NNH_2$ 的积累。此外，Au^+ 位点上 RDS 的 ΔG 值高于第三步反应步骤的值，意味着与 N—N—中间体相比有更多的 N≡N—中间体（$^*NNH$）可能停留在 Au^+ 位点上，与原位 XPS 研究的结果相一致。综上所述，这些计算明确了 Au 氧化态的引入是提升氮还原合成 NH_3 效率的有效途径。

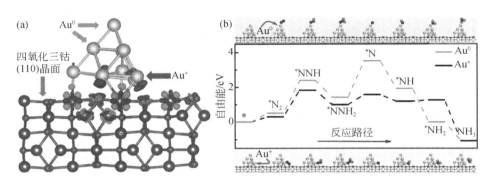

图 4.8　Au^0 和 Au^+ 上氮还原反应的 DFT 计算研究

（a）Au_{10} 团簇锚定在 CoO_x 的电子密度图，青色和粉色等值面分别表示电子积聚和耗竭；（b）NRR 过程中 Au/CoO_x 样品上 Au^0 和 Au^+ 位点（$^*N_2$、$^*NNH$、$^*NNH_2$、$^*N$、$^*NH$ 和 $^*NH_2$）的自由能能垒和优化的几何结构示意图。Au＝金色，Co＝浅蓝色，O＝红色，N＝蓝色，H＝绿色

3. 小结

利用 CoO_x 支撑层对 Au NPs 构筑局域化电子结构，促进 N_2 加氢转化为 NH_3。对 Au 氧化态催化氮还原行为的积极作用进行了实验和理论评估。在平均氧化态为 40% 的情况下，Au NPs 在 $-0.5V$ *vs.* RHE 时显示了高达 $15.1\mu g/(cm^2 \cdot h)$ 的 NH_3 产率和 19% 的 FE。在金属助催化剂上引入局域化电子结构的策略为制造高效催化剂提供新的方向，并进一步深入理解了 N_2 还原转化为 NH_3 的机制。

4.2.3　合金化和局域化电子结构的协同作用

1. 实验部分

采用超声波清洗机，用丙酮、乙醇和去离子水对（100）取向、0.5mm 厚度的掺硼 p 型 Si 片进行处理，处理时间为 15min。在气流中干燥后，将 Si 片装入磁控溅射设备的沉积室。在沉积之前，采用 Ar 等离子体对 Si 片表面进行刻蚀，以增强 Si 片与金属/合金纳米颗粒（NPs）之间的黏附应力。在室温下，用纯 Ar 气（99.99%）溅射平面圆形金属 Au 靶（纯度为 99.99wt%），以沉积 Au NPs。溅射功率为 20W，沉积时间为 8s。接着，在相同的沉积压力下，以 20W 功率溅射 Pd 靶材（纯度为 99.99wt%），沉积时间为 4s，最终将 Pd NPs 包覆在 Si 片上。此外，以 20W 功率溅射 Co 靶材（纯度为 99.99wt%），沉积时间为 4s，最终将 Co NPs 包覆在 Si 片上。为了考察 Pd 元素的作用，去除了 Pd NPs 的沉积步骤，制备了表面包含 Au 和 Co 的对照样品。沉积后，将这些样品在 600℃ 空气中快速退火，分别形成 AuCoPd-CoO_x/SiO_2/Si（标记为 ACP）和 Au-CoO_x/SiO_2/Si（标记为 AC）样品。如前面所述，在样品背面沉积 Au 层，形成欧姆背接触，连接金属 Cu 带，然后用环氧树脂将样品背面和正面包裹，最终形成光电极。使用校正后的数字图像和 ImageJ 测量光电极表面暴露的几何面积。

采用日立 UV-4100 紫外–可见–近红外分光光度计检测 ACP 和 AC 样品在 Si 和 BK7 玻璃基底上的透过率和漫反射数据。采用 Bruker 衍射仪（D8 Discover）的 GIXRD 研究样品的晶体结构。采用 Cu Kα 辐射（$\lambda = 0.15406$nm），掠射角为 1°，扫描速率为 2°/min。为了探索样品的微观结构和组成，利用 FESEM 和 EDS 对样品的表面和横截面进行形貌和成分分析。采用 HRTEM 观察样品横截面的微观结构。采用 HAADF-STEM 和 EDS 分析样品的成分分布。使用 Nanocute SII 扫描探针显微镜在接触和电子模式下测试表面形貌和微观电流–电压（I-V）曲线。采用荧光分光光度计测量样品的 TRPL 谱。采用双指数衰减模型，利用实验衰减瞬态数据拟合了样品的 PL 寿命。采用漫反射红外傅里叶变换光谱（DRIFTS）研究了样品表面对 N_2 和 NH_3 的吸附状态。利用配备液氮冷却 MCT-B 探测器的 Nicolet 6700 红外光谱仪，以 4cm^{-1} 的光谱分辨率累计扫描 64 次，获得了所有样品的红外光谱。采用 AR-XPS 研究了样品在光照前后的化学成分、氧化态和电子结构。这些测量是在 Kratos Axis Ultra DLD 光电子能谱仪上进行的，使用单色 Al Kα（1486.6eV）照射源，工作功率为 225W。通过将样品从 90°（法向）旋转到 45°，改变光电子的入射角 θ_{TO}。在整个分析过程中，光谱仪分析室的真空压力保持在 5×10^{-9}Torr 或更低。测量光谱的通能为 160eV，高分辨光谱的通能为 40eV。Au $4f_{5/2}$：Au $4f_{7/2}$ 双峰的面积比设置为 3：4，而半峰全宽（FWHM）值被限制为每个化学状态的合理值。在 θ_{TO} 为 90° 和 45° 处进行价带光谱测量。利用低功率激光器（约 0.05mW 输出功率）和光纤（约 0.1cm^2）产生 520nm 光源照射样品，进行光照 XPS 和 XAS 分析。在澳大利亚墨尔本同步辐射加速器 XAS 光束线（12ID）上测试了 Au L_3 边缘、Co K 边缘和 Pd K 边缘的 XAS 谱图，采用束线光学系统［硅涂层准直镜和铑涂层聚焦镜］，入射 X 射线束的谐波含量可以忽略不计。应用相同的沉积参数在石英晶片和非晶硅层/碳纸上制备 AuCoPd-CoO_x 和 Au-CoO_x 样品，将它们分别进行非原位和原位 XAS 测试。根据每个样品中 AuCoPd-CoO_x 的条件收集荧光光谱（通过比较 Au、Co 和 Pd 箔的荧光和透射光谱强度来证实该方法的有效性，基于这两种方法均获得了可比较的定量数据）。数据处理和分析采用 Baumgartel 报道的标准方法（Technik und Laboratorium，1988，36，650）进行。利用 Athena 软件对扩展 X 射线吸收精细结构（EXAFS）数据进行分析（J. Synchrotron，2005，12，537-541）。归一化的 EXAFS 在 $3.0 \sim 12.0 Å^{-1}$ 的光电子动量（k）范围内进行傅里叶变换。

本小节研究工作所用化学试剂均为分析纯试剂，由 Sigma-Aldrich（美国）公司提供。采用带有质子导电阳离子交换膜，以 Si 基光电阴极作为工作电极、Ag/AgCl 作为参比电极和 Pt 网作为对电极的三电极密封 2H 型电池进行光电化学氮还原反应。在常温常压条件下，以太阳模拟器（Newport，SOL3A 94023A）产生的太阳光（AM 1.5G，$100mW/cm^2$）进行照射，驱动光电化学氮还原反应。加压氮还原反应采用特制的不锈钢和聚四氟乙烯材料的光电化学压力釜（北京东方佳气科技有限公司）实施。在测试前，太阳模拟器的光强通过标准硅太阳能电池和辐照度计进行校准。取 pH = 6.8 的 0.05mol/L 磷酸钾缓冲溶液 60mL 作为电解液。使用 CHI 650E 电化学工作站测试光电化学性能，在常温下控制电解电位和反应时间。为了确保电解液中 O_2 的去除，在测量前用 N_2（纯度为 99.999wt%）吹扫 30min。流出反应器的 N_2 通过一个充满水的容器起泡，形成液体密封。采用吲哚酚蓝法、氨/铵离子选择电极（ISE，Bante Instruments，NH_3-US）和核磁共振技术对 NH_3 进行定量测定。在吲哚酚蓝法中，首先从电解后的电解液中移取 2mL 反应溶液。然后，将反应溶液与 2mL 含有水杨酸和柠檬酸钠的 1.0mol/L NaOH 溶液、1mL 0.05mol/L NaClO 和 0.2mL 1wt% $C_5FeN_6Na_2O$ 混合。将混合物轻轻搅拌 30s，然后静置 2h，以确保完全显色。用紫外-可见分光光度计测定了混合物在约 655nm 处的吸光度。使用一系列浓度的标准磷酸铵溶液和磷酸钾缓冲溶液对浓度-吸光度曲线进行校准。拟合曲线（$y = 0.4208x - 0.00095$，$R^2 = 0.9996$）显示，12 个独立标准溶液的吸光度与 NH_3 浓度之间存在良好的线性关系。在使用前，ISE 探针使用含有电解质的标准氨溶液反复校准（浓度低于电极制造商的盐度限制）。为避免残留溶液的干扰，将 ISE 探头浸泡在去离子水中搅拌，使检测前后的表面电位达到 130mV（去离子水中表面电位的初始值）。电位-浓度对数曲线使用一系列浓度的标准磷酸铵溶液与磷酸钾缓冲溶液进行校准。拟合曲线（$y = -77.7x - 33.5$，$R^2 = 0.9983$）在不同时间下的 12 个独立标准溶液中表现出良好的能斯特响应。要明确证明所测得的 NH_3 产物源自光电化学氮还原反应，需要用富含 $^{15}N_2$（98at% ^{15}N）的气体进行同位素标记实验。由于 $^{15}N_2$ 气体中含有一些杂质，如 NH_3 和 NO_x，在使用前必须净化 $^{15}N_2$ 气体。使用装满 0.1mol/L NaOH 的容器去除 $^{15}N_2$ 气体中的杂质。在 4h 和 -0.2V vs. RHE 条件下进行光电化学氮还原反应后，取出 30mL 电解液，在约 70℃ 下加热浓缩至 5mL。随后，取所得溶液 0.9mL，与含有 100ppm 二甲亚砜的 0.1mL D_2O 混合，使用具有 Prodigy 探头的 ^1H 核磁共振波谱仪（Bruker Avance Ⅲ HD500）测量。

2. 结果与讨论

图 4.9（a）为助催化剂/保护层/Si 基光电阴极的制备路线图[141]。掺硼 p 型 Si 是典型的光电阴极吸光材料，可提供光生电子而驱动光电化学还原反应。同时，p 型 Si 暴露在空气中会自发地在表面形成 SiO$_2$ 层，而此类氧化层在中性电解液中具有较好的化学稳定性，为 Si 基吸光器提供长时间的防护。通过共沉积技术在 Si 片表面沉积高度分散的 Au、Co 和 Pd，然后在 600℃ 空气中快速退火，获得 AuCoPd-CoO$_x$/SiO$_2$/Si 样品［简称 ACP，图 4.9（a）］。由于 Au/Pd 和 CoO$_x$ 之间的强电荷交换，在退火过程中 CoO$_x$ 的形成可以调节 Au 和 Pd 的局部电子结构，产生 Au$^+$ 和 Pd^{x+} 位点。同时，还研究了 Au-CoO$_x$/SiO$_2$/Si 样品［简称 AC，图 4.9（a）］作为对照样品，此类样品只含有 Au$^+$ 位点。根据光学测试和带隙间接跃迁模型，AuCoPd-CoO$_x$ 层和 Au-CoO$_x$ 层在可见光区域具有一定的透过率，在 AC 和 ACP 样品中 Si 的带隙为 1.1eV。AC 样品的弱宽 XRD 峰归属于 Au（111）。与 AC 样品相比，由于晶格畸变，ACP 的衍射峰向更高的角度移动，表明 Pd 的加入导致 Au 基合金的存在。由 FESEM 和 EDS 测试结果可知，尺寸小于 10nm 的纳米颗粒沉积在 AC 和 ACP 样品表面。此外，在 EDS 线扫描模式下 Au、Co 和 Pd 元素的分布变化趋势基本一致，表明 AuCoPd 合金纳米颗粒的形成。从 HRTEM 图［图 4.9（b）］可知，ACP 样品由 Si 吸光器、薄的氧化物层和合金纳米颗粒组成。氧化物层的晶面间距分别为 0.232nm 和 0.212nm，对应于 Co$_3$O$_4$（222）晶面和 CoO（200）晶面。此外，纳米颗粒的晶格条纹间距与纯金属（Au、Pd 或者 Co）存在明显差异，表明发生了合金化。ACP 样品横截面的 STEM 元素分布［图 4.9（c）］表明，绝大多数 Au 和 Pd 以及少量 Co 堆叠在一起形成了 AuCoPd 合金纳米颗粒，薄 CoO$_x$ 层位于合金纳米颗粒的底部，而合金纳米颗粒的顶部直接暴露在环境中。由导电型原子力显微镜的表征可知，ACP 样品在每个位置均具有较高的电流响应（>10nA）。这可能归因于合金纳米颗粒的高度分散致使 ACP 样品中有更多的电子传递通道。这些表征结果明确表明在 SiO$_2$/Si 表面成功负载了 AuCoPd 合金纳米颗粒-CoO$_x$ 层。

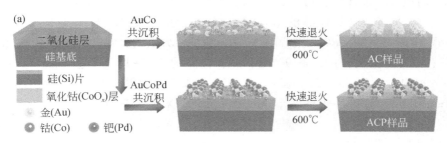

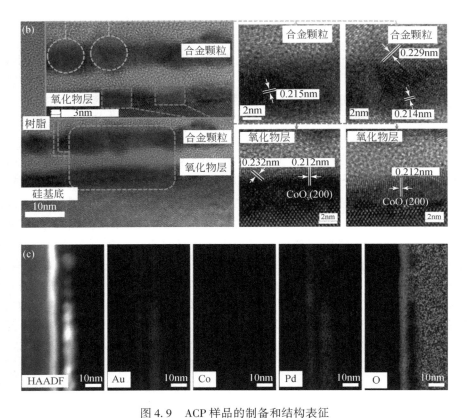

图 4.9　ACP 样品的制备和结构表征

（a）ACP 样品的制备示意图；（b）ACP 样品的截面 HRTEM 图，插图为区域放大图；（c）ACP 样品的截面 STEM 图和 Au、Co、Pd 与 O 的元素分布图

　　通过调控入射角（θ_{TO}），AR-XPS 能够无损探测和分析材料近表面区域（从亚纳米到几纳米）的原子组成和电子状态。在低 θ_{TO} 检测时，样品的 AR-XPS 光电子逃逸深度通常较浅，而高 θ_{TO} 条件下能够获取较深的样品信息。ACP 样品在 $\theta_{TO}=90°$ 处的 AR-XPS 全谱显示出 Au 4f、Pd 3d、Co 2p、Si 2p、O 1s 和 C 1s 的特征峰。通过旋转采样台，可以获得 θ_{TO} 为 45° 和 90° 方向的样品元素信息。从图 4.10（a）可知，ACP 样品的 Au 4f 光谱被解卷积成两组峰，其中以 83.6 ~ 84.0eV 和 84.5 ~ 84.9eV 为中心的 Au $4f_{7/2}$ 特征峰分别为金属 Au（Au^0）和 Au 正离子（Au^+）。在 θ_{TO} 为 45° 和 90° 时，ACP 样品的 Au 平均氧化态（Au^+ 与 Au^0 比值）分别约为 0.24 和 0.27。在 θ_{TO} 为 45° 时，ACP 样品明显倾向于较低的结合能（$\Delta E=0.4eV$），这进一步证实了 AuCoPd 合金纳米颗粒顶部有更多的 Au^0 物质。此外，ACP 样品的 Co $2p_{3/2}$ 光谱［图 4.10（b）］显示出三个特征峰和一个宽卫星峰，表明存在着高自旋 Co^{2+}（Co^{x+}）和金属 Co（Co^0）。在 θ_{TO} 为 45° 和 90° 时，

ACP 样品的 Co^0 和 Co^{x+} 比值分别约为 0.21 和 0.30，与 Au 的平均氧化态成正比。事实上，ACP 样品的 Si^0 与 Si^{4+} 之比也随着 θ_{TO} 的增加而增加。在 ACP 样品的 Pd 3d 光谱［图 4.10（c）］中，位于 335.2~335.4eV 和 336.4~336.7eV 的峰分别为金属 Pd（Pd^0）和 Pd 正离子（Pd^{x+}）的信号。θ_{TO} 从 45°变化到 90°，Pd 的平均氧化态（即 Pd^{x+} 与 Pd^0 比值）从 0.49 增加到 0.96，与 Au 的平均氧化态变化趋势一致。因此，由于 AuCoPd 合金在快速退火过程中可以抑制 Co 的完全氧化，ACP 样品中才存在着 Au^0、Co^0 和 Pd^0 的成分。通过对比这些检测结果和 HRTEM 图，可以推断 AuCoPd 合金纳米颗粒上 Au^+ 和 Pd^{x+} 的产生是由于这些成分与 CoO_x（或 SiO_2）层结合界面上 Au^0 和 Pd^0 的电子在空气中快速退火后转移到 Co^{x+} 和 Si^{4+} 中。此外，ACP 样品中 Au^+ 和 Pd^{x+} 主要集中分布在被 CoO_x 或 SiO_2 层包裹的 AuCoPd 合金纳米颗粒的底部。同时，AC 样品的 AR-XPS 数据也在电子交换下显示了 Au^+ 的存在，但随着 θ_{TO} 的增加，Au 的平均氧化态降低。这种独特的现象归因于 AC 样品的微小 Au 纳米颗粒完全包裹在 CoO_x 层中。为了更好地理解局部氧化和合金化对催化活性的电子效应，利用 AR-XPS 在不同 θ_{TO} 下测试了 AC 样品和 ACP 样品的价带谱［图 4.10（d）］。一般近费米能级区域（-2~2eV）的态密度（DOS）对样品表面的局部化学环境非常敏感，如图 4.10（d）的插图所示。当 θ_{TO} 固定在 90°时，含有 Au 和 AuCoPd 纳米颗粒的两种样品显示出低强度的近费米能级 DOS，这与纯 Au 的性质基本一致。在 θ_{TO} 为 45°时由于 Au^+ 较多，AC 样品在费米能级附近具有稍高的 DOS 强度。相比之下，在 θ_{TO} 为 45°时，拥有 AuCoPd 合金纳米颗粒的 ACP 样品上观察到近费米能级区域 DOS 强度的显著增加［图 4.10（d）］。这些结果表明，含有一定量 Pd—Pd 键的 AuCoPd 合金纳米颗粒顶部的表面在价带谱中表现出明显的 Pd 特征，这导致了近费米能级区域 DOS 强度的增加。而 AC 样品的表面不存在 Pd—Pd 键，近费米能级区域 DOS 主要由 Au 纳米颗粒中的 Au—Au 键决定。另一方面，与 θ_{TO} 为 45°时相比，θ_{TO} 为 90°时的 ACP 样品在-0.08eV 时表现出较低的价带边最大值。值得注意的是，样品的价带结构与光电化学氮还原的表面催化性能密切相关。与 Au^0 在 d 轨道和 s 轨道上的电子密度移动不同，Au^+ 可以倾向于接受 σ 键给电子，并通过 π 键减弱 N_2 的吸附能，将 N_2 吸附在表面。同时，在 AuCoPd 合金纳米颗粒上存在 Pd，容易大量吸附 H 原子。

　　非原位 XAS 是一种适合研究纳米结构材料电子结构和化学环境的方法，它由 X 射线吸收近边结构（XANES）光谱和扩展 X 射线吸收精细结构（EXAFS）光谱区域组成。在 Au L_3 边 XANES 光谱中，白线（WL）被定义为高于 Au L_3 边缘的阈值，与 $2p_{3/2} \rightarrow 5d$ 偶极子跃迁有关，其强度直接受到未占据的 d 轨道投影 DOS 的影响。Au^0（$5d^{10}6s^1$）和 Au^+（$5d^{10}6s^0$）具有完整的 d 波段，表明 Au^0 和

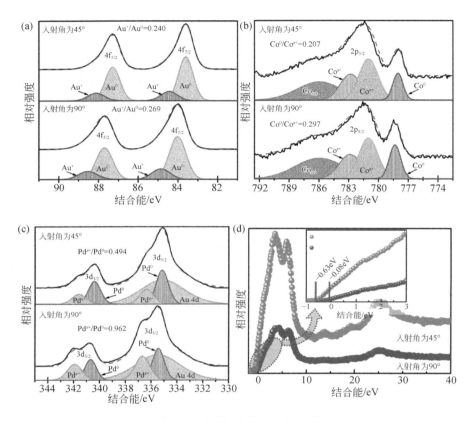

图 4.10　不同 θ_{TO} 的 AR-XPS 图

（a）Au 4f 谱图；（b）Co 2p$_{3/2}$ 谱图；（c）Pd 3d 谱图；（d）价带谱图，插图是区域数据放大图

Au$^+$ 具有相似的 WL 强度。图 4.11（a）中从 Au 箔到 Au(OH)$_3$ 的光谱变化与之前报道的 Au^0 到 Au^{3+} 的演变一致。显然，AC 样品和 ACP 样品的 XANES 光谱与 Au 箔的光谱相似，而与 Au(OH)$_3$ 光谱明显不同。为了仔细评估 WL 峰强度的定性信息，绘制了 Au L$_3$ 边缘减去 Au 箔光谱的差谱图，在 AC 样品和 ACP 样品上均发现了小的 WL 特征峰，表明 Au 局部氧化态的存在。此外，由于 Au、Co 和 Pd 的相互作用，ACP 样品的 A 峰强度略有增加。图 4.11（b）为 AC 样品和 ACP 样品的 Au L$_3$ 边傅里叶变换（FT）k^3 加权 EXAFS 光谱。Au 箔的 FT 光谱特征表现为 2.3 ~ 3.5Å 之间的两个键。与 Au 箔相比，AC 样品和 ACP 样品有额外的键在 1.5 ~ 1.8Å 之间，对应 Au—O 键，如 Au(OH)$_3$ 光谱。同时，ACP 样品出现了一个位于约 2.0Å 的新峰，这归因于金-金属键（Au—M）的产生，如 Au—Pd 键。在 Co K 边 XANES 光谱［图 4.11（c）］中，AC 样品和 ACP 样品的吸收边位于 Co 箔（Co^0）和 CoO（Co^{2+}）的吸收边之间。为了直接比较 AC 样品和 ACP 样品

中 Co 的氧化态，对 Co K 边 XANES 光谱的吸收强度进行一阶导数归一化，并获得了 Co 的氧化态随着 Co K 边能量位移变化的函数 [图 4.11 (d)]。AC 样品和 ACP 样品的 Co 平均氧化态分别为 1.93 和 1.60，与 AR-XPS 数据一致。对 EXAFS 图谱的 Co K 边进一步分析，证实了 Co—O 键的贡献较大（1.2 ~ 1.9Å），而 Co—Co 键的贡献较小（2.3 ~ 2.8Å）。根据偶极选择规则，Pd K 边 XANES 光谱的前边缘区域的吸收跃迁与 1s→4d 的偶极禁止跃迁有关。24360 ~ 24380eV 区域出现的吸收阈值共振（WL）归因于费米能级以上从 1s 到未占据 4p 态的电子跃迁。在约 24390eV 处的第二个峰是由 1s→dp 跃迁产生的。峰值强度对价轨道电子占位的变化和配体场环境的变化非常敏感。WL 峰的能值偏移也被认为是 Pd 位有效价电子数的变化。如图 4.11 (e) 所示，ACP 样品的 Pd 边缘能位于参考 Pd 箔和 PdO 之间，说明 Pd^0 和 Pd^{x+} 共存。ACP 样品和 Pd 箔/PdO 样品的 WL 峰强度和第二峰强度也有明显差异。为了更好地理解，还提供了 Pd K 边缘的 FT k^3 加权 EXAFS 图谱。除了 Pd—O 键（1.2 ~ 1.8Å）和 Pd—Pd 键（2.2 ~ 2.8Å）外，ACP 样品还显示出一个以 2.1Å 为中心的新峰，对应于钯–金属键（如 Pd—Au 键）。综上所述，ACP 样品表面的助催化剂由 AuCoPd 合金、金属的局部氧化态（Au^+ 和 Pd^{x+}）和 CoO_x 层组成。

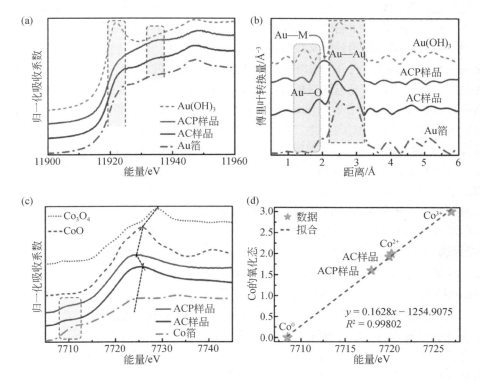

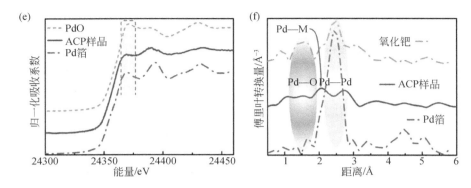

图 4.11 AC 样品和 ACP 样品准原位 XAS 测试

(a) Au L₃ 边 XANES 图谱；(b) 根据 Au L₃ 边吸收图谱得出的 FT k^3 EXAFS 图谱；(c) Co K 边 XANES 图谱；(d) 根据 Co K 边 XANES 图谱得出 Co 的平均氧化态；(e) Pd K 边 XANES 图谱；(f) 根据 Pd K 边吸收图谱得出的 FT k^3 加权 EXAFS 图谱

在前面的工作中，在 0.05mol/L 磷酸钾缓冲溶液中，通过配有 N_2 净化瓶、NH_3 净化瓶和液封池的气密双室反应池，评估了硅基光电阴极的光电化学氮还原反应性能。为准确检测光电化学氮还原合成 NH_3 的产率，采用了氨/铵离子选择电极（ISE）测量、吲哚酚蓝法和同位素–核磁共振技术。在前期工作中，已证实吲哚酚蓝法和 ISE 测量的常规检测限为 0.01μg/mL，而核磁共振技术的最低检测限为 0.05μg/mL。使用已知电解质浓度的标准磷酸铵溶液绘制了所有方法的校准曲线。在系统评估光电阴极的光电化学氮还原性能之前，进行了五项必要的控制实验以避免假阳性结果的出现：①以氩气（Ar）作为进料气体，光电化学反应后电解质中没有 NH_3 的产生，说明光电化学氮还原过程中电解液没有受到不稳定含氮污染物的干扰。②与在黑暗、无光电阴极和开路电压下进行的对照实验相比，ACP 样品在一定电位和光照下实施光电化学氮还原反应后才检测到 NH_3 产物。这一初步结果证实了 ACP 样品具有光电化学氮还原反应活性。③随着反应时间的增加，电解质中 NH_3 的浓度逐渐增加，进一步表明 ACP 样品对光电化学氮还原性能的有效性。④总氢气（H_2）输出量小于总电量转换量，且电量与 H_2 输出量的差值与总 NH_3 输出量几乎相同，证实了光电化学氮还原反应中 NH_3 的生成。⑤最终通过 $^{15}N_2$ 同位素实验发现，NH_3 生成的氮源为 $^{14}N_2$ 进料气，因为使用 $^{15}N_2$ 进料气时没有观察到 $^{14}NH_4^+$ 的三重峰 [图 4.12（a）]。在确认 N_2-NH_3 的转化后，对不同电位和反应压力下光电阴极的光电化学氮还原性能进行了评价。LSV 曲线显示在饱和 Ar 和 N_2 电解质中 ACP 样品的光电流密度（J）不同，表明析氢反应受到抑制。加压装置用于估算不同 N_2 压力下的光电化学氮还原反应。与常压条件相比，在 $-0.1 \sim 0.4V$ LSV 曲线记录的 J 值随着 N_2 压力增加到 1MPa、

2MPa 和 3MPa 而逐渐增加，这可能是由富集 N₂ 诱导光电化学氮还原反应优先所致。然后，在控制电位和 N₂ 压力下对光电阴极进行 J-t 测量，以考察光电化学氮还原反应的 NH₃ 产率和 FE。从图 4.12（b）可知，在常压条件下 ACP 样品的 NH₃ 产率和 FE 随着外加电位的负移而增加。在 -0.3V $vs.$ RHE 条件下，ACP 样品的 NH₃ 产率和 FE 最高，分别为（10.2±0.6）μg/（cm²·h）和 9.3%，表现出比 AC 样品更好的光电化学氮还原性能。ACP 样品的合成氨性能提高可归因于局部氧化态和合金之间的协同作用，导致氮还原反应加速。然而，由于析氢反应的优势竞争，不同电位下 ACP 样品的 NH₃ 产率和 FE 仍然很低。为了研究 N₂ 压力对 NH₃ 合成的积极影响，进一步研究了加压光电化学反应体系，以评估 2h 内不同压力下光电阴极的氮还原反应行为。需要注意的是，加压条件下的光电化学氮还原过程是一个封闭的静态反应，没有连续注入 N₂，在目标压力下反应体系保持静态 30min，得到 N₂ 饱和的电解质溶液。如图 4.12（c）所示，N₂ 压力与光电化

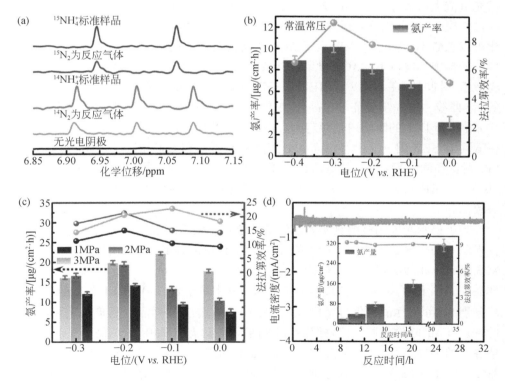

图 4.12　在 1 个太阳光照射下 0.05mol/L 磷酸钾缓冲液中变压光电化学氮还原性能的测试
（a）光电化学氮还原反应后的电解液 ¹⁴N₂ 和 ¹⁵N₂ 同位素核磁共振波谱图；（b）在常压和不同电位下 APC 样品的 NH₃ 产率和法拉第效率；（c）不同 N₂ 压力下 ACP 样品的 NH₃ 产率和法拉第效率；（d）常压和 -0.3V $vs.$ RHE 下 ACP 样品的 J-t 曲线，插图为该条件下不同时间段的 NH₃ 产量和法拉第效率

学氮还原性能呈正比关系。与 AC 样品相比，将电解液中的 N_2 压力增加到 1MPa、2MPa 和 3MPa，ACP 样品的 NH_3 产率和 FE 显著提高［图 4.12（c）］。其中，在 $-0.1V$ $vs.$ RHE 和 3MPa 条件下，ACP 样品的 NH_3 产率和 FE 分别为（22.2±0.4）$\mu g/(cm^2 \cdot h)$ 和 22.9%，分别为常压条件下最高值的 2.2 倍和 2.5 倍。根据 LSV 曲线可知，增加 N_2 压力提升 ACP 样品的光电化学氮还原活性可归因于 N_2 的快速输送和加压对析氢反应的强烈抑制。此外，最佳光电化学氮还原性能对应的应用电位随 N_2 压力的增加有明显的正偏移。根据勒夏特列（Le Chatelier）原理，加压有利于化学平衡向 NH_3 生成方向移动，并调节光电化学氮还原反应的热力学行为。

　　鉴于长期稳定运行一直是应用光电化学氮还原反应的重要指标，测量了在常压条件和 $-0.3V$ $vs.$ RHE 下光电阴极的 J-t 曲线和相应的 NH_3 产率来评估反应的稳定性［图 4.12（d）］。在中性电解液中，ACP 样品经过 32h 光电转换（PEC）测试光电流衰减很小，且 NH_3 产率呈线性增加，FE 值近似稳定［图 4.12（d）］。经过 6 次 4h 光电化学氮还原反应后，ACP 样品的 NH_3 产率与初始值相比，其变化可以忽略不计，进一步揭示了 ACP 样品具有优秀的耐久性。在不同压力和相应的最佳施加电位下，ACP 样品的 30min 斩光 J 值的变化显示出良好的稳定性和光敏性。同时，在 $-0.1V$ $vs.$ RHE 和 3MPa N_2 压力下 ACP 样品显示了 2h 相对稳定的 J-t 曲线，进一步验证了样品在加压电解液中的耐久性。这些情况表明，ACP 样品在 30h 以上的时间内是稳定的。经过 32h 稳定性测量后，ACP 样品的俯视和横截面 FESEM 图仍显示了 AuCoPd 合金纳米颗粒和 CoO_x 层。除了吲哚酚蓝法，ISE 测量和同位素–核磁共振法也用于测定光电化学氮还原反应的 NH_3 产率。在 $-0.3V$ $vs.$ RHE 条件下，ACP 样品的 NH_3 产率随反应时间的变化规律与上述结果一致。

　　为了揭示光电阴极的真实氮还原活性位点，利用准原位 XPS 技术研究了样品在光照下的化学状态和原子种类的变化。对于 ACP 样品，在光照和黑暗条件下，XPS 显示出相似的特征峰，包括 Co 2p、O 1s、Pd 3d、C 1s、Au 4f 和 Si 2p。ACP 样品在光照下的 Au 4f 光谱拟合为 4 个峰，其中位于 84.0eV 和 84.8eV 的 Au $4f_{7/2}$ 峰分别为 Au^0 和 Au^+ 的信号［图 4.13（a）］。虽然 ACP 样品在黑暗和光照条件下的 Au^0 和 Au^+ 峰位相同，但辐照后 Au 的平均氧化态（约 0.18）仍明显低于黑暗条件下的平均氧化态（约 0.27）。与 Au 4f 光谱相似，ACP 样品在 335.4eV 和 336.7eV 处的 Pd 3d 光谱峰分别对应 Pd^0 和 Pd^{x+}。在光照和黑暗情况下，Pd^0 峰和 Pd^{x+} 峰的位置虽然相同，但是 Pd^{x+} 与 Pd^0 比值不同［图 4.13（c）］。相应地，光照后 ACP 样品的 Pd^{x+} 与 Pd^0 比值（约 0.86）低于未辐照样品（约 0.96）。另外，光照对样品的 Co 2p 和 Si 2p 光谱的峰值位置几乎没有影响，但增加了 Co^0 与 Co^{x+} 的比值及 Si^0 与 Si^{4+} 的比值［图 4.13（b）］，这与 Au 和 Pd 的平均氧化态降低趋势相反。此外，AC 样品在光照和黑暗条件下的 Au 4f 和 Co 2p 的 XPS 呈现相似变化趋势。ACP 样品的时间分辨光致发光（TRPL）谱显示出微秒级的电荷寿命，其电荷寿命 $\tau_{av}=11.44\mu s$，这与 ACP 样品良好的电荷分离能力相一致。基于这些对准原位 XPS 的观察，作者提出了 ACP 样品上光诱导电子-空穴对分离和转移的机制，表明光电化学氮还原过程中捕获光生电子的还原位点，如图 4.13（d）所示。在光照下，Si 基底吸附光子并产生电子-空穴对。电子被转移到 AuCoPd 合金纳米颗粒的 Au^+/Pd^{x+} 位点上，并产生具有特定电子密度的还原 Au/Pd 活性位点（定义为 $^*Au/^*Pd$），作为路易斯碱基有望促进光电化学氮还原行为。同时，光生空穴被阻挡在 SiO_2/CoO_x 层中，与邻近的 Si/Co 原子反应形成更多的 $^*Si^{4+}/^*Co^{x+}$，有利于光诱导载流子的分离。

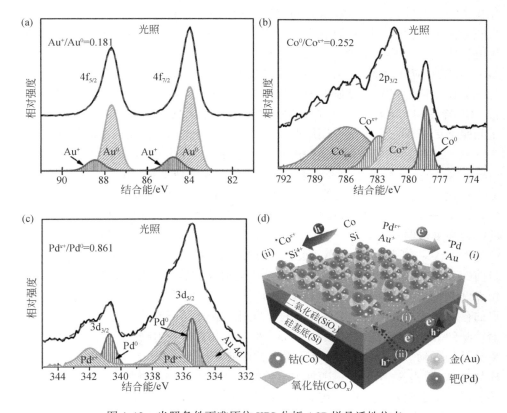

图 4.13　光照条件下准原位 XPS 分析 ACP 样品活性位点

（a）Au 4f 谱图；（b）Co $2p_{3/2}$ 谱图；（c）Pd 3d 谱图；（d）ACP 样品载流子分离和传输机制示意图

　　用准原位 XAS 分析了 ACP 样品在光电化学氮还原过程中原子配位环境的变化。准原位 XAS-光电化学测量的细节和相应的反应池在本书编著者之前的工作中已经描述过。如图 4.14 （a） 所示，在各种测量条件下 Au L$_3$ 边 XANES 光谱显示 ACP 样品的光谱与 Au 箔的光谱非常接近，与 Au（OH）$_3$ 的光谱有明显差异。然而，由于 Au^0（5d^{10}6s^1）和 Au$^+$（5d^{10}6s^0）的全 d 波段光强相似，在光电化学氮还原过程中难以通过 XANES 光谱判断 ACP 样品的电子结构和配位环境的变化。为了进一步了解价态的动态演变，通过减去黑暗条件下 ACP 样品的光谱，绘制了 Au L$_3$ 边缘在 11905 ~ 11940eV 范围内的 XANES 差谱图 ［图 4.14 （b）］。差谱图中位于 11920eV 处的 WL 峰强度随着 Au 氧化态的增加而增加。在光电化学氮还原过程中，受不同外加电位作用的 ACP 样品会产生峰强度的变化，这与样品氮还原效能的变化相关 ［图 4.14 （b）］。特别是，在 -0.3V *vs.* RHE 下 ACP 样品具有最高的 Au 氧化态，这意味着在光电化学氮还原过程中形成了最多的杂化化学键。此外，为了探索精确的配位结构，图 4.14 （c） 展示了从 Au L$_3$ 边缘吸收光谱中获得的不同外加电位下 ACP 样品的 FT k^3 加权 EXAFS 光谱。在所有应用电位中，ACP 样品在 2.5 ~ 3.5Å 之间显示出 Au—Au 键的特征光谱。但是，Au—Pd 键对应的以 2.0Å 为中心的峰强度与 ACP 样品在不同外加电位下的光电化学氮还原行为有关。峰强度随外加电位的减小而增大，在 -0.3V *vs.* RHE 下进行 ACP 样品的光电化学氮还原时峰强度最高。这种 Au—Pd 键峰强度的增加反映了光照下更多 Au$^+$/Pd^{2+} 位点还原形成了更多的 AuPd 合金，这与准原位 XPS 的结果一致。此外，在氮还原过程中，ACP 样品在 1.3Å 处观察到一个新的小峰 ［图 4.14 （c）］，被确定为轻原子（如 N）与 Au 配位形成 Au—N 键，峰值小于 Au—O 键（1.5Å）。与其他外加电位相比，ACP 样品在 -0.3V *vs.* RHE 下与 N$_2$ 反应时，Au—N 键的峰强度较弱，这意味着在此条件下 N 基物质在 Au 活性位点上的结合强度最弱。事实上，前面的计算已经证明，Au$^+$ 位点可以切断 N≡N 键，产生 N≡N— 中间体，并且 Au^0 很容易与 N—N— 中间体成键。综合以往的计算和目前的工作，N 基物质可以在 N≡N 键断裂和 N 基物质形成中聚集在还原的 Au$^+$ 位点（*Au）上，并且在 -0.3V *vs.* RHE 下，N 基物质的更快解吸和更多活性位点的存在加速了光电化学氮还原过程。此外，在光照下漫反射红外傅里叶变换光谱检测到 ACP 样品上的 N$_2$ 在 1751cm^{-1} 处表现出宽的吸附峰，这归因于被吸附的 N$_2$ 分子的振动。在无 N$_2$ 和黑暗环境下，此峰不出现。图 4.14 （d） 显示了 ACP 样品的 Pd K 边 XANES 光谱随外加电位的变化。在不同的外加电位下，ACP 样品的光谱发生了微弱的变化，其中 WL 峰位于吸收边缘以上。在 -0.3V *vs.* RHE 下，由于 Pd 的平均氧化态降低，可以识别出光电化学氮还原引起的 WL 峰强度增加和峰位置的轻微低能位移，这可以认为是由于表面氢化层（如 PdH$_x$）的产生。因此，在光电化学氮还原过程中 Pd 位点容易接受光生电子并被还原为活性位点（*Pd），与质子反应产生吸附的 H 原子（H$_{ad}$）。

虽然氮还原反应存在着交替、远端和酶促三种途径，但是 N$_2$ 在光电阴极表

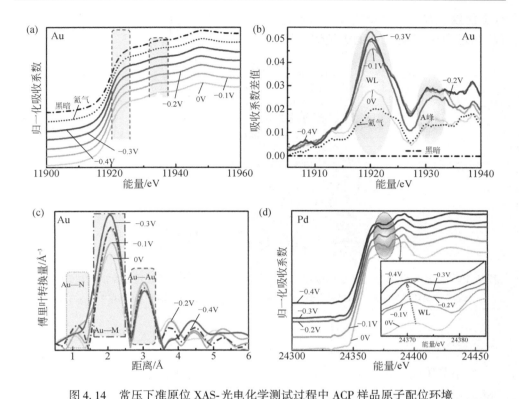

图 4.14　常压下准原位 XAS-光电化学测试过程中 ACP 样品原子配位环境

（a）不同电位下 ACP 样品 Au L_3 边 XANES 图谱；（b）不同电位下 ACP 样品 Au L_3 边 XANES 差谱；
（c）根据 Au L_3 边吸收数据得出的 FT k^3 加权 EXAFS 图谱；（d）不同电位下 ACP 样品 Pd K 边 XANES 图谱

面的还原行为通常包含活化和加氢步骤。根据大量的计算工作，每个途径的电位限制步骤通常是具有高电位的第一个 N_2 质子耦合过程（如−0.86V）。最近的研究表明，混合路径可以通过低能中间体降低电位。例如，有人提出将酶促途径与远端途径合理结合，即酶促途径中的 $^*N_2$ 穿梭至远端途径，而 $^*NNH_2$ 穿梭回酶促途径，可达到−0.44V 的低极限电位。根据上述结果，图 4.15 显示了光电化学氮还原反应在 AuCoPd-CoO$_x$/SiO$_2$/Si 光电阴极上受电子局域化和合金效应的增强机制。Si 基底产生的电子注入 Au$^+$/Pd^{x+} 位形成 $^*Au/^*Pd$ 还原位点。当 N_2 气泡到达 $^*Au$ 活性位点时，N_2 被激活，接受 $^*Au$ 的电子形成 $^*N_2$，如前面的计算工作所述。同时，$^*Pd$ 活性位点从水中吸收质子，并传递带电电子以获得 H_{ad} 中间体。Au 位点上的 $^*N_2$ 被 Pd 位点包围，与 H_{ad} 结合，促进了由 $^*NNH$、$^*NNH_2$、$^*H_2N_2H$、$^*NH_2$、$^*NH_3$ 和 NH_3 组成的多步加氢过程。综合以上实验结果，电子局域化结构的 Au$^+$/Pd^{x+} 位点为 N_2 和质子的活化提供了有效途径，能够提供连续活性位点的合金化效应有利于电荷交换，从而进一步加速了光电化学氮还原反应的加氢过程，形成了一些低能垒的中间体途径。

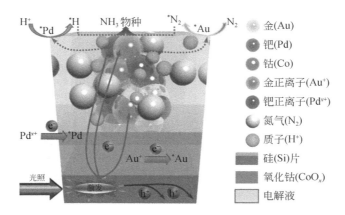

图 4.15　Si 基光电阴极的电子局域化与合金化协同增强光电化学氮还原反应的机理示意图
光电化学氮还原反应的协同路径主要是 * Au 位点上 N≡N 键的形成和 * Pd 位点上 H_{ad} 的形成

3. 小结

本小节研究工作采用简便易行的方法合成了具有 AuCoPd 合金纳米颗粒-CoO_x 层共催化剂的 Si 基光电阴极。通过进行系统的成分和结构表征，确定了光电阴极表面具有电子局域化位点（如 Au^+/Pd^{x+} 位点）和合金化结构（如 AuPd 合金）。在 $-0.1V$ *vs.* RHE 条件下，AuCoPd-CoO_x/SiO_2/Si 光电阴极在 3MPa 压力下的 NH_3 产率和 FE 分别为（22.2±0.4）$\mu g/(cm^2 \cdot h)$ 和 22.9%。电子局域化和合金化之间的协同作用不仅提供了吸附和激发反应物质的活性位点，而且利于实施低能垒的氮还原途径。这一策略为光电化学氮还原反应开辟了一条新颖的、有效的途径，并进一步了解了 N_2 到 NH_3 的转化机制。

4.2.4　电化学辅助增强的光电化学氮还原合成氨反应

1. 实验部分

Si 基光电阴极的制备：首先，将 0.5mm 厚、$1 \sim 10\Omega \cdot cm$ 电阻率、（100）取向且单面抛光的硼掺杂 p 型 Si 晶片，依次使用丙酮、乙醇和去离子水进行超声清洗，在每种液体中清洗 20min。在 N_2 气流中干燥后，将清洁的 Si 晶片装入沉积腔室。在沉积之前，使用 Ar 等离子体进一步清洗 Si 晶片的表面。使用磁控溅射系统（北京创世威纳科技有限公司，MSP-3200），在高纯 Ar 中以 20W 功率溅射平面圆形 Au 靶 8s，沉积 Au 纳米颗粒。Ar 的流量和沉积压力分别固定在 40sccm 和 0.4Pa。沉积后，Si 基光电阴极由 Au 纳米颗粒、SiO_2 薄层和 Si 片组成（标记为 $Au/SiO_2/Si$ 样品）。样品的背面涂有一层 0.3mm 厚的 Au 层，使用银胶将金属 Cu 带连接在 Au 层表面，形成欧姆背接触。在真空干燥后，将样品的整个背面和部分正面用环氧树脂封装，建立一个 $0.1cm^2$ 的活性区域。

　　第二阴极的制备：首先，对商业 316L 型不锈钢网进行超声清洗和刻蚀，以获得新鲜表面。然后，将得到的样品在空气中以 500℃ 退火 60min，形成氧化层。最后，将这些氧化样品在 300℃、300W 功率下进行高温甲烷（CH_4）等离子体处理 20min。根据成分和结构的表征，改性钢网主要以 316L 型不锈钢作为主体，表面具有非晶态碳层和石墨烯封装的碳化铁（Fe_3C）纳米颗粒。此外，在用作第二阴极之前，所有钢网、泡沫铜和泡沫镍都经过超声清洗和刻蚀，以获得新鲜表面。

　　简单的成分表征（如 EDS）和结构表征（如 XRD、FESEM）基本如前面所述。AR-XPS 用于研究光照前后样品的化学成分、氧化态和电子结构。这些测量是在 Kratos Axis Ultra DLD 光电子能谱仪中进行的，使用单色 Al Kα（1486.6eV）作为辐射源，工作功率为 225W。将样品从 90°（垂直）旋转到 10°（掠射）来改变光电子的入射角。在测量的整个过程中，光谱仪分析室的真空压力保持在 5×10^{-9}Torr 或更低。电子结合能标度以脂肪族非晶碳的 C 1s 线为参考，设定为 284.8eV。XPS 的采集采用 160eV 的通能进行概览光谱采集，采用 40eV 的通能进行高分辨率光谱采集。Au $4f_{5/2}$：Au $4f_{7/2}$ 双峰的面积比设置为 3：4，而半峰全宽（FWHM）的值限制在每个化学态的合理范围内。在原位 XPS 和原位 XAS 测试过程中，通过低功率激光器（输出功率约为 0.05mW）并使用光纤（面积约为 $0.1cm^2$）产生 520nm 光源照射样品。

　　利用澳大利亚同步辐射装置记录 Au L_3 边缘的 XAS 图，使用束线光学系统（Si 涂层准直镜和 Rh 涂层聚焦镜），入射 X 射线束的谐波含量可以忽略不计。使用同样的沉积参数在石英晶片和非晶态 Si 层/碳纸上沉积的 Au 纳米颗粒分别用于原位和非原位 XAS 测量。根据每个样品中 Au 纳米颗粒的条件收集荧光光谱（通过比较 Au 箔的荧光和透射光谱强度来确认该方法的有效性，基于这两种方法均产生了可比较的定量数据）。数据处理和分析采用 Baumgartel 报道的标准方法（Technik und Laboratorium，1988，36，650）。扩展 X 射线吸收精细结构（EXAFS）数据使用 Athena 软件进行分析（J Synchrotron Rad，2005，12，537-541）。归一化的 EXAFS 在 $3.0 \sim 12.0$Å^{-1} 的光电子动量（k）范围内进行傅里叶变换。

　　本小节研究工作中所有化学试剂均为分析纯，由 Sigma-Aldrich（美国）供应。在光电化学氮还原反应中，使用两组三电极密封的 3H 型电池（即 $Au/SiO_2/$

Si 光电阴极作为第一工作电极，金属基网状阴极作为第二工作电极，Ag/AgCl 作为参比电极，Pt 网作为对电极）和两个质子导电阳离子交换膜。在光电化学系统（常州鸿明仪器科技有限公司）中使用太阳模拟器（Newport，SOL3A 94023A）产生人工太阳光（AM 1.5G，100mW/cm²）进行照射。在测试之前，使用标准硅太阳能电池和辐照度计校准太阳模拟器的光强。电解液为 60mL，0.05mol/L 的磷酸钾缓冲溶液（pH=6.8）。在 25℃ 的照明条件下使用 CHI 6044d 和 650E 电化学工作站进行电化学辅助光电化学氮还原测试，控制电解电位和反应时间。在每次测试期间，电解液持续用 N_2（2sccm）冲洗 30min。如图 4.16（a）所示，出口 N_2 气流通过充满水的容器形成液体密封。实际上，所有的光电化学氮还原反应都在密封的反应装置中进行 [图 4.16（a）]。此外，第二工作电极的几何面积固定为 3cm²。

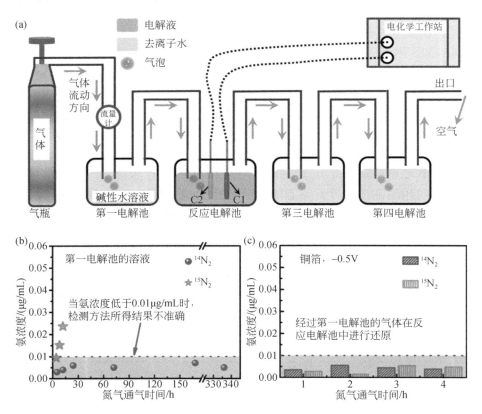

图 4.16 光电化学氮还原反应单元及其可靠性测试

（a）推荐的光电化学氮还原反应装置示意图，主要包括气瓶、第一电解池、反应电解池、第三电解池、第四电解池和电化学工作站；（b）第一电解池溶液中 NH_3 浓度随 N_2 通气时间的变化；（c）用净化的 N_2 气体进行电解后，反应电解池电解液中 NH_3 的浓度；点线代表 ISE 和吲哚酚蓝法的最低测定限制

所有第一性原理自旋极化计算使用 Vienna 第一性原理模拟软件包进行。离子–电子相互作用采用投影增强平面波方法描述，广义梯度近似采用 Perdew-Burke-Ernzerhof 交换相关泛函数表示，并使用截止能量为 500eV 的平面波基组。结构弛豫过程中，能量和力的收敛阈值分别为 10^{-5} eV 和 5×10^{-3} eV/Å。弱相互作用用 DFT-D3 方法进行描述，使用 Grimme 方案中的经验校正。Monkhorst-Pack k 点网格设置为 $1 \times 3 \times 1$。采用超过 15Å 的真空空间以避免两个周期性单元之间的相互作用。对于 $Au_{10}@SiO_2$ 表面，使用四层 SiO_2（001）表面，最后两层固定。对于 Fe_3C，计算过程中使用四层（031）表面。每个基本步骤的反应吉布斯自由能变化（ΔG）基于计算氢电极模型，可以通过方程式（4.5）计算。

2. 结果与讨论

由于目前氮还原合成 NH_3 的产率非常低，因此对光电化学氮还原反应进行严格的控制是非常重要的。这一点在最近一篇优秀的前瞻性评论文章中得到了强调[142]。基于文献报道和自己的经验，作者制订了一个严格的方案，其中包括使用清洁的容器和溶液、控制反应条件、要求基准溶液和最低 NH_3 产量，以及同位素标记测试的必要性。这个方案使用四个带有不同溶液的电解池进行光电化学氮还原测试 [图 4.16（a）]。对于光电化学氮还原反应，使用高纯度 N_2 气体，包括 $^{14}N_2$（99.999%，来自 BOC 公司）和 $^{15}N_2$（98%，来自 Sigma-Aldrich），作为供给气体。第一电解池采用碱性溶液（0.1mol/L KOH）来溶解 N_2 中易还原的氮氧化物（NO_x）或 NH_3 从而净化 N_2。通常，NO_x 在碱性溶液中的溶解度高于在反应电解池中装载的磷酸盐缓冲溶液（pH=6.8）中。为了评估 $^{14}N_2$ 和 $^{15}N_2$ 气体中的 NO_x 浓度，使用了一块干净的铜箔，它是将 NO_x 转化为 NH_3 的良好电催化剂，在 –0.5V $vs.$ RHE 条件下电解第一电解池的溶液 4h。在电解后的溶液中没有观察到 $^{14}NH_3$ [图 4.16（b）]，意味着高纯度 $^{14}N_2$ 气体中不含 NO_x，甚至不含不稳定的含氮化合物。这个结果与 BOC 公司的产品详情一致，该公司指出高度纯净的 $^{14}N_2$ 气体中混有氧气、水分、二氧化碳和烃类杂质。但是，在第一电解池的溶液中发现了一定浓度的 $^{15}NH_3$，表明 $^{15}N_2$ 气体中存在污染 [图 4.16（b）]。为了进一步验证第一电解池的净化效果，另一块干净的铜箔在反应电解池中工作，以还原从第一电解池中得到的纯化 N_2 气体。图 4.16（c）中的电解结果显示，第一电解池可以有效地捕获 NO_x 并在至少 4h 的气体通气时间内完全净化 $^{15}N_2$ 气体。此外，出口 N_2 经过两个装有水的容器 [图 4.16（a）的第三和第四电解池]，形成液体密封，防止周围环境中的氮源污染。第三电解池还有另一个功能，就是净化出口 N_2 气体，避免 NH_3 的损失。事实上，N_2 流经标准 NH_4^+ 溶液（1.0μg/mL）是难以将 NH_4^+ 带入第三电解池的。所有的电解池都是密封的。同时，当电解质的 NH_3

浓度约为 0.3μg/mL 时，质子导电阳离子交换膜几乎不会通过离子交换积累和释放 NH_3 污染。氨/铵离子选择电极（ISE）和吲哚酚蓝法是检测 NH_3 产生最常用的技术，但它们的常规检测限、数据重复性和适当的检测范围仍需要进一步研究和讨论。利用各种已知浓度的标准磷酸铵溶液在电解液中绘制了这两种方法的校准曲线。它们的常规检测限约为 0.01μg/mL。此外，对同样的标准溶液在不同日期进行测量，发现校准曲线存在一定的差异。为了确保结果的准确性，应在较大的时间跨度内重复测试标准溶液，以获得平均校准曲线，并在此时间跨度内检测光电化学氮还原反应合成的 NH_3 产物。此外，考虑到方法的适当检测区域，对每条校准曲线应用了五个给定的电位或吸光度测量值，以获得相应的 NH_3 浓度。与吲哚酚蓝法相比，ISE 提供了更好的重复性，可检测范围为 0.02 ~ 0.1μg/mL 的较低 NH_3 浓度。因此，这项工作中的 NH_3 检测主要是通过 ISE 实现的，而吲哚酚蓝法是作为一个辅助的检测手段。

为了将电化学辅助效应引入光电化学氮还原反应中，提出了一个创新的双电解池系统[143]，如图 4.17（a）所示。这两个电解池彼此靠近，但在物理结构和电气设备上是分离的。电化学辅助的阴极（标记为 C2）和目标光电化学氮还原反应的光电阴极（标记为 C1）是独立控制的。N_2 进气先通过多孔的 C2 电极，然后到达 C1 光电阴极的表面 [图 4.17（b）]。由包裹的 Fe_3C 纳米颗粒和非晶碳（a-C）改性的不锈钢网被用作 C2 阴极，因为它在中性溶液中稳定，并且对 H_2 析出反应和氮还原反应具有平衡活性；最重要的是，根据先前的工作报告，它不含氮。其他材料如不锈钢网、泡沫铜（Cu）和泡沫镍（Ni）也被研究作为 C2 阴极。除非特别说明，否则在这项工作中通常将改性不锈钢网阴极标记为 C2。本小节研究中用于光电化学氮还原反应的 $Au/SiO_2/Si$ 光电阴极（C1）是通过溅射沉积技术在 500nm SiO_2/Si 晶片上沉积 Au 纳米颗粒制备的。$Au/SiO_2/Si$ 光电阴极通过 GIXRD、FESEM 和 C-AFM 进行表征，被证实由平整的 SiO_2/Si 晶片和约 5nm 的非晶 Au 纳米颗粒组成，由于肖特基结金属的电子收集功能，其具有良好的电荷转移性能。AR-XPS 显示 $Au/SiO_2/Si$ 光电阴极存在 Au^0 和 Au^+，并且随着 θ_{TO} 的减小，Au 平均氧化态（Au^+ 与 Au^0 的比值）减小。Au^+ 的生成可以归因于 Au 纳米颗粒和 SiO_2 层之间的电子转移。Au L_3 边缘 XAS 包括 XANES 光谱和 EXAFS 光谱，结果表明 $Au/SiO_2/Si$ 光电阴极上的 Au 纳米颗粒具有类似于 Au 箔的结构，其中存在少量的氧与 Au—Au 中心结合，与 XPS 数据一致。基于光学测试，Si 的能带间隙约为 1.1eV，同时 Au 纳米颗粒由于局域表面等离激元共振（LSPR）效应在可见光区域呈现吸收光谱。图 4.17（c）显示了 $Au/SiO_2/Si$ 光电阴极在 4h 内随光电极电位变化的氮还原性能，包括有和没有改性不锈钢阴极（C2）的情况。在这种情况下，C2 阴极的电位固定在 -0.5V *vs.* RHE，C2 阴极和 $Au/SiO_2/Si$ 光电阴极之间的距离约为 5mm。单个 $Au/SiO_2/Si$ 光电阴极的 NH_3 产率和 FE 在 0 ~ −0.4V *vs.* RHE 光电极电位范围内分别为 3.4 ~ 6.6μg/（cm² · h）和 3.4% ~ 7.2%。令人惊讶的是，Au/SiO₂/Si 光电阴极的活性随着 C2 阴极的添加而显著增强，相比没有改性不锈钢阴极的情况增加了 2.3 倍。最佳结果是在 −0.2V *vs.* RHE 处测得的，具有 C2 阴极的 Au/SiO₂/Si 光电阴极的 NH₃ 产率和 FE 分别为 22.0μg/（cm² · h）和 23.7%［图 4.17（c）］。在最佳电位之外，活性氢物种的强竞争吸附导致氢析出反应在光电阴极表面加速，从而抑制光电化学氮还原反应。具有和不具有 C2 阴极的光电阴极在其他反应时间显示了类似的 NH₃ 产率和 FE 的应用电位依赖性。此外，使用 −0.2V *vs.* RHE 固定电位对 Au/SiO₂/Si 光电阴极进行了 C2 阴极的其他材料和其应用电位的研究。与其他 C2 阴极相比，改性不锈钢阴极表现出最突出的电化学辅助作用，以提高在 −0.5V *vs.* RHE 的应用电化学电位下光电化学氮还原性能。此外，单个 C2 阴极和两个 C2 阴极的耦合都没有产生 NH₃，进一步证实了光电阴极的光电化学氮还原合成 NH₃ 和改性不锈钢阴极的增强效果。这个结果也表明，添加 C2 阴极几乎不会将污染物带入反应系统。此外，改性不锈钢阴极和 Au/SiO₂/Si 光电阴极之间的距离对光电化学氮还原性能的影响，揭示了电化学辅助效应与距离密切相关，最佳距离约为 5mm。除了 ISE 测试外，还通过吲哚酚蓝法定量了光电化学氮还原合成 NH₃。具有改性不锈钢阴极的光电阴极在 4h 内的光电化学氮还原性能随应用电位的变化与前述结果类似。在改性不锈钢阴极-Au/SiO₂/Si 光电阴极上的 NH₃ 产量和 FE 随时间的变化在图 4.17（d）中显示。与在黑暗中进行的对照实验相比，用 Ar 替换 N₂ 或切断光电阴极的应用电位，在改性不锈钢阴极-Au/SiO₂/Si 光电阴极上的 NH₃ 产量随反应时间的增加而逐渐增加，直接证明了在光电化学氮还原过程中排除了污染。此外，改性不锈钢阴极-Au/SiO₂/Si 光电阴极的 LSV 曲线表现出更好的光电化学性能，具有更高的起始电位（−0.2V *vs.* RHE，对应于光电流密度 −0.05mA/cm²），优于单个光电阴极。如图 4.17（d）所示，在延长反应时间时，改性不锈钢阴极-Au/SiO₂/Si 光电阴极系统的 NH₃ 产量几乎呈线性增加，FE 略有变化。这一现象表明，包括 Au/SiO₂/Si 光电阴极和改性不锈钢阴极在内的反应系统在 20h 内是稳定的，这与平稳的 J-t 曲线一致。最后，为了明确 NH₃ 产物的氮源，利用了 ¹⁵N 同位素标记实验。在 ¹H 核磁共振（¹H NMR）波谱中，当 ¹⁵N₂ 供气被还原时，电解液中的 ¹⁵NH₄⁺ 显示出间距约为 73Hz 的双峰耦合信号。同时，在 N₂ 气氛下的光电化学氮还原反应后电解液中观察到 ¹⁴NH₄⁺ 的三个对称信号。改性不锈钢阴极-Au/SiO₂/Si 光电阴极通过光电化学氮还原反应产生的 ¹⁵NH₄⁺ 和 ¹⁴NH₄⁺ 的信号强度比单个光电阴极要强。此外，尽管经过了通气的 ¹⁵N₂ 气体，但在没有任何催化作用的电解液中，¹⁵NH₄⁺ 和 ¹⁴NH₄⁺ 的信号几乎无法找到。

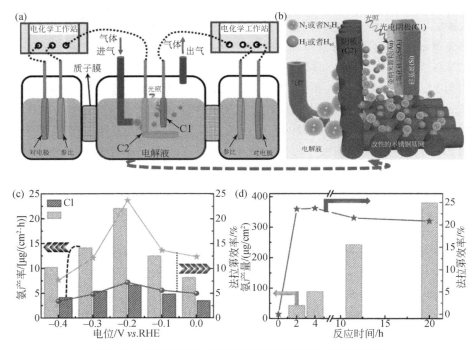

图 4.17　电化学辅助光电化学氮还原反应电解池和性能

（a）反应电解池的示意配置，该电解池为 3H 型电解池，由两套三电极系统组成，在 1 个太阳光照射下使用 0.05mol/L 磷酸钾缓冲溶液（pH=6.8）。C1 为 Au/SiO₂/Si 光电阴极；C2 为改性的不锈钢阴极。L 型 C2 阴极（3cm²）比 C1 光电阴极（约 0.1cm²）大。（b）图（a）中指定区域的放大图，显示了气管、C1 和 C2 的排列。（c）在每个给定的电位下，Au/SiO₂/Si 光电阴极在有和无改性不锈钢阴极辅助下的 NH₃ 产率（柱状图）和 FE（散点图）。（d）改性不锈钢阴极-Au/SiO₂/Si 光电阴极的时间依赖性 NH₃ 产率和 FE

　　利用光照 XPS 研究了 Au/SiO₂/Si 光电阴极在光照前后的原子组成和电子态的变化。在光照和黑暗条件下，光电阴极的全谱扫描显示出类似的特征峰，包括 Au 4f、Si 2p 和 O 1s。在光照前后光电阴极的 Au 4f 的 XPS 被分解为四个峰，如图 4.18（a）所示。有无光照并没有影响 Au $4f_{7/2}$ 峰位，分别位于 84.3eV 和 85.0eV，对应于 Au^0 和 Au^+ 的存在。然而，随着光电阴极的照射，Au 纳米颗粒上 Au^+ 与 Au^0 的比值明显减小（约为 0.04），低于黑暗条件下的比值（约为 0.11）。此外，关于光电阴极的 Si 2p 光谱，99.6eV 和 103.0eV 的两个峰分别对应 Si^0 和 Si^{4+}。与 Au 4f 光谱类似，光照几乎不改变 Si 2p 光谱的峰位［图 4.18（b）］。同时，与黑暗条件下（约 0.69）相比，光照下的光电阴极 Si^{4+} 与 Si^0 的比值（约 0.78）较高，这与 Au 的平均氧化态变化趋势成反比。此外，通过光照 XPS 对 Au/SiO₂/Si 光电阴极进行价带结构分析，以进一步阐明光照前后电子结构的变化。值得注意的是，图 4.18（c）中 Au 的近费米能级态密度（DOS）对局部电子环境在光照前后的变化非常敏感。黑暗中的光电阴极在近费米能级区域显示出相对较高的 DOS 强度，由于 Au^+ 的存在，价带最大值的边缘为 0.22eV。相比之下，发现在光照下光电阴极的价带最大值边缘向负结合能（-0.26eV）显著移动，几乎接近于块体 Au 材料。此外，在光照下光电阴极费米能级附近 DOS 的较低斜率可能表明由于 Si 氧化为 Si^{4+}，热电导率的 Seebeck 系数较低。根据这些来自光照 XPS 的结果，提出了在 $Au/SiO_2/Si$ 光电阴极上光生电子-空穴对的分离和转移机制［图 4.18（d）］。在光照条件下，Si 晶片吸收光子并产生电子-空穴对。空穴在 SiO_2 层中被阻挡，并与 Si 反应产生更多的 Si^{4+}，从而促进了电子-空穴对的分离。因此，光诱导电子从 Si 片流向 Au 纳米颗粒的 Au^+ 位点，并形成具有高电子密度的还原 Au 活性位点，起到 Lewis 碱性位点的作用，这对光电化学氮还原反应非常有益。

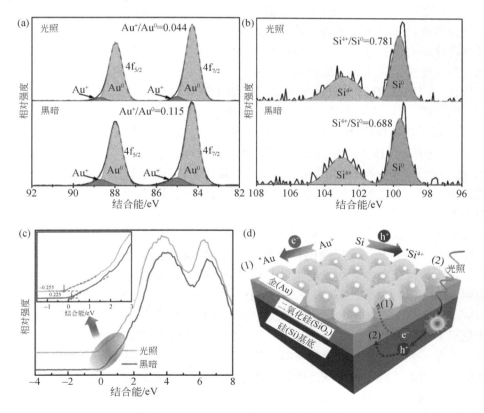

图 4.18　$Au/SiO_2/Si$ 光电阴极上活性位点的光照 XPS 分析

在光照和黑暗中光电阴极的 Au 4f 光谱（a）、Si 2p 光谱（b）和价带光谱（c），520nm 光由低功率激光器（0.05mW 输出功率）通过光纤（0.1cm^2）提供；（d）光生电子-空穴对在 $Au/SiO_2/Si$ 光电阴极上的分离和转移机制示意图

使用原位 XAS 测试探索了光电化学氮还原期间改性不锈钢阴极辅助增强 Au/SiO$_2$/Si 光电阴极的化学环境。在光电化学氮还原过程中,图 4.19(a)显示了有无改性不锈钢阴极辅助的光电阴极的 Au L$_3$ 边 XANES 光谱。在 Au L$_3$ 近边区域,Au 的氧化态与 WL 峰的强度(11920eV)密切相关。根据偶极选择规则,三价 Au 离子(5d^{8}6s^0 电子构型)在离化极限以下的峰值由偶极允许的 2p$_{3/2}$→5d 跃迁引起,而在零价 Au(5d^{10}6s^1)和一价 Au 离子(5d^{10}6s^0)中原则上不会观察到这样的跃迁。然而,以前的研究证实了在零价 Au 或一价 Au 离子中 WL 峰的出现是源自闭合的 d^{10} 亚壳层(5d$^{10-\delta}$6s$^{1+\delta}$ 或 5d$^{10-\delta}$6s$^{\delta}$)的 d 电子结合。如图 4.19(a)所示,光电化学氮还原期间不同电位下的 Au/SiO$_2$/Si 光电阴极的光谱与 Au 箔的光谱相似,明显不同于 Au(OH)$_3$ 的光谱。这表明在光电化学氮还原过程中,光电阴极存在未占据的 d 态,类似于 Au 箔中的电子配置。为了进一步评估 WL 峰的强度和位置的定性信息,通过减去 Au 箔的光谱制作了能量范围在 11905 ~ 11940eV 之间的 Au L$_3$ 边 XANES 差谱[图 4.19(b)]。光电阴极的 Au 差谱的主要特征是在约 11920eV 的 WL 峰,随着 Au 氧化态的增加而强度增加。在光电化学氮还原期间,光电阴极的不同电位和改性不锈钢阴极的存在会导致峰强度的变化,与光电化学氮还原性能的变化相关[图 4.17(c)]。在这些条件中,将电位保持在 -0.2V $vs.$ RHE 的改性不锈钢阴极辅助增强光电阴极具有最高的 Au 氧化态,表明产生 Au 5d 价态中最多的空位进行了杂化化学键合。此外,图 4.19(c)显示了各种反应条件下光电阴极的傅里叶变换 k^3 加权 EXAFS 光谱。与 Au 箔和 Au(OH)$_3$ 相比,改性不锈钢阴极–光电阴极系统中的 Au 存在着明显的 Au—Au 键,介于 2.0 ~ 3.2Å[图 4.19(c)]。此外,对于这些反应条件下的光电阴极,出现了一个新的且微弱的峰,约在 1.3Å,被归因于轻原子与 Au 的配位,如 Au—N 键,小于 Au(OH)$_3$ 光谱中的 Au—O 键(约 1.6Å)。在进行光电化学氮还原反应的其他反应条件下,光电阴极中没有出现这样的峰值,这可以归因于这些反应中光电化学氮还原反应的性能较差,导致 Au—N 键几乎可以忽略不计。同时,在不同反应条件下的光电阴极上观察到 Au—Au 键之间的一些细微差异,这表明 Au 的化学环境受到析氢反应和氮还原反应的控制。此外,当 N$_2$ 气体被氦气(He)替代时,实施光电化学析氢反应的光电阴极呈现出比光电化学氮还原过程中更低的 Au 氧化态。与 Au/SiO$_2$/Si 光电阴极和改性不锈钢阴极的双电解池系统相比,单一光电阴极在光电化学氮还原反应中表现出较低的 Au 氧化态,接近其光电化学析氢性能。由于缺乏改性不锈钢阴极,光电阴极上的 Au 活性位点很难吸附 N$_2$ 并完成氮还原反应的决速步骤。根据这些结果,可以推测 N$_2$ 分子首先在最佳外加电位下由改性不锈钢阴极激活,形成活性氮物种,随后吸附在 Au 纳米颗粒表面,导致 Au 纳米颗粒的共价键合增加[图 4.19(d)]。因此,这种电化学辅助行为有效地提高了 Au/SiO$_2$/Si 光电阴极上光电化学氮还原性能。

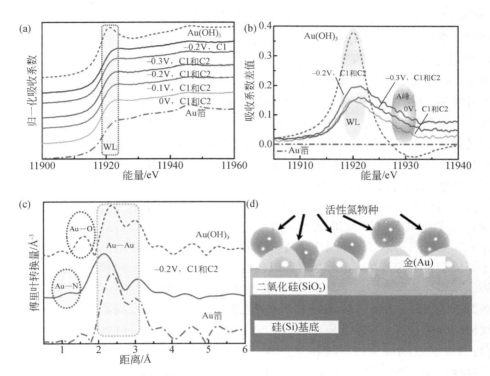

图 4.19 光电化学氮还原过程中利用原位 XAS 分析 Au/SiO$_2$/Si 光电阴极的化学环境
（a）有无改性不锈钢阴极辅助增强光电阴极的 Au L$_3$ 边 XANES 光谱，Au(OH)$_3$ 和 Au 箔的光谱作为参考光谱；（b）在不同电位下改性不锈钢阴极辅助增强光电阴极的 Au L$_3$ 边 XANES 差谱，以 Au 箔作为基准；（c）在 -0.2V $vs.$ RHE 条件下改性不锈钢阴极辅助增强光电阴极的傅里叶变换 EXAFS 光谱；（d）在光电化学氮还原期间，活性氮物种在 Au 纳米颗粒上的吸附示意图

采用 DFT 计算来支持实验结果，并评估光电化学氮还原过程的活化能垒和热力学行为。基于 Bader 电荷分析，电荷密度在 Au$_{10}$ 团簇和 SiO$_2$ 层之间发生重新分布，有一个明显的电荷转移，导致在接近 SiO$_2$ 层的底部 Au 原子上产生 0.34 |e| 的正电荷。结果表明，被 SiO$_2$ 层包围的 Au 原子可以生成 Au$^+$ 位点，与 XPS 和 XAS 数据一致。在作者之前关于由 CoO$_x$ 层诱导形成 Au$^+$ 的工作中也发现了类似的现象。根据之前的计算，采用了一个远程路径的联合机制来模拟催化剂上氮还原过程的吉布斯自由能，包括单一和电化学辅助的 Au/SiO$_2$/Si 光电阴极。反应状态（ *、*N$_2$、*NNH、*NNH$_2$、*N、*NH、*NH$_2$ 和 NH$_3$）的自由能图谱和相应的原子构型分别在图 4.20（a）中显示出来。Au/SiO$_2$/Si 光电阴极的催化位点是 Au$^+$，而改性不锈钢阴极的 Fe$_3$C 材料作为电化学辅助光电化学氮还原系统的活性位点也被考虑在内。N$_2$ 分子在 Au$^+$ 和 Fe$_3$C 位点上的吸附能分别是 -0.39eV 和 -0.62eV

[图4.20 (a)]，表明 N_2 分子和 Fe_3C 位点之间有更强的化学吸附。在氮还原过程中，形成 $^*NNH$ 的第一步氢化步骤是决速步骤。Fe_3C 位点上决速步骤的自由能变化（ΔG）为 0.75eV [图4.20 (a)]，小于在 Au^+ 位点上达到的 1.04eV，意味着 $^*NNH$ 更容易在带有吸附氢原子（H_{ad}）的 Fe_3C 位点上形成。在 Fe_3C 位点上计算的 ΔG 值接近改性不锈钢阴极的最佳施加电位。然而，$^*NNH$ 物种在 Fe_3C 位点上的吸附能是 0.13eV [图4.20 (a)]，属于物理吸附，易于发生 $^*NNH$ 物种的解吸。当存在浮动的 N_2 气泡时，$^*NNH$ 物种会离开 Fe_3C 表面并转移到其他活性位点。同时，在电解液中由改性不锈钢阴极产生的大量 H_{ad} 物种可以包围 $^*NNH$ 物种以延长其寿命。此外，从 $^*NNH$ 到 $^*NNH_2$ 的第二步在 Au^+ 和 Fe_3C 位点上显示出近似的催化能力，具有类似的 0.32eV 和 0.24eV 的 ΔG。在这种情况下，带有 N_2 气泡和 H_{ad} 的 $^*NNH$ 物种通过多孔阴极，到达 $Au/SiO_2/Si$ 光电阴极的 Au^+ 位点，实施剩余的氮还原反应步骤。在图4.20 (a) 中清楚地观察到，剩余的氮还原反应步骤能够在光电阴极表面以较低的 ΔG 通过化学吸附顺利完成。总体来讲，这些计算研究强调了具有 Fe_3C 位点的改性不锈钢阴极可以激活 N_2 分子并解吸 $^*NNH$ 物种，而 Au^+ 在 $Au/SiO_2/Si$ 光电阴极中的存在可以提高光电化学氮还原反应的效率，这与实验结果相符。在酸性介质中，析氢反应可以通过两种途径进行：Volmer-Heyrovsky 机制和 Volmer-Tafel 机制。这两种途径的第一步都是 Volmer 反应，生成 H_{ad}，其中质子从酸溶液转移到催化表面以生成 H_{ad}：

$$H^+ + e^- \longrightarrow H_{ad} \qquad (4.6)$$

随后，在 Volmer-Tafel 机制中，两个相邻的吸附氢原子直接在催化剂表面反应，生成一个 H_2 分子：

$$H_{ad} + H_{ad} \longrightarrow H_2 \qquad (4.7)$$

或者，溶解态质子从酸性溶液接近并与表面上吸附的氢原子反应，在 Volmer-Heyrovsky 机制中形成 H_2 分子：

$$H_{ad} + H^+ + e^- \longrightarrow H_2 \qquad (4.8)$$

在中性溶液中也会发生类似的反应机制，但由于质子浓度低得多，能垒会高得多。在目前的概念验证实验中，在适当的外加电位下，激发的电子瞬时填充在改性不锈钢阴极表面的 Fe_3C 活性位点上，从而形成 H_{ad} 中间体。在改性不锈钢阴极上进行析氢过程中产生大量的 H_{ad} 中间体对于激活 N_2 和转移活性 N_2-H_{ad} 物种非常重要，这是由于 H_{ad} 中间体物种具有高活性和类似自由基的性质。假设当 N_2 分子穿过改性不锈钢阴极表面时，高活性的 H_{ad} 物种可以激活 N_2 形成 N_2-H_{ad}，并随后转移到 $Au/SiO_2/Si$ 光电阴极表面形成 Au-N 物种 [图4.20 (b)]。N_2-H_{ad} 和 Au-N 物种的形成将显著增强 N_2 在催化剂表面 Au^+ 活性位点上的吸附，加速光电化学氮还原反应合成 NH_3。在 $Au/SiO_2/Si$ 上检测到 Au-N 物种表明 Au^+/Au^0 的电子结构在局域表面等离激元共振效应和 SiO_2/Si 晶片的光照下诱导的电子-空穴分离能力起到了关键作用。基于这一假设，C2 阴极的功能是控制析氢反应并激活 N_2 分子来提供 H_{ad} 物种和反应位点，形成 $N_2\text{-}H_{ad}$。随后，通过 Au-N 活性位点，N_2 在 $Au/SiO_2/Si$ 光电阴极活性表面上的吸附得到显著增强。具有 H_{ad} 自由基的这种活化过程可能是大幅增加 N_2 分子对质子的亲和力及 NH_3 产率的关键因素 ［图 4.20 （b）］。因此，电化学辅助增强 $Au/SiO_2/Si$ 光电阴极的集成系统为开发 N_2 到 NH_3 的绿色合成途径提供了新的方案。

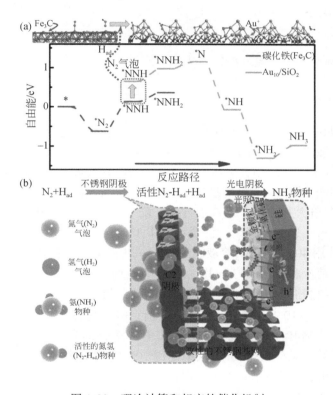

图 4.20　理论计算和相应的催化机制

（a）改性不锈钢阴极的 Fe_3C 位点和 $Au/SiO_2/Si$ 光电阴极的 Au^+ 位点进行氮还原过程远程机制的自由能剖面和优化的几何结构示意图；（b）电化学辅助增强光电化学氮还原反应的催化机制示意图，光电化学氮还原的反应路线主要包括 N_2 分子的激活（浅色框）和 NH_3 的形成（深色框）

3. 小结

总体来讲，本小节研究报道了一种电化学辅助策略，用于提高光电化学氮还原合成 NH_3 的效率。本书编著者证明了这种策略可以耦合氮还原的 N_2 激活和氢化反应步骤, 在光照下实现了 22.0μg/(cm² · h) 的 NH₃ 产率和 23.7% 的法拉第效率。为了防止易还原的氮源污染, 提出了一个严格且易于操作的反应装置, 以便更有效、准确地鉴定和测量能够进行光电化学氮还原的系统。使用原位分析技术, 微观观察了 Au/SiO₂/Si 光电阴极的催化活性位点和物种吸附行为。这些概念和结果为光电化学氮还原反应开辟了新的途径, 并可转移用于增强其他光电化学反应, 以合成人类所需的物质。

4.3 锂介导光电化学氮还原合成氨反应

4.3.1 锂循环对于氮还原反应的"木桶效应"

1. 实验部分

掺硼 p 型 Si 单晶片分别在丙酮、乙醇和去离子水中超声清洗 20min。采用金属催化化学腐蚀法制备: 将干净的 Si 片浸入食人鱼溶液 (30wt% H₂O₂ 与 H₂SO₄ 的体积比为 1:3) 中 5min, 然后浸入 5wt% HF 中 10min 以去除 SiO₂ 层。随后, 用去离子水冲洗 Si 片, 并将其浸入 2mmol/L AgNO₃ 和 2wt% HF 的混合溶液中 30s; 之后, 将 Si 片用去离子水快速冲洗, 随后浸入 40wt% HF、20wt% H₂O₂ 和去离子水 (3:1:10, 体积比) 混合溶液中 150s; 此外, 再次用去离子水冲洗, 将刻蚀的 Si 片用 40wt% HNO₃ 溶液浸泡 20min 以去除 Ag 纳米颗粒残留物; 最后, 将制备的具有纳米多孔结构的 Si 片 (b-Si) 进行冲洗并干燥。通过使用射频磁控溅射系统在室温和混合 Ar/O₂ 气氛中溅射 Ti 靶, 制备了 TiO₂/b-Si 样品。系统的背底压力抽至 1.0×10⁻⁴Pa 以下。在沉积之前, b-Si 基底通过进行 30min 的 Ar 等离子体处理来清洁和活化。沉积压力和溅射功率分别为 2.0Pa 和 150W。接着, 利用直流磁控溅射系统在纯 Ar 气氛中使用 20W 的功率从平面圆形金属 Pd 靶和 Cu 靶共溅射 20s, 获得 PdCu/TiO₂/Si 样品。

一些关于样品成分和结构的表征方法已经在前面进行了描述, 这里不再重复赘述。在原子力显微镜系统 (Asylum Research Cypher S, Oxford Instruments) 上获得开尔文探针力显微镜 (KPFM) 的信号。在测量之前, 将设备用去离子空气吹干 10min 以降低表面充电效应。具有 CCD 检测器的反向散射几何结构的 InVia 拉曼显微镜 (Renishaw, 英国) 用于测试样品的拉曼光谱。使用 DPSS 激光器 (532nm, 50mW) 和 50 倍放大物镜进行测量, 其中 DPSS 激光器具有 2.5mW 的施加功率。将样品安装在原位拉曼池 (Gaoss Unit Tech. 有限公司, 武汉)。样品的背面直接与铜箔接触, 铜箔用作工作电极的导线。通过 Autolab PGSTAT204 (瑞士万通公司) 在三电极系统中测试样品的光电化学性能。Ag/AgCl (1.0mol/L

KCl）用作参比电极，Pt 线用作对电极。0.1mol/L LiClO$_4$-碳酸丙烯酯（PC）-EtOH（3%）用作电解液。使用功率为 500W 的白炽灯（TOPTION，中国）作为照明源。在-0.18V $vs.$ Li/Li$^+$电位下，辐照电流为 20A，辐照时间为 4h。在拉曼测量之前，通过移液管去除电解质以消除电解质的影响。在拉曼测量之后，向电池中加入新鲜电解质以进行进一步的光电化学反应。准原位 X 射线衍射在具有 Cu X 射线源（λ = 0.15418nm，U = 40kV，I = 40mA）的 D8 Discover 衍射仪（Bruker）上进行。在 10°~90°的范围内收集衍射图，步长为 0.02°，步长时间为 0.5s。在-0.18V $vs.$ Li/Li$^+$电位下，辐照电流为 20A，辐照时间为 0.5h。在环境条件下以 1Hz 的扫描速率和 512 扫描线收集原子力显微镜图。悬臂梁在轻敲模式下工作，应变常数为 1.5kN/m，配备曲率半径小于 10nm 的标准尖端。采用准原位电子顺磁共振（EPR）技术，在不同反应条件下，在-0.18V $vs.$ Li/Li$^+$外加电位下，进行了 4h 的光电化学氮还原测试。EPR 信号测量在 JEOL JES-FA200 光谱仪上在 77K 下以 4.00G 调制幅度和 100kHz 的磁场调制频率进行。采用配备单色铝源（Al Kα，1486.68eV）的 Thermo Fisher Scientific 系统，在 4MPa N$_2$压力和 1 个太阳光照射下，在给定的外加电位（相对于 Li/Li$^+$为-0.43V、0.07V 和 0.57V）下进行光电化学氮还原测试 4h 后，通过准原位 X 射线光电子能谱（XPS）分析确定了 Li 1s 谱的化学状态。所有测量都是在超高真空（UHV）室中进行，残存压力小于 10^{-9}mbar。

　　在三电极配置的 CHI 660E 电化学工作站上进行 H 型电池中的光电化学氮还原测试。以含饱和 KCl 溶液的 Ag/AgCl 电极为参比电极，Pt 丝为对电极，采用太阳模拟器（Newport，SOL3A 94023A）产生太阳光（AM 1.5G，100mW/cm^2）进行照射。在这项工作中使用的电解质是 1.0mol/L LiClO$_4$-PC 与不同浓度的质子源（甲醇、乙醇、异丙醇、三氟乙醇）。在光电化学测试之前，电解质的阴极部分用 N$_2$吹扫，以 50mL/min 的流速预饱和至少 30min。之后，在常压氮还原反应期间将流速保持在 30mL/min。线性扫描伏安法（J-V）数据使用 CHI 660E 电化学工作站在有或没有照明的情况下收集。在 J-V 测量期间，线性扫描速率为 0.01V/s。光电阴极的耐久性实验（J-t 曲线）在 0.07V $vs.$ Li/Li$^+$条件下进行。在照明、常压和 0V $vs.$ Li/Li$^+$条件下，使用 France VSP-300 Bio-Logic 仪器在 100kHz~1Hz 的频率范围内测量不同质子源的 1mol/L LiClO$_4$-PC 中光电阴极的电化学阻抗谱（EIS）。每个 EIS 扫描重复三次。所提供的施加电位是校准于 Ag/AgCl 参比电极的，并使用式（4.9）转换为金属 Li 的氧化还原电位（$E_{\text{Li/Li}^+}$）：

$$E_{\text{Li/Li}^+} = E_{\text{Ag/AgCl}} + 0.0591\text{pH} + 0.22 \tag{4.9}$$

N$_2$饱和电解液的 pH 为 5.2。此外，Li/Li$^+$相对于标准氢电极（SHE）的氧化还原电位为-3.04V。

　　由于前面章节已经详述了氨产量和 FE 的分析方法，这里不再对氨产物的定性定量分析进行赘述。亚硝酸盐定量采用 N-(1-萘基)乙二胺二盐酸盐显色，随后由分光光度法进行吸光度测量。将 100g 对氨基苯磺酸溶于 90mL 水和 5mL 乙酸的混合物中，然后加入 5mg N-(1-萘基)乙二胺二盐酸盐，并将溶液填充至 100mL，得到显色剂。将 1mL 处理后的电解质与 4mL 显色剂混合，并在黑暗中保持 15min，然后在 540nm 处获得紫外-可见吸收光谱。

2. 结果与讨论

光电阴极是光电化学氮还原反应器件的核心部件，为 N_2 的吸收、活化和氢化以及新生成的 NH_3 的解吸提供活性位点。本小节研究以 PdCu 合金为助催化剂、TiO_2 薄膜为保护层和纳米多孔结构 n^+p-Si 片为光吸收器，设计了一种用于锂介导光电化学氮还原反应的层级 Si 基光电阴极[144]。层级 Si 基光电阴极的制备工艺主要包括以下三个步骤：①制备纳米多孔结构 n^+p-Si 光吸收器；②沉积 TiO_2 保护层；③掺入 PdCu 合金助催化剂。$PdCu/TiO_2/Si$ 光电阴极的制备细节已经在前面的实验部分进行了描述。FESEM 和线扫描模式 EDS 用于揭示 $PdCu/TiO_2/Si$ 光电阴极的层级结构，清楚地显示了 50nm 厚度的 PdCu 助催化剂层和 25nm 厚度的 TiO_2 保护层 [图 4.21（a）]。其中，在图 4.21（b）中可以发现，Pd 元素和 Cu 元素的分布几乎一致，意味着 PdCu 合金的形成，且小于 10nm 的 PdCu 合金纳米颗粒聚集并堆叠在光电阴极顶部。此外，堆叠的 PdCu 纳米颗粒导致多孔 PdCu 助催化剂层的形成，这可以增加活性位点并允许太阳光穿过该层。同时，原子力显微镜（AFM）显示了相似的信息支撑这一结果。如图 4.21（c）所示，尽管 $PdCu/TiO_2/Si$ 光电阴极对于光的反射率略小于 15%，比黑色 Si（接近零反射）和 TiO_2/Si（略小于 10%）更高，但是多孔层级结构的存在使得此光电阴极仍可以捕获和吸收大部分的入射光。由于以纳米多孔 Si 作为吸光器，$PdCu/TiO_2/Si$ 光电阴极对 350~1000nm 范围内的光有极好的吸收和利用效率，其光学吸收的能带间隙约为 1.1eV [图 4.21（c）]。此外，使用 GIXRD 检测了光电阴极的晶体结构。正如图 4.21（c）的插图所示，$PdCu/TiO_2/Si$ 光电阴极在 40.8° 处显示了一个弱且宽的衍射峰。对比标准卡片可知，此衍射峰为 PdCu 合金的（111）面，而 TiO_2 晶相衍射峰的缺乏，意味着 TiO_2 保护层是非晶结构。此外，在光学测试中未发现局域表面等离激元共振（LSPR）的共振峰，参见图 4.21（c）。为了进一步了解 PdCu 助催化剂的 LSPR 效应，验证 Si 作为光吸收器的作用，对 $PdCu/TiO_2$ 样品进行了光电转换行为研究。结果表明，通过打开/关闭光，没有观察到任何变化。这主要是由于在 PdCu 助催化剂表面上存在着 Cu—O 键和 Pd—O 键（参见下面的 SR-XPS 结果）。因此，在这种情况下，来自 PdCu 助催化剂的 LSPR 效应可以忽略不计。为了研究光电阴极对 Li^+ 的吸附，$1\mu mol/L$ $LiClO_4$-PC 溶液被滴在 $PdCu/TiO_2/Si$ 光电阴极表面上，测量光照前后液滴在光电阴极表面上接触角

（CA）的变化，用于阐明光电阴极对于电解液的润湿性。与无光照相比，光照后

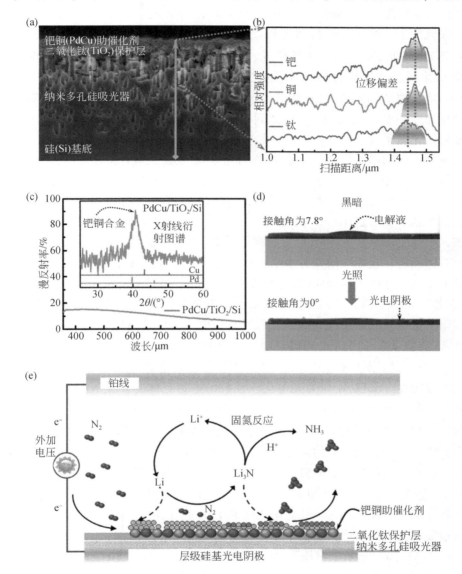

图 4.21　层级 Si 基光电阴极的化学和物理表征

（a）PdCu/TiO$_2$/Si 光电阴极的横截面 FESEM 图，其中 PdCu 合金、薄 TiO$_2$ 层和纳米多孔 Si 基晶片分别用作助催化剂、保护层和光吸收器；（b）Pd、Cu 和 Ti 元素的相应线扫描 EDS 曲线；（c）PdCu/TiO$_2$/Si 光电阴极在空气中的总半球光学反射率，插图为 PdCu/TiO$_2$/Si 光电阴极的 XRD 谱图；（d）光照 30min 前后液滴在 PdCu/TiO$_2$/Si 光电阴极表面上的照片；（e）PdCu/TiO$_2$/Si 光电阴极的 Li 介导光电化学氮还原过程的示意图

的 PdCu/TiO$_2$/Si 光电阴极具有更强的润湿性，接触角约为 10°［图 4.21（d）］。图 4.21（e）为 PdCu/TiO$_2$/Si 光电阴极实施 Li 介导光电化学氮还原过程的示意图。在光照下，纳米多孔 Si 吸光器产生光生电子，这些电子穿过 TiO$_2$ 保护层而注入到 PdCu 助催化剂上的活性位点。当 Li$^+$ 与含光生电子的活性位点接触时被还原成 Li 金属，这些 Li 金属与 N$_2$ 反应生成 Li$_3$N。所得的 Li$_3$N 具有非常强的碱性，容易与质子源［如乙醇（EtOH）］发生质子化，产生 NH$_3$，同时将 Li$^+$ 释放到下一个反应循环中［图 4.21（e）］。同一时期，光致空穴通过外电路传输到 Pt 对电极以氧化质子源。

使用密封的串联反应池（包括液封瓶和洗气瓶，详细装置见前面所述）实施 Li 介导光电化学氮还原反应。电解液为含有 3% EtOH 的 1.0mol/L LiClO$_4$-PC。在 1 个太阳光照射下，考察了不同外加偏压和 N$_2$ 压力下 Li 介导光电化学氮还原反应，评估了 PdCu/TiO$_2$/Si 光电阴极的氮还原合成氨的性能。以吲哚酚蓝方法为主，辅以核磁共振（NMR）方法测定了 Li 介导光电化学氮还原反应的 NH$_3$ 产率。具体而言，在吲哚酚蓝方法中通过确定 650nm 处的吸光度与 NH$_4^+$ 浓度的函数关系而绘制出标准的校准曲线。为了排除不稳定含氮污染物在还原过程中引入的"假阳性"结果，首先进行了三个必要的对照实验：①在开路电压、无光电阴极和黑暗中进行氮还原反应测试，发现反应后电解液中无 NH$_3$ 产物的存在。例如，在 0.82 ~ -0.43V $vs.$ Li/Li$^+$ 和黑暗中，使用 PdCu/TiO$_2$/Si 光电阴极持续反应 4h，电解液中没有检测到 NH$_3$ 产生。另外，由于缺乏光生载流子，光电阴极显示出极低的电流密度。②以 Ar 作为光电化学反应的进料气体时，无 NH$_3$ 在电解液中被检测到（低于 0.1μg/mL 的检测限），意味着所用的 1.0mol/L LiClO$_4$-PC 电解质不含污染物（如硝酸盐）。③进行 ^{15}N$_2$ 同位素-NMR 实验以确认 N$_2$ 进料气体作为光电化学氮还原合成 NH$_3$ 的氮源。当 ^{15}N$_2$ 用作进料气体时，未观察到来自 ^{14}NH$_4^+$ 的三重峰。在检查和避免了不稳定含氮污染物可能导致的假阳性结果后，对 PdCu/TiO$_2$/Si 光电阴极在不同外加电压下 Li 介导光电化学氮还原性能进行了评价。在常压和光照下，PdCu/TiO$_2$/Si 光电阴极的 LSV 曲线在 N$_2$ 饱和电解液中显示出强且可重复的光电流响应，证实了光电化学反应的发生。

图 4.22（a）显示了常压下 PdCu/TiO$_2$/Si 光电阴极和 TiO$_2$/Si 光电阴极在不同外加电压下的 NH$_3$ 产率和 FE。与 TiO$_2$/Si 光电阴极相比，PdCu/TiO$_2$/Si 光电阴极具有更高的 NH$_3$ 产率和 FE，表现出更好的 Li 介导光电化学氮还原性能。在纳米多孔 n$^+$p-Si 吸光器表面上，薄的非晶态 TiO$_2$ 层的主要功能是作为生长 PdCu 合金助催化剂的黏附层，并且在光电化学氮还原过程中增加稳定性，而不是增强光电化学性能。具体来讲，在外加电压为 -0.18V $vs.$ Li/Li$^+$（对应于 -3.22V $vs.$ RHE）和 N$_2$ 气泡流量为 30sccm 时，常压条件下 PdCu/TiO$_2$/Si 光电阴极能够

实现更高效的光电化学氮还原反应, 其 NH_3 产率和 FE 分别为 $10.63\mu g/(cm^2 \cdot h)$
和 11.96% [图 4.22 (a)]。超过此外加电压后, 光电阴极上的 NH_3 产率和 FE
降低, 可能主要归因于竞争性反应的存在 (如 Li 提取)。在 Li 提取的研究中,
可以观察到光电化学反应期间在光电阴极表面上形成白色且厚的 Li 层, 并且厚
金属 Li 层的形成将可能阻挡光的透过而影响光的吸收和收集。结果表明, PdCu
助催化剂的加入有利于 Li^+ 的吸附和还原, 促进固体 Li 电解层的形成, 从而提高
$PdCu/TiO_2/Si$ 光电阴极的 Li 介导性能。然而, 需要注意的是, 上述研究发现
$LiClO_4$ 电解质中 Li 介导光电化学氮还原性能仍然低于 Li 介导电化学氮还原性能。
原因很可能是在常压下 N_2 难以溶解于电解液中, 限制了 Li_3N 的形成速率从而影
响了 NH_3 产率和电流-NH_3 转化效率。

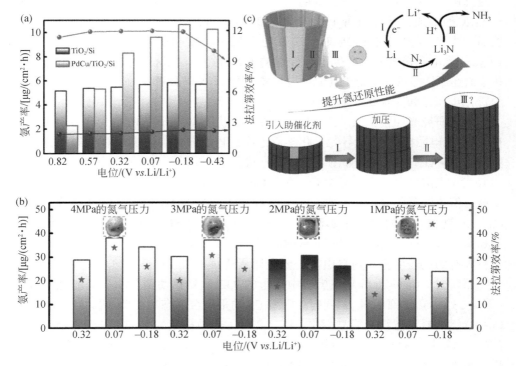

图 4.22　Si 基光电阴极在 1.0mol/L $LiClO_4$-PC 和 3% EtOH 中在 1 个太阳光
照射下 4h 的 Li 介导光电化学氮还原性能

(a) 在常压和不同外加电压下 $PdCu/TiO_2/Si$ 光电阴极和 TiO_2/Si 光电阴极的 NH_3 产率 (柱状图) 和 FE
(点图); (b) 作为 N_2 压力函数的 Li 介导光电化学氮还原反应性能, $PdCu/TiO_2/Si$ 光电阴极的 NH_3 产率
(柱状图) 和 FE (星星符号); (c) Li 介导光电化学氮还原反应的拟定反应步骤和关键问题示意图

　　为了克服 N_2 溶解度限制, 进一步使用加压反应池研究在不同 N_2 压力下

PdCu/TiO₂/Si 光电阴极上的 Li 介导光电化学氮还原反应（在加压至目标 N₂ 压力之前将 N₂ 鼓泡到反应池中 30min 以排除其他气体），在封闭和静态光电化学反应环境中持续 4h。在图 4.22（b）中可观察到 N₂ 压力和 Li 介导光电化学氮还原性能之间存在着明显的正相关性。当 N₂ 压力从一个大气压增加到 1MPa 时，最佳光电化学氮还原性能的外加电压从 -0.18V $vs.$ Li/Li⁺ 变为 0.07V $vs.$ Li/Li⁺，这符合化学平衡移动的 Le Chatelier 原理。在 0.07V $vs.$ Li/Li⁺ 且 N₂ 压力为 3MPa 时，PdCu/TiO₂/Si 光电阴极的 NH₃ 产率和 FE 分别为 $36.98\mu g/(cm^2 \cdot h)$ 和 30.66%，与常压下 Li 介导光电化学氮还原性能相比分别提高了 2.5 倍和 1.6 倍。然而，进一步将 N₂ 压力增加到 4MPa，PdCu/TiO₂/Si 光电阴极的 Li 介导光电化学氮还原性能只是略有增强，其 NH₃ 产率和 FE 分别为 $38.09\mu g/(cm^2 \cdot h)$ 和 33.87% ［图 4.22（b）］。这些结果表明，高的 N₂ 压力能够提升 N₂ 在电解液中的溶解度，利于 Li₃N 的形成，从而改善 Li 介导氮还原的 $6Li + N_2 \longrightarrow 2Li_3N$ 步骤的反应速率。然而，当 N₂ 压力超过 3MPa 时，N₂ 在电解质中的溶解度将足够高，促使 PdCu/TiO₂/Si 光电阴极表面上产生饱和数量的 Li₃N 位点。在这种情况下，Li 介导光电化学氮还原性能可能受阻于其他反应步骤（如 Li₃N 的分解），而不是从 Li 到 Li₃N 的转化步骤，如图 4.22（c）所示。

　　为了研究光照前后光电阴极表面的化学状态和电子结构的变化，对 PdCu/TiO₂/Si 光电阴极在 Li 介导光电化学氮还原过程中进行了同步辐射 X 射线光电子能谱（SR-XPS）测试。如图 4.23（a）底部曲线所示，PdCu/TiO₂/Si 在黑暗中的 Cu 2p 光谱可以拟合成五个峰，包括两个 Cu 2p₃/₂ 峰、两个 Cu 2p₁/₂ 峰和一个卫星峰。值得注意的是，中心在 932.1eV 和 934.3eV 的 Cu 2p₃/₂ 的两个峰分别对应 Cu—Cu 键和 Cu—O 键。在黑暗中，PdCu/TiO₂/Si 光电阴极的 Cu 平均金属态约为 0.95（如 M—M 峰面积与 M—O 峰面积之比；M=Cu 或 Pd），意味着由于纳米颗粒固有的高表面吉布斯自由能，光电阴极表面上的 Cu 容易被环境中 O₂ 氧化。在光照射时，Cu—Cu 峰从在黑暗中测量的 932.1eV 移动到 931.7eV 的低结合能［图 4.23（a）顶部曲线］，同时伴随着 Cu 的平均金属态从 0.95 增加到 1.49，而 Cu—O 键的峰位置没有明显变化。图 4.23（b）中相应的 Pd 3d 光谱显示了两个 Pd 3d₇/₂ 峰处于 335.7eV 和 336.7eV，分别对应于 Pd—Pd 键和 Pd—O 键的特征峰。与图 4.23（a）中 Cu 2p 光谱类似，光照也会导致 Pd—Pd 峰向下移动至 335.4eV 的较低结合能，并且 Pd—Pd 与 Pd—O 的比值从 2.89 略微增加至 3.18 ［图 4.23（b）］。这些结果表明，纳米多孔 n⁺p-Si 片吸收光子而产生光生载流子，光生电子通过分离和传输到达 Cu—O 位点或 Pd—O 位点而形成电子富集位点。这些电子富集位点可以作为 Lewis 碱位点，以促进 Li⁺ 在 PdCu/TiO₂/Si 光电阴极表面上的吸附和还原而形成金属 Li。为了深入了解与 Li 化学状态变化相关的潜在机制，进一步进行了准原位 GIXRD 测试，以收集有关 Li 介导光电化学氮还原反应后光电阴极表面的相结构和化学组成的信息。如图 4.23（c）所示，在氮还原过程之前，在 28°～34°的衍射角范围内没有观察到显著的峰。在初始反应阶段（>1h）时，在约 32.9°附近出现一个小峰，这可以归因于 Li 或 Li_3N 被环境空气氧化产生的 Li_2O 相，与电解后 $PdCu/TiO_2/Si$ 光电阴极表面上的白色层在空气中剧烈反应一致。Li_2O 峰强度随着反应时间的增加而增加 [图 4.23（c）]。在约 1.5h 电解后，在 31.5°处出现了新的弱峰，为 Li_3N 相的特征峰，同时在 29.6°处出现的强峰对应于 $Li_2N_2O_3$ 相，其来自环境下 Li_3N 氧化的中间体。这些结果为 N_2 和 Li 成功合成 Li_3N 提供了有力的证据，并且还表明在光电化学氮还原过程中 Li_3N

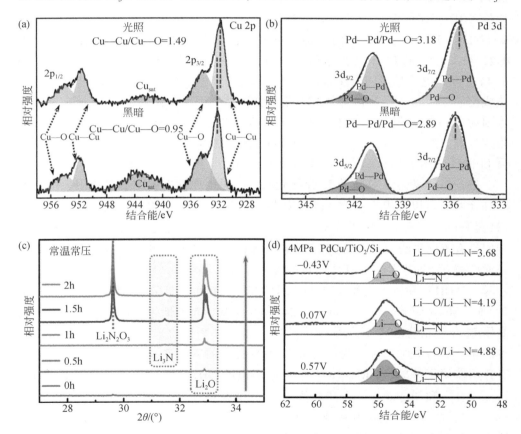

图 4.23　基于各种表征分析 $PdCu/TiO_2/Si$ 光电阴极的活性位点和形成 Li/Li_3N 的工作机制

在黑暗和光照下使用 SR-XPS 对 $PdCu/TiO_2/Si$ 光电阴极进行了化学成分和电子结构分析：（a）Cu 2p，（b）Pd 3d。在（a）和（b）中 520nm 的光源由低功率激光器（约 0.1mW 输出功率）产生。（c）在 −0.18V vs. Li/Li^+ 下不同反应时间的 Li 介导光电化学氮还原反应之后 $PdCu/TiO_2/Si$ 光电阴极的 XRD 谱图。（d）在 4MPa N_2 压力、1 个太阳光照射和给定外加电压下反应后 $PdCu/TiO_2/Si$ 光电阴极的 Li 1s XPS 图

和 $Li_2N_2O_3$ 的稳定性高于 Li 的稳定性 [图 4.23（c）]。除了准原位 XRD 测试，准原位拉曼光谱也在 $400 \sim 500 cm^{-1}$ 范围内测试到了 Li_3N 的拉曼振动，与 XRD 的结果一致。

为了进一步揭示 Li 物质的电子态和化学键，在不同外加电压和 4MPa N_2 压力下进行 4h 的 Li 介导光电化学氮还原反应后，测试了反应后 $PdCu/TiO_2/Si$ 光电阴极的 Li 1s XPS [图 4.23（d）]。根据洛伦兹-高斯分布函数，Li 1s XPS 解卷积出 55.5eV 和 54.2eV 两个峰，分别对应于 Li—O 键和 Li—N 键。在图 4.23（d）中 Li 1s XPS 的曲线拟合清楚地显示了在光电化学氮还原过程中 Li_3N 的形成，与准原位 XRD 和拉曼测试结果一致。当外加电压从 0.57V vs. Li/Li^+ 降低到 $-0.43V$ vs. Li/Li^+，Li—O 与 Li—N 的比值从 4.88 连续降低到 3.68。这些结果连同图 4.22（b）所示的 FE 和外加电压之间的关系一起阐明了 $PdCu/TiO_2/Si$ 光电阴极的 Li 介导光电化学氮还原性能并不是简单地与光电阴极表面上的 Li_3N 含量的变化成比例。因此，对于 Li 介导光电化学氮还原过程，存在 Li_3N 的最佳含量。这是因为当 Li_3N 含量小于最佳值时，Li_3N 的形成是 Li 介导光电化学氮还原过程的限速步骤。然而，当过量的 Li_3N 积聚在光电阴极表面上时，界面电阻增加以阻碍 Li 循环 [图 4.22（c）]，导致 Li 介导光电化学氮还原性能衰减。

进一步研究 Li_3N 在调节 Li 介导光电化学氮还原性能中的重要作用。根据图 4.21（e），可以设想 Li_3N 的积累和缓慢氢化反应 $Li_3N + 3MH \longrightarrow 3Li^+ + 3M^- + NH_3$（M 是官能团）都与 NH_3 的生成速率密切相关。为了验证这一假设，在电解液中使用具有不同供给 H^+ 能力的质子源来控制 Li_3N 的氢化以调控 Li 介导光电化学氮还原性能。本小节研究工作中使用的质子源包括异丙醇（IPA）、甲醇（MeOH）、乙醇（EtOH）和三氟乙醇（TFE），其供给 H^+ 能力（即布朗斯特酸性）的顺序为 TFE>MeOH>EtOH>IPA。从图 4.24（a）可知，布朗斯特酸性的强弱显著影响高压 Li 介导光电化学氮还原性能（如在 4MPa 的 N_2 压力）。具体而言，随着质子源的布朗斯特酸性增强，光电化学氮还原反应的 NH_3 产率和 FE 逐渐增加。当 TFE 用作质子源时，$PdCu/TiO_2/Si$ 光电阴极的 NH_3 产率和 FE 分别为 38.12μg/（$cm^2 \cdot h$）和 40.66%，是 IPA 作为质子供体的 1.55 倍和 1.36 倍 [图 4.24（a）]。在常压、N_2 饱和电解液、TFE 质子源和光照条件下，$PdCu/TiO_2/Si$ 光电阴极的 LSV 曲线显示出强烈且可重复的光电流响应。因此，具有强布朗斯特酸性的质子源具有促使 Li_3N 分解而导致 Li—N 键断裂以加速 NH_3 形成的能力。电化学阻抗谱（EIS）结果表明，在电解液中添加不同的质子源可以调节光电阴极表面的电荷转移电阻（R_{ct}）。$PdCu/TiO_2/Si$ 光电阴极的电荷转移电阻大小顺序为 $LiClO_4 + TFE < LiClO_4 + MeOH < LiClO_4 + EtOH < LiClO_4 + IPA$，与它们的 Li 介导光电化学氮还原性能一致。

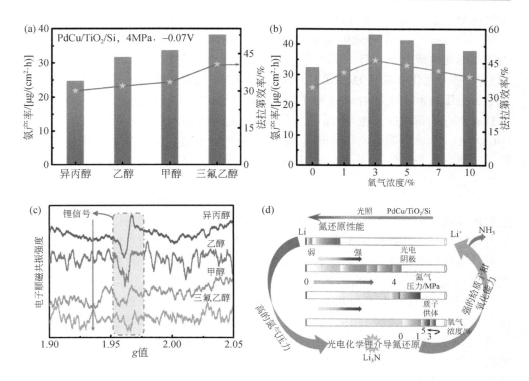

图 4.24　质子源和气体组成对 NH_3 合成的影响以及 Li 介导光电化学氮还原反应的增强机制
（a）在 1 个太阳光照射、4MPa N_2 压力和 0.07V *vs.* Li/Li^+ 条件下，Li 介导光电化学氮还原反应的 NH_3 产率（柱状图）和 FE（点图）作为质子源的函数；（b）在 1 个太阳光照射和 0.07V *vs.* Li/Li^+ 条件下，氮还原性能对混合 N_2/O_2 气体的 O_2 浓度的依赖性；（c）在 4MPa N_2 压力、不同质子源的电解液和 0.07V *vs.* Li/Li^+ 条件下，电解后光电阴极的准原位 EPR 谱；（d）Li 循环过程在光电化学氮还原反应中的重要作用示意图

正如 Li 等所报道的[145]，O_2 的加入能够提高 Li 介导电催化氮还原反应的 FE。然而，O_2 在氮还原行为或 Li 循环中的工作机制尚不清楚。鉴于 Li_3N 在空气中氧化形成不稳定的中间体以削弱 Li—N 键的键能，进一步深入探讨 O_2 分子在 Li 介导光电化学氮还原反应中的作用，以确认对 Li_3N 分解的促进能力。图 4.24（b）显示了在 1 个太阳光照射、0.07V *vs.* Li/Li^+ 和 N_2/O_2 混合气体中光电阴极的光电化学氮还原性能对 O_2 浓度的依赖性。在 O_2 浓度为 3% 时，光电阴极的 Li 介导光电化学氮还原性能是最佳的，实现了 43.09μg/（cm^2·h）的 NH_3 产率和 46.15% 的 FE。当 O_2 浓度超过 3% 时，稳定的 Li_2O 相增加导致 Li_3N 相的减少，从而降低氮还原性能。另外，通过引入二氧化碳（CO_2）分子，可以观察到 Li 介导光电化学氮还原性能对 CO_2 的含量也存在类似的依赖性。这是因为 Li_3N 暴露于 CO_2 中也会形成不稳定的中间体和稳定的 Li_2CO_3，以与 O_2 类似的方式增强 Li 介导光电化

学氮还原性能。为了证明 PdCu/TiO$_2$/Si 光电阴极的潜在用途，还进行了稳定性测试。在 20h 的 Li 介导光电化学氮还原反应期间，PdCu/TiO$_2$/Si 光电阴极显示出很小的光电流衰减，且 NH$_3$ 产率线性增加，FE 几乎恒定。同时，在五次循环的 Li 介导光电化学氮还原测试中，PdCu/TiO$_2$/Si 光电阴极的光电化学性能（如光电流密度）和 NH$_3$ 的合成行为（如 NH$_3$ 产率和 FE）几乎相同，意味着光电阴极具有良好的耐用性。在 4MPa 压力、3% O$_2$ 混合气体和 0.07V $vs.$ Li/Li$^+$ 条件下，PdCu/TiO$_2$/Si 光电阴极的长时间（如 1h）斩光测试显示了良好的稳定性和光敏性。显然，新开发的 Li 介导光电化学氮还原反应体系可以为 NH$_3$ 的绿色合成提供有效且稳定的途径。

最后，利用高灵敏度和非破坏性的准原位电子顺磁共振（EPR）谱检测固体电解质界面（SEI）层中材料的化学状态和催化性能的增强机制。为了在光电化学氮还原反应之后保持 SEI 层的原始状态，在 EPR 测试之前 PdCu/TiO$_2$/Si 表面一直涂覆薄的电解质层以避免空气氧化。在具有不同质子源的 Li 介导光电化学氮还原反应之后，所有光电阴极在 $g_\perp = 1.966$ 处出现了一个尖锐 EPR 信号峰（对应于具有未成对电子的金属 Li），如图 4.24（c）所示。EPR 信号强度与 SEI 层中金属 Li 的含量密切相关（峰已经与 EPR 内部参考进行了校正）。具体地，金属 Li 的 EPR 强度与电解质中质子供体的布朗斯特酸性成反比 [图 4.24（c）]，再次表明具有较强布朗斯特酸性的质子供体能够促使 Li—N 键的断裂以加速 NH$_3$ 的形成，并使图 4.22（c）中的循环（Ⅱ）进一步向前移动，因此使 Li 含量降低。在具有不同 O$_2$ 浓度的 N$_2$/O$_2$ 混合气体下 Li 介导光电化学氮还原反应之后，PdCu/TiO$_2$/Si 光电阴极也观察到类似的 EPR 强度变化。然而，在前面的变压研究中可知，具有更多 Li/Li$_3$N 的光电阴极显示了更有效的 Li 介导光电化学氮还原反应。实际上，当 Li$_3$N 的形成是决速步骤时，在较高 N$_2$ 压力下光电化学氮还原反应之后，光电阴极表面上显示了更强的金属 Li 信号，这与较高的 NH$_3$ 产率和 FE 一致。图 4.24（d）总结了本小节研究中各种因素对 Li 介导光电化学氮还原过程的影响。可以看出，与惰性表面（如 TiO$_2$/Si 光电阴极）相比，PdCu 助催化剂的引入有利于 Li 介导光电化学氮还原反应的第一步：Li$^+$+e$^-$——→Li。然后，氮还原过程受限于 Li$_3$N 形成的第二步骤，这是由于尽管在光电阴极表面上存在足够的金属 Li，但 N$_2$ 溶解度低。施加压力以增加 N$_2$ 在电解质中的溶解度可以显著促进 Li$_3$N 的形成，导致在光电阴极表面上形成丰富的 Li$_3$N。结果表明，通过增加 N$_2$ 压力可以增加 Li$_3$N，从而克服 Li 介导光电化学氮还原反应的第二限速步骤（6Li+N$_2$——→2Li$_3$N），以获得高的 NH$_3$ 产率和 FE，直到 Li$_3$N 过量而超过最佳值。当 Li$_3$N 过量时，Li$_3$N 的分解/氢化速率（Li$_3$N+3H$^+$——→3Li$^+$+NH$_3$）则变为 Li 介导光电化学氮还原反应的决速步骤，从而显示出相对缓慢的反应速率。为了加速 NH$_3$ 的合成和 Li 的循环，强质子供体和 O$_2$/CO$_2$ 的引入可以促进 Li—N 键的断裂并促进 N—H 键的形成。对于理想的 Li 介导光电化学氮还原过程, Li 循环中的三个反应步骤应该是相互补充和制约的, 三者的反应速率应该是适配的 [图 4.22 (c)]。

3. 小结

在本小节研究中, 开发了一种高效的 Li 介导光电化学氮还原反应系统用于直接将 N_2 转化为 NH_3, 具有高的 NH_3 产率 [43.09μg/(cm^2·h)] 和优秀的法拉第效率 (46.15%)。通过全面的表征, 首次阐明了 Li 循环对于 Li 介导光电化学氮还原反应的重要性, 深度解析了光电阴极、N_2 压力、质子源和反应气体成分在氮还原过程中所起的作用及贡献机制。结果表明, 金属 Li 的形成、Li_3N 的形成和分解/氢化是 Li 介导光电化学氮还原反应的决速步骤, 三者的反应速率是相辅相成的。这项工作提供了一个新的途径来高效合成绿 NH_3, 并且为合理设计和开发 Li 介导光电化学氮还原反应体系提供了实验基础。

4.3.2　金属锂在光电阴极表面的高效析出及其工作机制

1. 实验部分

利用直流磁控溅射系统完成光电阴极材料的制备过程。选用 p-Si 作为光电阴极的吸光器, 并用 HCl 和 HF 的混合溶液对其进行刻蚀。经过刻蚀预处理, Si 基底表面获得了光伏工业中通常使用的 "绒面"。在保护层沉积前依次用丙酮、乙醇和去离子水对 Si 基底进行了 15min 的超声清洗。在 Si 片表面沉积完一层薄且致密的 Si_3N_4 后, 在 Ar 和 O_2 比例为 96sccm∶4sccm 的混合气氛作用下, 以 70W 的沉积功率和 2Pa 的沉积压力, 溅射纯度大于 99.9% 的 W 靶材 30min, 在 Si_3N_4 层上沉积助催化剂 WO_3 薄膜 (标记为 WO 样品)。为了获得不同结晶程度的 WO_3, 在真空条件下分别将制备好的 $WO_3/Si_3N_4/Si$ 样品在 150℃ 和 250℃ 下进行退火处理, 相应地形成了非晶态与晶态混合相 (标记为 C-WO 样品) 和晶态的 WO_3 层 (标记为 HC-WO 样品)。在退火过程中 Si_3N_4 始终保持稳定状态。同时, 在所有样品的背面沉积一层厚度约为 200nm 的 Au 层, 并将其与金属 Cu 带相连接, 形成欧姆背接触。对制备好的电极材料, 利用镊子和钢尺等工具将其裁剪成合适大小后用导电银漆将其与 Cu 带粘成一体, 再放置于真空干燥箱中升温将银胶烘干。干燥完成后, 再用环氧树脂绝缘胶对 Si 基材料的背面和部分正面进行刷涂封装, 留下面积大小约为 0.1cm^2 的活性面积区域。

采用场发射扫描电子显微镜 (FESEM) 在放大倍数为 10000×、50000×、100000× 条件下对光电阴极材料的横截面和表面形貌进行扫描。为研究样品上 WO_3 和 Si_3N_4 层的晶体结构, 采用掠入射 X 射线衍射仪在 Cu Kα 辐照 (λ =

0.15406nm）和掠射角为 1° 的条件下以 2°/min 的扫描速率对样品进行扫描。在接触和电传导模式下操作扫描探针显微镜，收集了样品的表面形貌、微观 *I-V* 曲线和在外加偏压为 10V 下的电流映射图像。反应前后光电阴极表面的化学成分变化通过 X 射线光电子能谱（XPS）进行分析，单色 Al Kα 辐射的通能为 29.4eV。所有元素的结合能由非晶碳的 C 1s 峰（284.8eV）进行校准。通过紫外–可见–近红外分光光度计对样品的透过率和反射率进行表征以研究其具体的光学特性。为了定性地确定反应前后样品中金属锂的存在，利用连续波电子顺磁共振（EPR）谱仪在室温条件下应用 X 波段（9.2GHz）和扫频磁场获取光电阴极的 EPR 谱。为了合理公平地比较 EPR 强度，所有样品的质量在 EPR 数据中被归一化。样品的润湿性是通过观察电解质液滴（含 5% CH_3OH 的 0.1mol/L $LiClO_4$-PC，10μL）在薄膜表面的接触角（CA）来测算的。液滴图像是通过 CCD 相机拍摄的，空间分辨率为 1280×1024，颜色分辨率为 256 灰度级。每个样品的 CA 值是 5 个测量值的平均值。

　　Si 基光电阴极作为工作电极，铂网作为对电极，Ag/AgCl 作为参比电极在密闭的玻璃池反应器中组成一个三电极电解池。在 PEC 1000 系统中，使用太阳模拟器（氙灯光源，FX300）对反应器照射太阳光（AM 1.5G，100mW/cm^2）。在每次测试开始前，使用一个标准硅太阳能电池和一个太阳模拟器辐照度的光强读出仪对太阳模拟器的强度进行校准。所有测试使用的电解液均为含 5% 甲醇（CH_3OH）的 0.1mol/L $LiClO_4$-PC 电解液。在没有任何 *iR* 补偿情况下，使用 CHI 750E 工作站分别收集了有无光照情况下工作电极的 LSV 曲线和循环伏安法（CV）数据。分别以 0.03V/s 和 0.05V/s 的扫描速率线性扫描 *J-V* 和 CV 测试过程中的电压。测试过程中所获得的电位均按照 RHE 进行换算，相对于 Li 的标准还原电位进行校准。由于 Li 是非常很活泼的轻金属，为了保证实验的安全性，在测试过程中持续向反应器通入氩气（Ar）进行防护。锂离子还原反应在容积为 50mL 的密闭玻璃反应池中进行。在 Li 提取实验开始前，先持续往玻璃反应池中通氩气 5min，以排尽容器中可能存在的氧气，并用玻璃排气罐处理实验尾气。随后向电解池施加恒定的偏置电压进行反应时长为 4h、6h、10h 的测试。实验结束后，取反应前和反应后的电解液进行稀释，再利用电感耦合等离子体质谱仪（ICP-MS）进行锂离子的定量分析。反应过程中的法拉第效率是通过电解功耗和电极表面析出金属锂的量来计算的。

　　2. 结果与讨论

　　在本小节实验研究中，设计了由混合相 WO_3 作为助催化剂的层级 Si 基光电阴极，表现出了优异的光电化学提取金属 Li 性能[146]。光电阴极材料制备的策略和具体步骤如图 4.25（a）所示。为了探究不同退火温度对样品表面形貌的影响，利用 FESEM 研究了光电阴极的微观结构。如图 4.25（b）所示，样品表面呈现出清晰的纹路，主要是 Si 基底经过工业酸洗处理后表面凹凸不平，导致样品的形貌不平滑。另外，WO_3 纳米颗粒在样品表面排列整齐，形成了致密且均匀的一层薄膜。C-WO 光电阴极都由顶层的 WO_3、中间的 Si_3N_4 层、粗糙的 Si 基底三层结构组成，WO_3 和 Si_3N_4 层在 Si 基底上的分布都保持均匀且连续。对比经过不同退火处理的样品，发现这些样品表面形貌没有明显差异，说明退火处理不会改变样品的表面形貌。图 4.25（c）为在不同退火温度下电极材料的掠射 XRD 谱图。WO 样品在 20° ~ 40° 之间没有出现任何衍射峰。而对于 C-WO 样品，在 26.7° 和 33.1° 出现了两个衍射峰，根据标准卡片可知其分别对应于三斜 WO_3 的 $(0\overline{2}1)$ 晶面和 (022) 晶面。此外，HC-WO 样品在 33.1° 处出现了强度增强的衍射峰。由此可知，样品在 33.1° 处的衍射峰强度随着退火处理温度的升高而增强。这说明通过控制退火温度的高低，能有效调控样品表面的 WO_3 薄膜的结晶度大小。相比于另外两组样品，C-WO 样品的 WO_3 薄膜由非晶态和晶态的混合晶相组成。为了进一步获得样品表面 WO_3 层的结构信息，采用拉曼（Raman）测量对光电阴极进行表征。所有光电阴极在扫描范围内都出现了 WO_3 的两个特征信号峰，其中在 $302cm^{-1}$ 处信号峰对应于 O—W—O 化学键的弯曲模式，而另外一个在 $817cm^{-1}$ 处信号峰则对应于 O—W—O 化学键的拉伸模式。其中，C-WO 样品的信号峰强度是最弱的，可知退火温度致使 WO_3 薄膜结构状态发生了变化，与 XRD 谱图保持一致。

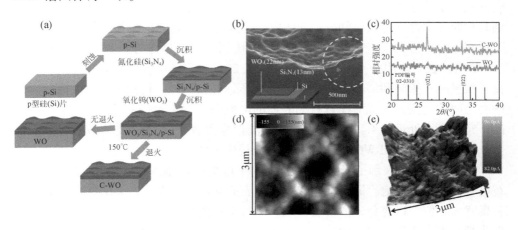

图 4.25　C-WO 和 WO 样品的化学和物理特性

（a）光电阴极的制备途径和方案示意图；（b）C-WO 样品的 FESEM 横截面图，插图为 C-WO 光电阴极示意图；（c）C-WO 和 WO 样品的 XRD 谱图，PDF 编号 02-0310 JCPDS 为三斜 WO_3 的标准卡片；（d）3μm× 3μm 的 C-WO 样品的 AFM 形貌图；（e）图（d）中 C-WO 样品的表面电流映射图

应用于 Li 介导光电化学氮还原反应的电解液为 0.1mol/L LiClO$_4$ 的碳酸丙烯酯（PC）溶液。为了探究光电阴极材料与电解液之间的亲疏性，能否在 Li 介导光电化学氮还原反应过程中为锂离子的吸附提供大量的活性吸附位点，对样品材料进行了接触角测试。将 10μL 电解液滴在 C-WO 样品的表面后，电解液都呈现出良好的延展性，样品与电解液的接触角基本保持在 10° 左右，因此可以认为光电阴极在提取金属 Li 的过程中，其表面能为锂离子的吸附提供丰富的接触位点，从而促进锂离子还原成金属 Li 的动力学过程。为了探究不同退火温度处理下光电阴极的光学特性，利用紫外–可见–近红外分光光度计，对所有光电阴极样品在入射光波长为 350~2600nm 范围内的漫反射和透过率进行了表征测试。粗糙的 Si 基光电阴极在可见光吸收区域内对光的反射率基本保持在 15% 以下，意味着经过表面的粗糙处理，有效降低了基底 Si 吸光器对光的反射率，从而促进光电阴极对太阳光的吸收利用。为获得以多晶 Si 作为基底样品的光吸收系数，通常使用 Kubelka-Munk 理论来分析漫反射光谱。WO、C-WO 和 HC-WO 样品在经过不同退火温度处理后仍保持相似的能带间隙结构，其中 Si 基底的能带间隙约为 1.1eV，与理论值接近，而 WO$_3$ 薄膜的能带间隙则约为 2.6eV。在室温条件下，利用荧光分光光度计获得光电阴极的荧光光谱（PL）和时间分辨荧光光谱（TRPL），从而分析光电阴极的稳态光学性质和荧光载流子动力学特性。比较三组样品可知，WO 样品的发射强度最大，HC-WO 样品的发射强度次之，C-WO 样品的发射强度最小。由此可知，C-WO 样品具有最优的载流子迁移速率，意味着内部载流子的非辐射复合少。利用双指数模型对三组样品的 TRPL 谱进行拟合得到其载流子寿命。分析可知，C-WO 样品的载流子分离效率最佳，与荧光光谱的数据相互对应。为研究电极材料的载流子传输效率，通过导电型原子力显微镜（C-AFM）在光电阴极上进行了形貌［图 4.25（d）］和电学［图 4.25（e）］测量。测量时在探针和样品间施加 10V 的电压，并在探针光栅扫描整个表面时测量两者之间的电流，生成 C-WO 样品表面的电流图［图 4.25（e）］。相比于 WO 样品，经过退火处理后 C-WO 样品上的电流信号出现了一定幅度的增强。分析可知，样品表面晶态的 WO$_3$ 可以为光电阴极提供更快速的导电通道。

图 4.26（a）展示了光电化学提取金属 Li 的反应池示意图。Ar 作为保护气在电解液中不断鼓泡，同时促进光电阴极表面的传质过程。光电阴极由环氧树脂包裹背面和侧面以避免光散射的增强，同时排除黑暗条件下电化学、热化学等其他非光照因素产生的电流影响。在常压条件下对 C-WO 光电阴极进行了 CV 测试以分析 Li 离子的还原速率，如图 4.26（b）所示。在准备工作结束后，先在光源关闭的环境下对光电阴极进行暗电流扫描。从图中可以看出，暗电流几乎为零，可以忽略不计，这意味着 Li 离子还原成金属 Li 的驱动力主要来源于光源的照射。在光源的照射下，所有光电阴极在 1V $vs.$ Li/Li$^+$ 下都出现了光电流信号，说明 Li

离子在光电阴极表面易于活化和还原。随着施加的电压变负，光电流不断增大。相比于 WO 和 HC-WO 样品，C-WO 样品反应时 Li 离子能够迅速发生还原，在外加电压为 0V $vs.$ Li/Li$^+$ 时，光电流密度可达到-5.7mA/cm^2，并且在循环回扫过程中再氧化速率依旧很快。由此可知，Li 离子在光电阴极表面的还原速率与 WO$_3$ 的晶态有很强的相关性。在光电阴极上 Li 离子的还原过程主要有吸附、扩散、还原几个步骤。经过多个 CV 循环后，插入光电阴极表层的 WO$_3$ 达到饱和，还原峰明显变小且保持稳定。这个现象表明在多个 CV 循环过后 Li 离子的插入和还原析出达到了快速平衡。另外，在 CV 循环过程中也会有少量的金属 Li 析出覆盖在光电阴极表面，这在一定程度上也会削弱光电阴极对光的吸收从而导致光电流的降低。图 4.26（c）展示了 C-WO 样品在斩光条件下第一次和第二次的电流-电位线性扫描（LSV）数据图。对比两次扫描的曲线可以发现，相比于第一次扫描，在第二次扫描过程中光电阴极的光电响应无明显变化，但是在低外加电压区域内扫描曲线会发生上移。在 Li 离子插入光电阴极 WO$_3$ 表层后电子导电性得到了明显改善，同时相较于吸附在电极表面的 Li 离子，插入 WO$_3$ 晶格后的 Li 离子还原成金属 Li 的能垒更低。另外，光电阴极表面析出的金属 Li 存在自氧化行为，扫描曲线会往上偏移。

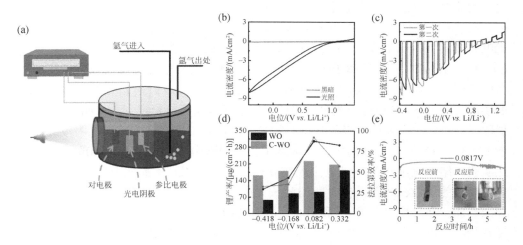

图 4.26 不同 WO$_3$ 层硅基光电阴极的光电化学 Li 提取

（a）0.1mol/L LiClO$_4$-PC 电解液和 1 个太阳光照射（AM 1.5G）下的光电化学反应池示意图；（b）光电化学 Li 提取过程中 C-WO 样品的 CV 曲线；（c）C-WO 样品的第一次和第二次的斩光 LSV 曲线；（d）C-WO 和 WO 样品在 6h 反应下的 Li 产率和 FE；（e）在 0.0817V $vs.$ Li/Li$^+$ 下 C-WO 样品的 J-t 曲线，插图是反应前后 C-WO 样品表面的照片

在恒电位条件下的光电化学 Li 还原过程中，金属 Li 不断还原析出，可以观

察到一些呈团簇状的灰白色小颗粒附着在光电阴极表面。在反应过程中，这些灰白色小颗粒持续在电极表面沉积。直至反应结束，可以观察到电极表面被灰白色固体完全掩盖。为了进一步确认光电阴极表面沉积的固体的具体成分，将 10h 反应后光电阴极取出并向其表面喷淋超纯水，会发出清晰的爆裂声和耀眼的紫红色火花，符合金属 Li 的焰色反应现象。根据这个现象，可以初步认定在光电阴极表面的灰白色固体为高活性的金属 Li。为了定量光电化学 Li 离子还原成金属 Li 的性能，采用电感耦合等离子体质谱法（ICP-MS）对反应前后电解液中的 Li 离子含量进行了检测。制备 5 组已知浓度的 $LiClO_4$ 溶液，绘制 $LiClO_4$ 溶液浓度与测试所得的质谱信号强度值的关系曲线，即为 Li 离子的标准浓度曲线。WO 和 C-WO 样品在不同电位下进行了 6h 的恒电位测试，其金属 Li 产率和 FE 显示在图 4.26（d）中。对于 WO 样品，金属锂的产率范围为 $57.9 \sim 182.7 \mu g/(cm^2 \cdot h)$，而 FE 则维持在 29.6% ~87.4% 之间。具有混合 WO_3 相的 C-WO 样品显示了更优的 Li 提取性能。如图 4.26（d）所示，在 0.0817V $vs.$ Li/Li$^+$ 时，C-WO 样品 Li 提取的产率和 FE 分别达到 $223.0 \mu g/(cm^2 \cdot h)$ 和 91.9%，表现出极高的反应选择性。HC-WO 作为光电阴极时金属 Li 的产率最高仅为 $114.6 \mu g/(cm^2 \cdot h)$。对于多层结构的 Si 基光电阴极而言，$WO_3$ 层的晶态组成与其金属 Li 提取性能密切相关，而非晶态和晶态的混合利于金属 Li 的析出。相比于其他电位，在 0.0817V $vs.$ Li/Li$^+$ 电位条件下，光电阴极提取金属 Li 的 FE 最高。在这个最佳电位之外，光电阴极的 FE 出现明显下降，反应选择性降低，可能归因于竞争反应的影响（如 WO_3 自还原）。在 Li 离子还原过程中，光电阴极的稳定性也是需要考察的重要因素之一。图 4.26（e）为 C-WO 光电阴极在 0.0817V $vs.$ Li/Li$^+$ 下反应了 6h 的 J-t 曲线。在反应过程中光电阴极的反应曲线基本保持稳定，这表明在 6h 的 Li 提取反应过程中，光电阴极具有良好的稳定性。为了进一步探究光电阴极提取金属 Li 的性能与反应时间的关系，进行了反应时长分别为 4h、6h、10h 的三组对照实验。结果显示 C-WO 光电阴极在 0.0817V $vs.$ Li/Li$^+$ 下提取金属 Li 的产量是反应时长的函数，随着反应时间的延长光电阴极表面的金属 Li 含量也在不断增加。然而，在反应时长为 6h 和 10h 这两组对照实验之间，金属 Li 的产量增加幅度则较小。事实上，在 10h 的 J-t 曲线上，可以观察到在 6h 后 J-t 曲线出现较为剧烈的波动，可以认为在该段时间内光电极提取金属 Li 的效率下降与这一现象相关。同时，在反应开始前电极表面是光滑的，在光电化学 Li 提取后，表面沉积了大量的金属 Li。可以认为在长时间反应后，C-WO 样品表面被较厚金属 Li 层覆盖。这不利于电解液中 Li 离子继续在电极表面吸附并插入 WO_3 层，因此在一定程度上抑制了光电化学 Li 提取反应的继续进行，甚至会导致在电极表面析出的金属 Li 层发生脱落并溶解在电解液中，从而可能出现性能评估误差。

由于存在接触作用，光电阴极在和电解液接触时，半导体会出现一定程度的能带弯曲，这会对光电化学 Li 离子还原反应产生影响。为了明确光电阴极表面的反应机制，仍需对 Li 提取过程中电极和电解液界面处的分子动力学做进一步探究。制备完成后的多层结构 Si 基材料始终放置于真空箱中封存，在反应结束后也迅速取出光电阴极进行保存，尽量避免空气给材料的光电化学测试带来影响。为了获得更详细的光电阴极组成信息，采用 X 射线光电子能谱（XPS）对光电化学 Li 提取反应前后光电阴极的化学环境和电子结构进行了分析。图 4.27（a）为反应前后 C-WO 样品的 W 4f 谱图。反应前，样品在结合能为 35.7eV 处出现了 W $4f_{7/2}$ 的信号峰，表明在反应前光电阴极表面的 W 处于最高氧化态，即 W 离子的化合价为正六价（W^{6+}），这也进一步证实了 WO_3 层的成功制备。经过光电化学反应后，C-WO 样品的 W 4f 谱图可以解构成三组信号峰。其中 33.7eV 的信号峰对应于正四价的钨离子（W^{4+}），说明在还原反应后光电阴极表面的 WO_3 发生了自还原，部分 WO_3 转化成了 WO_2。W 4f 谱图上 35.0eV 处的峰则对应于正五价的钨离子（W^{5+}），归结于 Li 离子插入 WO_3 晶格，从而形成了 $LiWO_3$。另外，在 35.7eV 处的信号峰则对应于光电阴极的 WO_3 层。需要注意的是，$W^{6+}4f_{7/2}$ 峰的位置是 35.7eV，而 $W^{4+}4f_{5/2}$ 峰的位置为 35.9eV，两者的位置非常接近，这导致在进行分峰拟合时几乎很难将两者分开。在光电化学 Li 提取过程中，Li 离子在表面吸附并插入 WO_3 晶格，导致 WO_3 自还原生成 $LiWO_3$ 和 WO_2。这一结果证实了 Si 基光电阴极的 WO_3 层为 Li 离子还原成金属 Li 的反应提供了大量的反应活性位点。图 4.27（b）展示了在反应前后 C-WO 样品的 Li 1s 谱图对比。反应前样品在扫描范围内不存在信号响应，说明样品本身不存在 Li。而在光电化学 Li 提取反应后，C-WO 样品则出现了明显的 Li 信号响应，其可以解构成三组信号峰。其中，在 55.1eV 处的信号峰对应于化合物 $LiWO_3$，这一结果与反应后样品表面的 W 谱图数据一致，证实了 Li 离子在 WO_3 层的插入行为。在 55.7eV 处的信号峰则对应于 O_2/Li，主要归因于光电阴极表面与空气发生短暂的接触使得金属 Li 暴露。而在 57.2eV 处的信号峰则对应于 $LiClO_4$，这是因为光电阴极表面附着微量的电解液。另外，相比于反应前的 O 1s 谱图，反应后 C-WO 样品的 O 1s 信号峰出现了偏移且峰形发生了明显的改变，也反映了在 Li 提取过程中光电阴极表面组成的变化。

　　采用 EPR 表征反应前后光电阴极的表面未配对电子状态。如图 4.27（c）所示，反应前 C-WO 样品在扫描范围内无信号响应，而在经过光电化学金属 Li 提取后，光电阴极表面沉积了含自由电子的金属 Li，其扫描谱图在 g 值为 1.96 处出现了明显的 EPR 检测信号。金属 Li 是非常活泼的碱金属，反应结束后在取出光电阴极到检测的过程中难以避免会与空气发生短暂接触。但是，由于在光电阴极表面沉积的金属 Li 层足够厚，底层的金属 Li 仍能保存在光电阴极表面的 Li 层中，从而在测试过程中能被探测到。样品的 EPR 数据和 XPS 图对光电化学测试

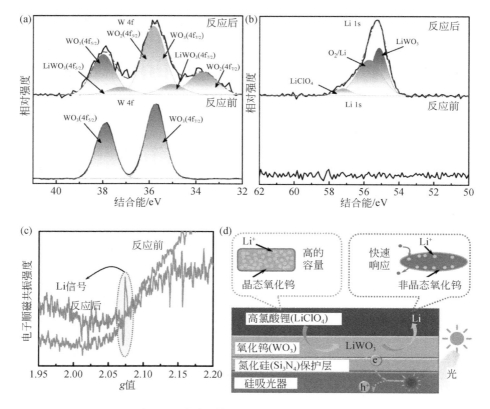

图 4.27　解析并提出光电化学 Li 提取机制

C-WO 样品在光电化学反应前后的 XPS 图：（a）W 4f，（b）Li 1s。实线是 XPS 数据，虚线为拟合曲线。
（c）C-WO 样品在光电化学反应前后的 EPR 谱。（d）含混合 WO_3 相的 Si 基光电阴极在光电化学提取锂过程中的协同作用示意图。左上图是 WO_3 结晶区域的作用，右上图为非晶 WO_3 区域的作用

的结果进行了补充和论证，这也进一步证实该研究制备的三层结构 Si 基光电阴极应用于金属 Li 提取的可行性。经过系统的研究分析，在具有非晶态（a-WO_3）和晶态（c-WO_3）两者混合 WO_3 相的 C-WO 样品上，光电化学 Li 离子还原成金属 Li 的反应机制如图 4.27（d）所示。在光源照射下，光电阴极表面的 WO_3 接收了由 Si 基底表面迁移过来的电子而带负电荷，而电解液中的 Li^+ 带正电荷，在静电相互作用下，Li 离子在电极表面富集和吸附。当对光电阴极施加电压时，吸附的 Li 离子则快速响应插入 WO_3 的晶格中形成 $LiWO_3$ 化合物。这一过程中生成的 $LiWO_3$ 可以看作光电化学 Li 提取过程中的过渡态化合物。相比于吸附在光电阴极表面的 Li 离子还原成金属 Li 这一过程，形成 $LiWO_3$ 的过程具有更低的能垒。当光诱导产生的电子迁移至 WO_3 层时，$LiWO_3$ 中的 Li 离子能与电子快速结合还原

生成金属 Li。另外，Li 离子能迅速插入 a-WO$_3$中，在外加电压作用下有很快的 Li 离子插入响应速度。同时，又能不断为具有大 Li 离子容量的 c-WO$_3$输送 Li 离子以形成更多过渡态的 LiWO$_3$化合物，从而加速金属 Li 在光电阴极表面的析出而提升反应动力学过程。通过本小节研究可以发现，层级 Si 基光电阴极的混合相 WO$_3$层在降低 Li 离子还原成金属 Li 的反应能垒方面起着非常重要的作用。由非晶态和晶态混合相组成的 WO$_3$在 Li 离子的吸附、插入、扩散和还原等几个步骤中互相协同，从而能实现更高效的金属 Li 提取。

3. 小结

本小节通过磁控溅射技术制备了以多晶 Si 作为基底的三层结构光电阴极（WO$_3$/Si$_3$N$_4$/Si），应用和探索光电化学提取 Li 的行为。研究过程中发现，非晶态 WO$_3$可以为 Li 离子在光电阴极表面的插入提供快速响应通道，而晶态的 WO$_3$则具有很高的 Li 离子容量，为 WO$_3$层内 Li 离子的扩散提供了渠道，能为光电化学 Li 提取过程提供源源不断的 Li 离子，从而促进 Li 离子还原反应的平衡移动。在 0.0817V $vs.$ Li/Li$^+$ 条件下，光电阴极的金属 Li 产率和 FE 分别为 223.0μg/（cm^2·h）和 91.9%。本小节的工作为理解金属 Li 在光电阴极表面的析出提供了坚实的基础，也为设计太阳能驱动光电化学器件实现废弃锂电池中 Li 离子的绿色回收提供了一条高效且可行的途径。

4.4　结论与展望

随着大规模农业生产对化肥的需求增加和无碳能源应用的飞速发展，NH$_3$作为合成尿素的原料和十分高效安全的能源载体而备受关注。目前，NH$_3$的大量生产还依赖于传统化学工艺，需要耗费大量的不可再生化石能源且排放出大量的温室气体（如 CO$_2$），因此迫切需要开发新的绿色可持续技术应用于 NH$_3$的生产。光电化学氮还原合成 NH$_3$是一条直接利用可持续太阳能的绿色合成路线。近年来，许多研究人员利用各种手段（如缺陷工程、晶面工程）进行光电阴极的改性，优化了光电化学氮还原反应性能，取得了一系列研究成果。然而，对于较为复杂的光电化学氮还原反应，光电阴极的活性调控、N$_2$的活化和氢化路径，以及 NH$_3$产物的来源等问题仍未解决，这需要通过对光电化学氮还原反应进行精准测量，利用先进的制备手段精细构造光电阴极，结合高端的非原位和原位表征技术准确揭示光电阴极的成分和结构的动态演变规律与还原反应中间物种的关系，建立相关反应模型，在理论计算模拟和系统实验结果基础上明晰真实的光电阴极与氮还原性能之间的定量关系，这对于光电阴极的设计具有重要指导意义。本章从探讨光电阴极的表面微环境和电子结构与氮还原性能之间的关系出发，选取层级

Si 基光电阴极为模型，结合亲气–亲水异质结构、局域化电子结构、合金化效应、电化学辅助增强策略、锂介导活化等方式提升氮还原性能，利用原位 XAS、原位 XPS、原位拉曼、原位 XRD 等来研究光电阴极的活性位点和氮还原反应路径，结合光电化学氮还原反应系统测试明确了光电阴极的微环境调控对氮还原反应性能的影响规律。然而，Si 基光电阴极的氨产率和太阳能-NH_3 转化效率仍然较低，离实用化的光电化学氮还原反应仍然有一定的差距。我们除了需要进一步开发更加高效且稳定的光电阴极，提升光电化学氮还原性能以外，还需要调控反应条件（如温度和压力）和优化反应电解液用以提升 N_2 的溶解度、促进氮氮键的断裂和驱动反应向 NH_3 合成倾斜，从而大幅度提升 NH_3 产率达到 $mg/(cm^2 \cdot h)$ 量级，以满足工业化的需求。

第5章 光电化学硝酸根还原合成氨及其衍生物

5.1 引　　言

氨（NH$_3$）是广泛用于化肥、药物和化学工业生产中的重要商业化学品之一。近年来，NH$_3$作为一种用于全球范围可再生能源（如氢气）运输的无碳能源载体或作为直接燃烧的能源体受到了极大的关注。2022年，NH$_3$的年产量超过了1.5亿t。随着在能源领域的应用拓展，未来人类对NH$_3$的需求将会远远超过当下的年产值。硝酸根（NO$_3^-$）通常由NH$_3$燃烧或氧化产生，是氮的最高氧化状态。NO$_3^-$会在环境中大量积累并造成严重的环境污染问题，因此，开发绿色可持续技术转化过剩的NO$_3^-$到有价值产物NH$_3$对促进人工氮循环并维持全球碳平衡有重要意义。

相比氮气（N$_2$）作为原料合成NH$_3$而言，NO$_3^-$具有更低的解离能（N═O键的键能为204kJ/mol）且在水溶液中溶解度更高，因此更容易还原为NH$_3$。近年来有大量研究致力于利用电化学NO$_3^-$还原反应合成NH$_3$。尽管目前报道了在NH$_3$产率和FE方面的一些良好成果，但在大多数情况下，电催化NO$_3^-$还原反应合成NH$_3$仍然需要高的外加电压，导致大量的电能消耗。利用太阳能实现零偏压NO$_3^-$还原反应合成NH$_3$是一种满足绿色合成要求且十分具有前景的途径。将催化剂和太阳能吸收器结合起来的光电化学装置具有光电压的补偿，是实现高性能、无偏压NO$_3^-$还原反应的有效设备。然而，在目前的研究工作中，光电化学系统仍然采用特殊的外加偏压来驱动NO$_3^-$还原反应。因此，发展一种高效、快速、无偏压的光电化学装置实施NO$_3^-$还原反应对科学基础和商业前景仍然是很大的挑战。另外，以NO$_3^-$和CO$_2$分别作为氮源和碳源合成尿素能进一步拓展NO$_3^-$转化的应用价值和丰富光电化学合成的理论基础。因此，探索和开发光电化学装置在温和条件下通过太阳能进行绿色和高效C—N偶联合成尿素具有重要意义。

5.2 高效光电化学硝酸根还原合成氨

1. 实验部分

Si片预处理：首先将p型Si（p-Si）片放入80℃的2%氢氧化钾溶液中进行

1h 的刻蚀。刻蚀后的 Si 片浸泡在 5% 氢氟酸溶液中 3min，用去离子水洗净后吹干。称取 0.1419g P_2O_5 在 10mL 无水乙醇中超声溶解。将 0.1mol/L P_2O_5 溶液滴在面积约为 2cm^2 的 Si 片表面上，然后放入真空快速退火炉在 800℃下高温加热 8min。最后，等待炉内温度降至室温，将样品从炉中取出，用 5% 氢氟酸溶液清洗 1min 去除 SiO_2 层，最终得到 n^+p-Si。

光电阴极组装：将 2mg 碳材料（5-氨基尿嘧啶在 900℃碳化下得到）溶解在 950μL 异丙醇和 50μL Naffion 的混合物中，将其涂覆在 n^+p-Si 表面，负载量为 50μL/cm^2，在红外光下干燥后得到 CSi 样品。将 CSi 样品固定在磁控溅射系统的载板上，真空度为 3.0×10^{-4}Pa，Cu 靶的直径和厚度分别为 60mm 和 4mm。在 8.6Pa Ar 气氛下清洁基底 10min，再将工作压力下调至 1Pa，在直流 15W 的功率下进行 Cu 沉积，沉积时间 7min，得到 Cu 纳米颗粒/C 层/n^+p-Si 样品（标记为 CuCSi）。随后，将制备好的 CuCSi 在 800℃退火 2min。在 Si 片的背面镀金，直流功率为 10W，沉积时间为 5min，最终得到 CuCSi-800 样品。此外，CuCSi 样品分别在 200℃、400℃和 600℃下进行退火作为对比样品，从而研究退火温度对样品成分、结构和性能的影响。相应地，样品被标记为 CuCSi-200、CuCSi-400 和 CuCSi-600。在电化学测试中，CuC-800 样品与 CuCSi-800 的合成方式相同，不同之处是将 n^+p-Si 基底替换为碳纸。将合适尺寸的 Cu 带用银胶粘在 CuCSi-800 的 Au 侧上，并在 40℃的真空中干燥 2h。使用环氧树脂胶封装 Si 片的边缘和背面，以及连接的 Cu 带，从而防止暗电流对光电化学测试的干扰，然后将包裹好的样品放在空气中干燥 2h。

光电阳极组装：选择晶面取向为 (100) 的单面抛光 p 型硅片作为基底，并在乙醇中清洗 20min。清洁干燥的 Si 片被放入沉积腔室中，预抽真空，使真空度达到 3.0×10^{-4}Pa，在 8.6Pa 氩气气氛下清洁基底 10min。首先在 Si 片上沉积一层薄的钛（Ti）层，沉积功率为 430W，时间为 5min，沉积腔室的压力保持在 2Pa。在 Ti 层上用小 Si 片覆盖两个小区域，以避免后续材料的沉积。在沉积 Ti 膜后，通入氧气（O_2），O_2 与 Ar 的流速比为 1:1，总压力保持在 2Pa，沉积 4h 后形成二氧化钛（TiO_2）薄膜。将合适尺寸的 Cu 带用银胶粘在上述留出的两个小区域，并在室温下干燥 10h。使用环氧树脂胶封装 Si 片的边缘和背面，以及连接的 Cu 带，从而防止暗电流对光电化学测试的干扰，然后在空气中干燥 2h，得到最终的 TiO_2 光电阳极。

光电阴极–光电阳极共平面器件组装：选择一块面积为 3cm×4cm 的石英玻璃作为基底。将面积为 1.5cm×1.5cm 的石英玻璃表面用硅胶覆盖，避免后续材料的沉积以便组装 CuCSi-800，其余区域首先沉积钛（2Pa、430W、5min，Ar：39.7sccm），随后，除了两个导电接触点被小 Si 片覆盖外，覆盖了 Ti 的表面均被沉积 TiO_2（2Pa、430W、5min，O_2/Ar：20sccm/20sccm）。取下石英玻璃上的所有小 Si 片和硅胶，在这些区域用银胶粘上 Cu 带，然后将 1cm×1cm 的 CuCSi-800 粘在石英玻璃的空白区域的 Cu 带上。最后，使用环氧树脂胶进行封装。

　　光电极的表面形貌使用 SU 8220 场发射扫描电子显微镜和高分辨透射电子显微镜（HRTEM）进行表征。X 射线衍射（XRD）由 Bruke D8 Discover 衍射仪测试得到，使用的是 Cu Kα 射线，2θ 范围为 $30°\sim60°$，扫描速率为 $1°/\min$。不同温度退火和反应后样品的 X 射线吸收谱（XAS）由澳大利亚墨尔本的同步辐射光源的 XAS 光束线（12ID）测得。XAS 的测试样品是在碳纸上组装而成的，将 Si 基底替换为碳纸，其他过程与 CuCSi-800 的光电阴极组装细节相同。使用光束线光学器件（硅涂层准直镜和铑涂层聚焦镜），入射 X 射线束的谐波含量可以忽略不计。使用 Agilent 5110（美国）进行电感耦合等离子体发射光谱（ICP-OES）实验，测定反应后电解质中的 Cu 离子。在 Thermo Fisher Scientific（美国）生产的 ESCALAB Xi+ 上进行 X 射线光电子能谱（XPS）实验，测定元素和价态。傅里叶变换红外光谱（FTIR）测量在 Thermo Nicolet iS5 上进行，聚光灯 400/400N。拉曼光谱测量采用的是 Witec Raman 显微系统（Alpha 300R），激光波长为 532nm，放大倍率为 100×。在测量中，应用的激光功率、积分时间和累积次数分别为 0.5mW、5s 和 9 次。使用 Bruker 公司的 600MHz NMR 仪器获得 NMR 数据。在 Autolab PGSTAT302N［Eco Chemie，乌得勒支（Utrecht），荷兰］上进行电化学阻抗谱（EIS）测试。样品的漫反射光谱（DRS）在日立 UV-4100 紫外–可见–近红外分光光度计上测得。

　　在一个模拟太阳光照（100mW/cm^2，AM 1.5G）条件下，在三电极体系的 H 型电池中对 CuCSi-800 光电阴极的光电化学性能进行评估，采用预处理过的 Nafion 117 膜作为隔膜，阴极室中的电解液为 1.0mol/L KOH 和 50mmol/L KNO$_3$。光电阴极大小约为 0.5cm×0.5cm，对电极为铂片，而 Ag/AgCl（饱和 KCl 溶液）用作参比电极，通过 $E_{RHE}=E_{Ag/AgCl}+0.059pH+0.197$ 转换为相对于可逆氢电极（RHE）的电位，所使用电解液 pH 为 13.8。Ar 气不断从阴极室的一侧通入电解液，然后从另一侧排出，收集不溶于电解液而挥发出来的产物氨气。LSV 测试以 20mV/s 的扫描速率进行，光源每 3s 在暗和亮之间切换。TiO$_2$ 光电阳极的光电化学性能测试条件和光电阴极相同。在一个模拟太阳光照（100mW/cm^2，AM 1.5G）条件下，两电极器件光电化学性能测试在一个带有平面石英玻璃窗的单电池中进行。其中，电解液为 50mmol/L KNO$_3$ 和 1.0mol/L KOH。裸露的 Cu 带高于液面，器件的正面垂直于入射光的方向浸入电解液中。

　　产物氨的定量测试采用吲哚酚蓝方法，使用的三种显色试剂如下：a 液为含有 5wt% 柠檬酸钠和 5wt% 水杨酸的 1.0mol/L NaOH 溶液；b 液为 0.05mol/L 次氯酸钠溶液；c 液为 1wt% 亚硝基铁氰化钠溶液。取电解液 0.9mL，依次加入 a 液 1mL、b 液 0.5mL 和 c 液 0.1mL，然后将混合物在暗处静置 2h 后进行吸光度测试。通过紫外–可见（UV-vis）分光光度计测试可知，在662nm处溶液的吸光度与氨的浓度呈线性关系。

对肼的检测步骤如下：光电化学反应30min后，将2mL电解液与2mL显色剂混合，并在暗处静置20min。显色剂由4g 4-（二甲氨基）苯甲醛、20mL浓硫酸和200mL无水乙醇组成。使用紫外–可见分光光度计在460nm处测试吸光度。格里斯（Griess）实验用于评估电解液中亚硝酸盐的浓度。格里斯试剂的制备过程如下：首先，将0.04g N-（1-萘基）乙二胺二盐酸盐和0.8g磺胺酰胺加入2mL磷酸和10mL去离子水的混合溶液中，并通过超声处理3min使其完全溶解。将0.05mL电解液用去离子水稀释100倍，然后向电解液中加入0.1mL显色剂并静置20min。使用紫外–可见分光光度计在540nm处测试吸光度。

为了阐明氨的来源，进行^{15}N同位素标记实验，使用^{15}N同位素标记的K^{15}NO$_3$作为反应底物。同时当反应物为K^{14}NO$_3$时，通过核磁共振法确定^{14}NH$_3$的浓度。硝酸根的浓度均为50mmol/L。光电化学反应30min后，稀释电解液，使用1mol/L HCl将pH调整到约3。吸取0.5mL稀释后的电解液（pH=3），加入100μL d$_6$-DMSO作为氘代试剂和50μL 5.0mmol/L DSS钠盐［3-（三甲硅烷基）-1-丙烷磺酸钠］溶液作为内标。所收集的数据是在带有超低温探头的600MHz NMR仪器（Bruker）上进行256次扫描的累积结果。在测试反应产物之前，测量了^{15}NH$_3$和^{14}NH$_3$的标准曲线。

太阳能–氨转化效率（STA）计算公式如下：

$$STA = \left[\frac{[NH_3](mmol/s) \times 429810(J/mol)}{P_{total}(mW/cm^2) \times A(cm^2)} \right]_{AM\,1.5G} \tag{5.1}$$

$$NO_3^- + 3H_2O \Longrightarrow NH_4^+ + 2O_2 + 2OH^- \tag{5.2}$$

$$\Delta G = \Delta G(NH_4^+) + 2\Delta G(OH^-) - \Delta G(NO_3^-) - 3\Delta G(H_2O) \tag{5.3}$$

其中，ΔG是429810J/mol；$[NH_3]$是产氨速率（mmol/s）；P_{total}是入射光功率密度（100mW/cm^2）；A是光照电极面积（cm^2）。

2. 结果与讨论

本小节研究工作主要报道了一类助催化剂为Cu纳米颗粒和吸光器为Si的层级光电阴极用于高效太阳能驱动NO$_3^-$还原反应产氨的研究，以及设计共平面光电阴极–光电阳极的光电化学器件用于无偏压光电化学NO$_3^-$还原反应[147]。图5.1（a）显示了层级Si基光电阴极的分步制备过程。p-Si储量丰富且无毒，具有合适的能带结构（如1.1eV带隙）。表面具有p-n结的纳米金字塔形p-Si（标记为n$^+$p-Si）作为光电阴极的光吸收器，以捕获光子并产生电荷载流子。通过滴涂法在n$^+$p-Si表面涂覆薄C层（标记为CSi），C层对Si基光电阴极主要有三个重要功能：在碱性溶液中提供稳定运行的保护功能；促进光生电子转移的传导行为；

锚定 Cu 纳米颗粒的黏附作用。Cu 因低成本和独特电子结构利于吸附富电子的 NO_3^-，是一种很有前景的 NO_3^- 还原反应催化剂。因此，如图 5.1（a）的步骤（5）所示，在 CSi 上沉积具有纳米尺寸厚度的金属 Cu 层作为助催化剂（标记为 CuCSi）。为了进一步优化光电化学性能并揭示催化机制，详细研究了 800℃ 真空退火处理后的 CuCSi 光电阴极（标记为 CuCSi-800），发现表面形成了 Cu 纳米颗粒。此外，还制备了不同退火温度处理的其他 Si 基光电阴极 [标记为 CuCSi-X（200、400 和 600）] 作为对照样品，用于形成不同形状的 Cu 纳米颗粒 [图 5.1（a）]。值得一提的是，不超过 800℃ 的退火温度几乎不会影响 n^+p-Si 晶片的表面形态和性能，这符合工业化硅太阳能电池的应用。场发射扫描电子显微镜（FESEM）、扫描透射电子显微镜（STEM）和高分辨透射电子显微镜（HRTEM）表征证实了层级 Si 基光电阴极的成功制备。FESEM 图和 EDS 谱图表明，CuCSi 由纳米锥形 Si、23nm 厚的 Cu 层和 7nm 厚的 C 中间层组成。退火后，随着温度从 200℃ 升高到 800℃，可以清楚地观察到 Cu 层到 Cu 纳米颗粒的形态演变。CuCSi-800 中 Cu 纳米颗粒的尺寸范围为 10～150nm，高度分散并锚定在 CSi 的表面上，而不是以 Cu 层的形式负载在表面 [图 5.1（b）]，这意味着 Cu 助催化剂在光电化学 NO_3^- 还原反应过程中具有更多的活性位点和更强的表面附着力。同时，通过 STEM 图结合 EDS 谱图获得的 CuCSi-800 的横截面微观结构 [图 5.1（c）] 也揭示了 Cu 纳米颗粒和 C 材料在 Si 表面上的连续分布，以及一些 O 元素似乎包围了 Cu 纳米颗粒。CuCSi-800 的 HRTEM 图 [图 5.1（d）] 显示 Cu 纳米颗粒的晶面间距为 0.208nm 和 0.181nm，证实了 Cu 纳米颗粒具有（111）和（200）晶面，与 X 射线衍射的特征衍射峰一致。此外，在 XRD 谱图可以明显看出 CuCSi-800 比 CuCSi 具有更高的峰强度和更窄的峰宽度。最后，通过漫反射光谱评估了样品的光学性质和能带结构。与其他样品相比，CuCSi-800 在 350～800nm 的波长范围内具有较低的反射率，表明具有更好的光吸收能力。根据间接允许跃迁，n^+p-Si 和 CSi 的能带间隙为 1.1eV，源自 Si 的能带结构。令人惊讶的是，在 CuCSi 和 CuCSi-800 上发现了一个额外的 2.0eV 的能带间隙，可能归因于 Cu 的表面氧化而形成氧化亚铜（Cu_2O）或氧化铜（CuO）。

采用 X 射线光电子能谱（XPS）和 X 射线吸收谱（XAS）研究了 Si 基光电阴极的电子结构和化学环境。与 XAS 不同，XPS 是表面灵敏的分析技术，检测范围从亚纳米到几纳米。Si 基光电阴极表面的全谱显示了 Cu 2p、C 1s、O 1s 和 Si 2p 的特征峰。从 CuCSi 到 CuCSi-800，Si 与 Cu 的原子比分别为 0 和 6.68，表明 Cu 的结构从层状到纳米颗粒的演变。在 Cu 2p 谱图中，CuCSi-800 的 Cu 纳米颗粒由 Cu^0、Cu^+ 和 Cu^{2+} 组成 [图 5.2（a）]，而 CuCSi 的 Cu 层则由金属 Cu 和/或 Cu_2O 组成，主要含 Cu^0 和 Cu^+。此外，在 Cu 的 LMM 俄歇跃迁光谱中 [图 5.2（b）]，916.5eV 和 918.5eV 处的特征峰分别归属于 CuCSi-800 中的 Cu^+ 和 Cu^0。

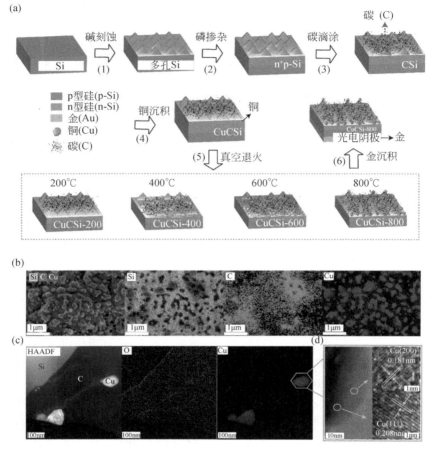

图 5.1　Si 基光电阴极的制备和结构表征

（a）层级 Si 基光电阴极的分步制备工艺示意图；（b）CuCSi-800 的俯视 FESEM 图以及相应元素分布图；
（c）CuCSi-800 的 STEM 横截面图，以及 O 和 Cu 分布图；（d）CuCSi-800 的 HRTEM 图，右侧为高倍率图
像与相应的元素标记区域

结合 XPS 数据和光电阴极组装过程可知，相比于 Cu 层，Cu 纳米颗粒在空气中更
容易被氧化，导致 Cu^+ 和 Cu^{2+} 的存在。在 CuCSi-800 的 Si 2p XPS 图上还发现了明
显的 Si—O 特征峰，可能归结于部分 Si 暴露在环境中形成了非晶 SiO_2。为了更好
地了解 Cu 助催化剂的局部氧化态，图 5.2（c）显示了 Si 基光电阴极的 Cu K 边
的 X 射线吸收近边结构（XANES）光谱。光电阴极的吸收边缘位于 Cu^0（铜箔）
和 Cu^+（Cu_2O）吸收边缘之间。由于 CuCSi-800 的 Cu 纳米颗粒具有更高的表面
吉布斯自由能和更多的表面积暴露，在空气中更容易被氧化。与其他光电阴极相
比，吸收边缘位置向更高的能量移动。图 5.2（d）通过归一化吸收强度的一阶

导数直接比较了 Cu 的氧化态，CuCSi-800 的 Cu 平均氧化态约为 0.25，与 XPS 的数据结果一致。此外，R 空间数据［图 5.2（e）］表明，CuCSi-800 的主峰是金属 Cu，在靠近 Cu—O 键的位置有一个小峰，这进一步揭示了 CuCSi-800 上 Cu 纳米颗粒拥有局域电子结构（即 Cu^+ 的存在）。然而，很难在 XAS 图中找到 Cu^{2+} 特征信号，这可归因于 XAS 技术的微米深度分辨率。另外，通过关联 XPS 数据、XAS 数据和 HRTEM 图，可以推测 Cu^{2+} 大多集中在大约一个原子厚的 Cu 纳米颗粒表面，导致 XAS 图中缺乏 Cu^{2+} 信号。

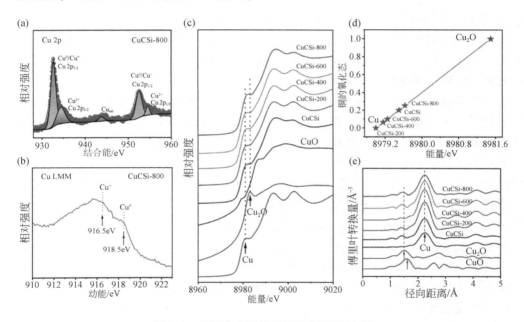

图 5.2　Si 基光电阴极的 XPS 图和 XAS 图

（a）CuCSi-800 的 Cu 2p XPS 图，球体是 XPS 数据，黑色实线是拟合数据；（b）CuCSi-800 显示了 Cu^0、Cu^+ 和 Cu^{2+} 的俄歇峰；（c）Si 基光电阴极的 Cu K 边 XANES 光谱，采用铜（Cu）箔、Cu_2O 和 CuO 粉末作为参考；（d）通过 Cu K 边 XANES 数据计算光电阴极中 Cu 的平均氧化态；（e）光电阴极的傅里叶变换 k^3 加权 EXAFS 光谱

首先在 1.0mol/L 氢氧化钾（KOH）和 0.05mol/L 硝酸钾（KNO_3）混合水溶液（pH=13.8）中，通过具有三电极体系的气密双室反应池在室温条件下对 Si 基光电阴极的光电化学 NO_3^- 还原反应性能进行评估。为了准确分析光电化学 NO_3^- 还原反应的产物，采用吲哚酚蓝法结合核磁共振技术定性和定量测定产物 NH_3，并分别采用 Griess 实验及 Watt-Chrisp 法检测其他中间产物，如亚硝酸盐（NO_2^-）和肼（N_2H_4）。用电解液配制多个浓度的标准氯化铵（NH_4Cl）、N_2H_4 和亚硝酸钠（$NaNO_2$）溶液，并作出对应吸光度的标准曲线。在光电化学 NO_3^- 还原过程

中，反应后电解液中没有检测到 N_2H_4 产物。在系统评价光电阴极的光电化学 NO_3^- 还原反应性能之前，进行了五个必要的对照实验以排除 NH_3 污染的干扰并证实光电化学 NO_3^- 还原反应性能的真实性：①Si 基光电阴极在含 NO_3^- 的 KOH 电解液中显示了比纯 KOH 溶液体系更大的还原电流 [图 5.3 （a）]，意味着光电阴极对 NO_3^- 还原反应拥有更高的活性；②在黑暗和开路电压条件下，几乎没有 NH_3 的产生，证实了 NH_3 是光电化学 NO_3^- 还原反应的产物；③NO_3^- 还原反应由表面 Cu 助催化剂和 n^+p-Si 吸光器控制，进一步表明 Si 基光电阴极对 NO_3^- 转化为 NH_3 的功能性；④$^{15}NO_3^-$ 同位素实验说明了 NH_3 中的氮源来自 NO_3^- 还原过程，因为在光电解后的电解质中没有观察到 $^{14}NH_4^+$ 的三重峰；⑤分别使用吲哚酚蓝法和核磁共振方法测定电解液中产物 NH_3 的含量，两种方法测试的电解液中 NH_3 浓度值几乎相同，证明了吲哚酚蓝检测方法的可靠性。

在确认了 NO_3^- 转化为 NH_3 的准确性后，在三电极系统中测试了光电阴极的光电化学 NO_3^- 还原反应性能。图 5.3 （b） 显示了在 0.5h 内和不同外加电位下 CuCSi 和 CuCSi-800 的 NH_3 产率和 FE。在 $-0.2 \sim -0.8V$ vs. RHE 范围内，CuCSi 光电阴极表现出相对固定的 FE （77.0% ~ 73.6%），且 NH_3 产率从 $22.9\mu g/(cm^2 \cdot h)$ 增加到 $47.9\mu g/(cm^2 \cdot h)$。然而，在 $-0.4 \sim -0.8V$ vs. RHE 范围内，CuCSi-800 光电阴极的 NH_3 产率提高了近 1.2 倍，且 FE 超过 80%。由图 5.3 （b） 可知，当外加电压为 $-0.6V$ vs. RHE 时，CuCSi-800 获得了最大的 NH_3 产率 [$115.3\mu g/(cm^2 \cdot h)$] 和最高的 FE （88.8%）。然而，在 $-0.2V$ vs. RHE 下，CuCSi-800 表现出较差的光电化学 NO_3^- 还原反应性能，NH_3 产率和 FE 均比 CuCSi 低。事实上，在比 $-0.2V$ vs. RHE 更正电位条件下，CuCSi-800 和 CuCSi 的线性扫描伏安 （LSV） 曲线也反映了相应的光电流密度 （J） 差异。此外，电化学阻抗谱 （EIS） 数据表明，在 0V vs. RHE 和 $-0.4V$ vs. RHE 下 CuCSi-800 显示了不同的电荷转移电阻，意味着在 CuCSi-800 表面上存在着薄的绝缘 SiO_2 层，会在低外加电位下阻挡光生电子的传输。同时，在其他光电阴极中，也能观察到 NH_3 产率和 FE 在低外加电压下受退火过程影响的现象。此外，在 30min 光电化学 NO_3^- 还原反应前后，CuCSi-800 的 EIS 数据证明它具有良好的电化学稳定性。同时，在电解后，电解液中检测到少量的 NO_2^- 产物，并且随着外加电位的增加，光电化学 NO_3^- 转化为 NH_3 的性能逐渐提升，而 NO_2^- 产率和相应的 FE 逐渐降低。为了进一步确定 NO_2^- 产物在光电化学 NO_3^- 还原反应过程中的作用，采用同位素示踪法结合光电化学测试，研究了在纯 $K^{14}NO_2$ 和 $K^{14}NO_2$-$K^{15}NO_3$ 水溶液中 CuCSi-800 上 $^{14}NO_2^-$ 和 $^{15}NO_3^-$ 的还原情况。在光电化学 NO_2^- 还原反应中，CuCSi-800 显示出接近 100% 的 FE，且其 NH_3 产率为 $115.7\mu g/(cm^2 \cdot h)$。尽管在 $K^{14}NO_2$-$K^{15}NO_3$ 溶液中也获得了约 100% 的总 FE，但 NO_2^- 还原反应的 NH_3 产率和 FE 分别约为 $111.5\mu g/(cm^2 \cdot h)$ 和 80%，NO_3^- 还原

反应的 NH_3 产率和 FE 分别约为 28.8 $\mu g/(cm^2 \cdot h)$ 和 20%。基于这些结果,可以推断出 NO_2^- 还原为 NH_3 的速率比 NO_3^- 还原的速率更快,并且在具有不同活性位点的 CuCSi-800 表面上,NO_3^- 还原反应和 NO_2^- 还原反应存在竞争关系。因此,所发现的 NO_2^- 是光电化学 NO_3^- 还原反应的副产物,而不是该过程中必要的中间产物。

　　Si 基光电阴极的稳定性是光电化学 NO_3^- 还原合成 NH_3 应用的重要指标。如图 5.3 (c) 所示,在 2h 的光电化学反应过程中,CuCSi-800 的 NH_3 产量呈线性增加,FE 值略有波动 (超过 70%),这意味着光电阴极是稳定的且 NH_3 被持续合成。在 2h 内,CuCSi-800 的 NH_3 产量达到了 183.5 $\mu g/cm^2$。此外,与其他光电阴极相比,在 0.5~2h 以及各种给定电位下 CuCSi-800 的光电化学 NO_3^- 还原反应显示出很少的光电流衰减 [图 5.3 (d)]。此外,在碱性溶液中进行 2h 光电化学操

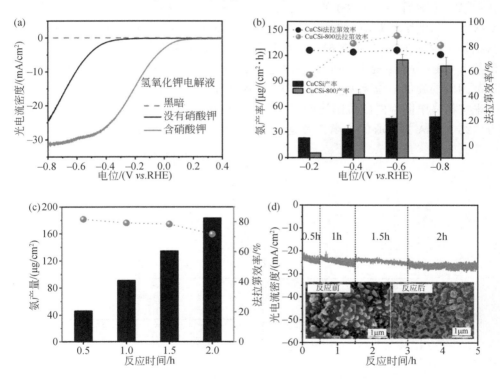

图 5.3　Si 基光电阴极在三电极系统中的光电化学 NO_3^- 还原反应

(a) 在有无 0.05 mol/L KNO_3 的碱性电解液中 CuCSi-800 光电阴极的光电流密度–电位曲线,在黑暗中测得的电流密度几乎是水平线,即 0 mA/cm^2;(b) 在不同外加电位下 CuCSi 和 CuCSi-800 的 NH_3 产率 (柱状图) 和 FE (点图);(c) 不同反应时间下 CuCSi-800 的 NH_3 产量 (柱状图) 和 FE (点图);(d) 在 –0.6V $vs.$ RHE 条件下 CuCSi-800 的光电流密度–反应时间曲线,底部插图是在 2h 光电化学 NO_3^- 还原反应前 (左) 和后 (右) CuCSi-800 的俯视图

作后，具有纳米锥形的 Si 仍然保持着高覆盖率的 Cu 纳米颗粒 ［pH=13.8，图 5.3
(d) 中的插图］。在 0.5h 电解后，通过电感耦合等离子体发射光谱仪（ICP-OES）
测试电解液（1mol/L KOH-0.05mol/L KNO$_3$）中的 Cu 浓度。ICP-OES 的结果表
明，相比 CuCSi 表面 Cu 层的溶解 ［电解液中 Cu 浓度约 0.87mg/（cm^2·L）］，
CuCSi-800 表面的 Cu 纳米颗粒更稳定且溶解速率更低 ［电解液中 Cu 浓度约
0.05mg/（cm^2·L）］，主要归因于 Cu 纳米颗粒与 Si 基光电阴极之间较好的黏附
力。然而，在 10h 光电解后，CuCSi-800 表面上的 Cu 纳米颗粒完全损失，C 层发
生剥离与腐蚀，且 Si 片也堆叠了较厚 SiO$_2$ 层，意味着光电阴极的失效。以上实
验结果表明，CuCSi-800 光电阴极在三电极系统中能够表现出高效、稳定的光电
化学 NO$_3^-$ 还原反应。

准原位 XAS 可以分析 Cu 助催化剂在 NO$_3^-$ 还原反应前后化学键和电子态的变
化信息。电解后 CuCSi-800 的 Cu K 边 XANES 光谱与 Cu(NO$_3$)$_2$ 或 CuO 的光谱非
常接近，与铜箔和 Cu$_2$O 的光谱明显不同 ［图 5.4（a）］，同时与原位拉曼光谱测
试结果一致。在 -0.2～-0.6V $vs.$ RHE 条件下 CuCSi-800 的 Cu 纳米颗粒表现出相
似的 XANES 光谱，表明在 NO$_3^-$ 还原过程中 Cu 纳米颗粒的化学环境变化与给定电
位范围内的施加电位无关。图 5.4（b）展示了电解前后 CuCSi-800 的 R 空间数
据来解析光电阴极的配位结构变化。与反应前样品相比，反应后的 CuCSi-800 具
有以约 1.54Å 为中心的主峰，对应于 Cu—X 键（X=N、C 或 O）。综合上述，根

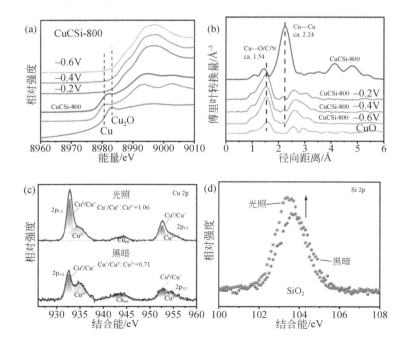

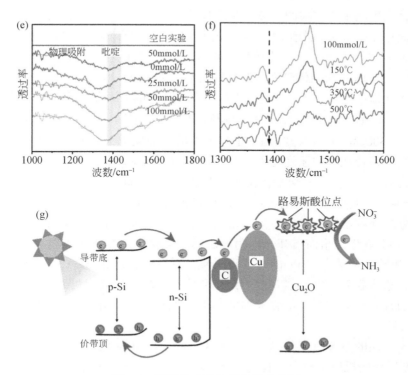

图 5.4　活性位点的分析和反应机制

（a）在不同外加电压下光电化学 NO_3^- 还原反应前后 CuCSi-800 的 Cu K 边 XANES 光谱；（b）CuCSi-800 在光电化学 NO_3^- 还原反应前后的实验 EXAFS 光谱的傅里叶变换；在光照前和光照过程中 CuCSi-800 的 Cu 2p XPS 图（c）和 Si 2p XPS 图（d）；（e）在不同光电化学反应条件下，吸附了吡啶（Py）的 Cu 纳米颗粒的差分 FTIR 图，将 Cu 纳米颗粒浸入 50mmol/L NO_3^- 和 50mmol/L Py 混合溶液中以完成 Py 的物理吸附；（f）在不同温度下 Cu 纳米颗粒上 Py 解吸后的 FTIR 图；（g）CuCSi-800 的光电化学 NO_3^- 还原反应机制示意图

据测试结果和光电化学 NO_3^- 还原反应测试，可以推断在 NO_3^- 转化为 NH_3 的过程中，含有 Cu^+ 与 Cu^{2+} 的 Cu 纳米颗粒有利于 NO_3^- 的吸附和氢化，扮演着反应活性位点的角色。

　　为了进一步揭示含 Cu^+ 与 Cu^{2+} 的 Cu 纳米颗粒作为反应位点的原因，采用光辅助 XPS 研究了光生载流子与 CuCSi-800 电子结构之间的联系。CuCSi-800 的 Cu 2p 光谱［图 5.4（c）］显示，光照时 Cu^0/Cu^+ 与 Cu^{2+} 的比值为 1.06，与光照前（0.71）相比有所增加，表明 Cu^{2+} 或 Cu^+ 减少。另一方面，由 CuCSi-800 的 Si 2p 光谱［图 5.4（d）］可知，光照导致 Si—O 峰的强度增加以及 Si—O 键的增加。这些结果可归因于光生电子注入 Cu 纳米颗粒的 Cu^+/Cu^{2+} 位点，引发电子配位环境的重建，导致活性带电荷位点的形成。同时，光生空穴被阻挡在 SiO_2 层中，进一步促使光生电子和空穴的分离。在这种情况下，含有 Cu^+/Cu^{2+} 的 Cu 纳米颗粒可以在储存光生电子和产生路易斯酸位点（LAS）方面发挥重要作用，该位点有利于 NO_3^- 的吸附并加速电子的转移。原理上，傅里叶变换红外光谱（FTIR）易于鉴定吡啶（Py）与固体表面上的酸性位点（如 LAS）络合。在减去 Cu 纳米颗粒的背景光谱后，图 5.4（e）呈现了含 Cu^+/Cu^{2+} 的 Cu 纳米颗粒在各种具有 Py 条件下 FTIR 透过率信息。在简单物理吸附过程和不同 Py 浓度的 NO_3^- 还原反应中，在约 1380cm^{-1} 处观察到由 Py 在 LAS 上的特征配位引起的一个宽峰。在 NO_3^- 还原过程中，特征峰的强度随着电解质中 Py 浓度的增加而增加［图 5.4（e）］，反映出含 Cu^+/Cu^{2+} 的 Cu 纳米颗粒上有大量的 LAS。此外，为了消除物理吸附 Py 物种的干扰，对在 NO_3^--Py 电解液中反应后的光电阴极进行不同温度退火，可以发现红外峰强度出现一定的变化，如图 5.4（f）所示。通常，在 150℃ 下物理吸附的 Py 将会发生脱附而离开光电阴极表面。实验结果显示在该温度下电解后的 Cu 纳米颗粒上仍然存在 Py 的特征吸附峰，直至温度达到 500℃ 以上时此峰才完全消失，意味着 Py 物种是以化学吸附的形式存在于光电阴极表面。另一方面，这也说明含 Cu^+/Cu^{2+} 的 Cu 纳米颗粒具有丰富的 LAS，用于 NO_3^- 的化学吸附和氢化。

基于上述的系统研究和结果，图 5.4（g）为 CuCSi-800 光电阴极的光电化学 NO_3^- 还原反应的机制示意图。在光照下，纳米结构的 Si 片吸收入射光子，产生电子-空穴对。少数载流子（电子）由 n^+p 异质结的内置电场驱动，向光电阴极表面移动。具有适宜功函数的导电 C 中间层可以有效地提供电子传输通道，使光生电子穿过并注入含 Cu^+/Cu^{2+} 的 Cu 纳米颗粒上。另外，光生电子首先倾向于集中在 Cu^+/Cu^{2+} 位点，以形成活性 $^*Cu$ 作为光电化学 NO_3^- 还原反应的还原位点（即 LAS）。当 NO_3^- 到达 $^*Cu$ 时，NO_3^- 被吸附和活化，与 3 个质子直接反应，并通过 $^*Cu$ 使 8 个电子参与反应而合成 NH_3。然而，少量的 NO_3^- 物种可以连接在其他还原位点上，并导致电解后电解质中 NO_2^- 的存在。因此，Cu^+/Cu^{2+} 位点接受电子后而形成的 LAS 可以提供有效的位点来活化 NO_3^- 和质子。

通过磁控溅射技术在负载 Ti 层的石英玻璃上沉积厚度超过 1.0μm 的大面积 TiO_2 光电阳极。SEM 与相应的 EDS 谱图、XRD 谱图和光学测量结果证实了高质量 TiO_2 光电阳极的成功制备。如第 3 章所述，由于高能等离子体的轰击，具有典型锐钛矿相结构和致密微观结构的微米级 TiO_2 光电阳极具有高的压应力和强的铁磁性。在没有任何保护层和助催化剂的情况下，TiO_2 光电阳极具有极好的稳定性（10h 的光电化学反应无衰减），而且在 0.4V *vs.* RHE 时其平均饱和光电流密度为（0.286±0.002）mA/cm^2。在三电极系统中，TiO_2 光电阳极的水氧化起始电位约为 0V *vs.* RHE。考虑到 CuCSi-800 光电阴极的光电流密度和起始电位［图 5.3

（a）］，光电阳极的面积和光电阴极的面积之比约为 6.3∶1.0，以进一步匹配两者的光电流［图 5.5（a）］。靠前的起始电位和匹配的能带结构使光电阳极和光电阴极可以作为共平面串联的光电化学器件在无偏压条件下驱动 NO_3^- 还原反应和析氧反应的同步进行。

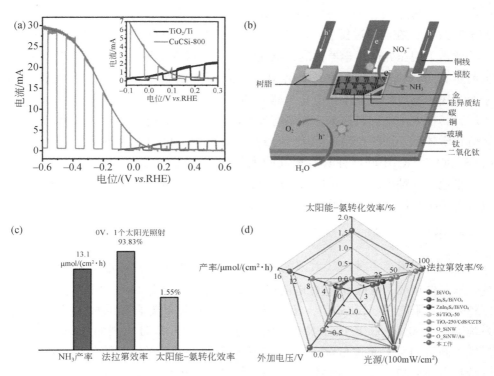

图 5.5　无偏压光电化学器件及其光电化学 NO_3^- 还原反应性能

（a）三电极系统中 CuCSi-800 光电阴极（面积 1.0cm²）和 TiO₂ 光电阳极（面积约 6.3cm²）的 LSV 曲线，光电阴极的光电流大小取相反数以便光电流重叠；（b）共平面 CuCSi-800｜TiO₂ 串联器件及其相应光电化学反应的示意图；（c）在无偏压串联器件上光电化学 NO_3^- 还原反应性能，包括 NH₃ 产率、FE 和太阳能-氨转化效率；（d）光电化学 NO_3^- 还原反应的雷达图可视化数据，包括前人和本工作的光源、外加电压、NH₃ 产率、FE 和太阳能-氨转化效率；大多数光电化学系统需要外加电压来补偿不足的光电压，并显示出有限的 NH₃ 产率和效率

　　将 CuCSi-800 光电阴极连接到石英玻璃上，与 TiO₂ 光电阳极处于同一平面 ［标记为 CuCSi-800｜TiO₂，图 5.5（b）］，组装成用于 NO_3^- 还原反应和析氧反应的光电化学器件。在这种串联设计中，光电阳极和光电阴极位于一个平面上可以降低界面电阻，促进传质和电荷转移。在 1 个太阳光照射和无偏压条件下，光电化学器件的光电流可以超过 2mA，高于使用质子膜和参比电极的三电极系统中单

个 CuCSi-800 光电阴极和 TiO$_2$ 光电阳极的交叉光电流 [图 5.5 (a)]。这种高的光电流主要来源于低电阻、快速的质量/电荷转移和重叠的内置电场，导致交叉光电流向 TiO$_2$ 光电阳极的饱和光电流移动。基于优异的光电化学性能，在无外加偏压下共平面 CuCSi-800 | TiO$_2$ 串联器件实现了高达 13.1μmol/(cm^2·h) 的 NH$_3$ 产率、93.83% 的 FE 和 1.55% 的太阳能-氨转化效率 [对应于光电阴极面积，图 5.5 (c)]。在反应过程中，在 TiO$_2$ 光电阳极表面上也可观察到 O$_2$ 气泡的析出。

此类无偏压光电化学器件的光电化学 NO$_3^-$ 还原性能具有显著的优势，超过了当前所有同类的光电化学或光催化 NO$_3^-$ 还原反应的性能。到目前为止，仍没有关于 NO$_3^-$ 还原反应的无偏压光电化学器件的报道。因此，这种性能与产率和 FE 可扩展到其他太阳能燃料技术，如具有外加电压的单个光电阴极和具有牺牲试剂的光电化学体系。图 5.5 (d) 清晰地表明在所有光电化学 NO$_3^-$ 还原反应中共平面 CuCSi-800 | TiO$_2$ 串联器件具有最高的太阳能驱动的 NO$_3^-$-NH$_3$ 转化活性和效率。进一步地，这种串联装置可以得到改进，并成为 NO$_3^-$ 还原反应和其他光电化学反应（如 CO$_2$ 还原和生物质反应）应用的候选者。

3. 小结

本小节报道了一种高效太阳能驱动 NO$_3^-$ 还原反应产氨的无偏压光电化学装置。该器件集成了层级 Si 基光电阴极和微米级 TiO$_2$ 光电阳极，实现了创纪录的 1.55% 的太阳能-氨转化效率，超过了当前太阳能驱动氨合成的技术。在三电极系统中，在 -0.6V $vs.$ RHE 下具有局域化电子结构 Cu 助催化剂的 Si 基光电阴极提供了高达 115.3μmol/(cm^2·h) 的 NH$_3$ 产率和 88.8% 的法拉第效率。基于全面分析和表征可知，Cu 纳米颗粒的 Cu$^+$/Cu^{2+} 在光生电子注入后形成路易斯酸位点，可以促进 NO$_3^-$ 的吸附和加氢，从而产生 NH$_3$。无偏压装置和高效光电阴极有助于利用太阳能实现水和氮氧化物污染气体进行人工氮循环。

5.3　光电化学偶联硝酸根和 CO$_2$ 合成尿素

1. 实验部分

化学品：KHCO$_3$（≥99.99%，干燥固体）购买于上海阿拉丁生化科技股份有限公司。KNO$_3$（>99%）来自国药集团化学试剂有限公司。脲酶 [来源于 *Canavalia ensiformis*（Jack bean）] 产自 Sigma-Aldrich 公司，其脲酶活性：20kU，批号：Lot#SLCJ5647。Ar（>99.999%）、N$_2$（>99.999%）和 CO$_2$（>99.999%）来自长沙日臻气体有限公司。所有化学品均未经进一步纯化而直接使用。

　　制备 NiFe 双原子共催化剂：将 0.37g 2,6-二乙酰吡啶溶解在 50mL 无水乙醇中，在 250mL 两颈圆底烧瓶中进行。然后加入 0.5g 2,4-二氨基嘧啶和 1mL 37% 乙酸（作为催化剂）。将混合物搅拌均匀直至溶液变清。随后，将混合溶液加热至 60℃，持续 12h 以获得双（亚胺）吡啶沉淀。同时，在合成过程中向反应器通入 N_2 以防止化学品氧化。冷却至室温后，将溶解在 10mL 乙醇中的 1.0g $FeCl_2$ 倒入双（亚胺）吡啶分散液中，并搅拌 12h。然后，收集黑色沉淀并在 80℃下使用旋转蒸发器干燥，之后用正己烷重新分散，加入相应摩尔量的 $NiCl_2$。再次收集得到的沉淀，将其在超纯氮气流下以 5℃/min 的升温速率在 900℃下热处理 1h。经过热解的样品在 80℃ 的 0.5mol/L H_2SO_4 溶液中浸泡 8h 以去除不稳定的 Fe 物种，然后用去离子水和醇彻底清洗，并在 80℃下干燥 12h。最后，样品再次在超纯氮气流中以 900℃热处理 1h，得到的样品为 NiFe 双原子共催化剂，标记为 NFDA。

　　单面抛光的硼掺杂 p 型 Si（p-Si）晶片分别在丙酮、乙醇和去离子水中超声清洗 20min。纳米结构 p-Si 是通过金属催化的无电解刻蚀法制备的。将清洁的 Si 片浸入过氧化氢溶液（30wt% H_2O_2 与 H_2SO_4 体积比 1:3）中 5min，然后浸入 5wt% HF 中 10min 以去除 SiO_2 层。随后，用去离子水冲洗 Si 片，并浸泡在含有 2mmol $AgNO_3$ 和 2wt% HF 的混合溶液中 30s。之后，用去离子水迅速冲洗，然后在 40wt% HF、20wt% H_2O_2 和去离子水体积比为 3:1:10 的溶液中浸泡 150s。进一步用去离子水冲洗，然后将刻蚀的 Si 片浸泡在 40wt% HNO_3 溶液中 20min 以去除 Ag 纳米颗粒残留物。最后，将制备好的具有多孔表面的 Si 片冲洗并干燥。

　　通过使用射频磁控溅射系统（北京创世威纳科技有限公司，MSP-3200）在 Ar（99.99%）气氛和 100℃下溅射掺 P 的 n-Si 靶（纯度>99.99%），从而在纳米结构 p-Si 晶片上沉积 n-Si 层。系统的背底真空度为 $5.0×10^{-5}$ Pa。在沉积之前，用 Ar 等离子体处理纳米结构 p-Si 基底 20min。沉积压力、溅射功率和沉积时间分别为 0.3Pa、40W 和 12min。紧接着，在室温下，通过使用磁控溅射系统在混合的 Ar/O_2（99.99%）气氛中溅射 Ti 靶（纯度>99.5%），从而在 n^+p-Si 上沉积 TiO_2 层。沉积压力、溅射功率和沉积时间分别为 2.0Pa、80W 和 40min。NFDA/TiO_2/n^+p-Si 的制备：将 2mg NFDA 助催化剂分散在 960μL 异丙醇和 40μL Nafion（5wt% 水溶液）中，超声处理 20min 以形成均匀的混合液。然后，将催化剂混合液负载到 TiO_2/n^+p-Si 表面，并在室温下自然干燥。NFDA 在表面的负载量分别控制在 0.05mg/cm^2、0.1mg/cm^2 和 0.2mg/cm^2。最后，抛光所有样品的背面，然后沉积 300nm 厚的 Au 层，并使用银胶与铜丝黏合，形成欧姆背接触。干燥后，用环氧树脂封装整个 b-Si 光电极的背面和部分正面，形成一个裸露的活性区域，约为 0.2cm^2。通过 ImageJ 软件确定了裸露的光电极表面的几何面积。

　　NFDA/TiO_2/Si 电催化剂的形态学特征使用场发射扫描电子显微镜（FESEM）

和透射电子显微镜（TEM）进行表征。X 射线吸收谱（XAS）在新加坡同步辐射光源的 XAFCA 束线上以透射模式记录。在新加坡同步辐射光源的 XAFCA 束线上，使用 Vertox ME4 硅漂移二极管探测器在荧光模式下对各种合成步骤中产物的 Fe K、Ni K 边缘进行 XAS 记录，Au 作为校准的参考物质。样品的结晶结构使用掠入射 X 射线衍射（GIXRD）进行研究，采用 Cu Kα 辐射（$\lambda = 0.15406nm$），扫描角度为 1°，扫描速率为 2°/min。扫描开尔文探针力显微镜（KPFM）的信号是在原子力显微镜系统（Asylum Research Cypher S，Oxford Instruments）上获得的。在测量之前，设备使用去离子空气吹干 10min 以减少表面充电效应。通过 X 射线光电子能谱（XPS）对样品在光照前后的化学组成、氧化态和电子结构进行研究。

　　光电化学反应单元包括阳极隔室、阴极隔室和质子导电交换膜。在三电极配置、CHI 660E 电化学工作站和 H 型电池中进行了光电化学尿素合成的测试。含有饱和 KCl 溶液的 Ag/AgCl 电极作为参比电极，铂丝作为对电极，使用太阳模拟器（Newport，SOL3A 94023A）产生模拟太阳光（AM 1.5G，$100mW/cm^2$）用作反应的光源。本节研究中使用的电解液是 $0.1mol/L$ $KHCO_3$，含有 50mmol/L KNO_3，使用的电解液体积为 30mL。在进行光电化学测试之前，电解液的阴极部分用 CO_2 预饱和，流速为 50mL/min，至少饱和 30min。之后，在催化过程中，流速保持在 30mL/min。使用 CHI 660E 电化学工作站收集了线性扫描伏安（LSV）数据，并进行光照和无光照测试。在 J-V 测试期间，电压以 0.01V/s 的扫描速率进行线性扫描。对于每个光电极，通过 CO_2 和 NO_3^- 的光电化学尿素合成反应进行了 3 次。提供的应用电位是相对于 Ag/AgCl 参比电极（饱和 KCl 溶液）的，并使用以下方法转换为 RHE 参考尺度：$E_{RHE} = E_{Ag/AgCl} + 0.0591pH + 0.197$。$CO_2$ 饱和电解液的 pH 为 6.8。此外，在含有 50mmol/L KNO_3 的 CO_2 饱和的 $0.1mol/L$ $KHCO_3$ 电解液中对 NFDA/TiO_2/Si、NFDA/Si 和 TiO_2/Si 光电极进行了稳定性测试（J-t）。其中，在 −1.0V $vs.$ RHE 条件下这些光电阴极均进行了 10h 的测试。量子效率指标，如入射光子-电流转换效率（IPCE），有助于确定哪些光子能量对于光电流存在贡献。通过在固定的外加电压下改变单色入射照明的波长 λ 来测量这些指标。在本小节研究中，IPCE 测量是在 CO_2 饱和的 $0.1mol/L$ $KHCO_3$ 中进行的，其中含有 50mmol/L KNO_3 水溶液，电位为 −1.4V $vs.$ RHE。选择 450nm、475nm、500nm、520nm、550nm、600nm、650nm 和 700nm 八个波长进行 IPCE 测试。

　　气态产物使用 SP-7820 气相色谱进行在线分析。NH_3 的产量通过吲哚酚蓝法定量，其中 a 液为含有 5wt% 柠檬酸钠和 5wt% 水杨酸的 1mol/L NaOH 溶液；b 液为 0.05mol/L NaClO 溶液；c 液为 1wt% 亚硝基铁氰化钠溶液，作为着色剂。依次取电解液 2mL，并加入 2mL 的 a 液、1mL 的 b 液和 0.2mL 的 c 液，然后在暗处保存 2h 后测量吸光度。在 662nm 处的吸光度与氨的浓度呈线性关系，因此可以根据标准曲线获得 NH₃ 的产量。尿素的浓度通过尿素法进行定量。脲酶（Sigma-Aldrich，5mg/mL）在 40℃下分解 0.5h，然后通过以上方法定量分解实验前后氨的摩尔质量，并分别表示为 m_b 和 m_a。由于 1mol 尿素可以分解为 1mol CO_2 和 2mol NH_3，产生的尿素（m_{urea}）的摩尔质量可以计算如下：

$$m_{urea} = (m_a - m_b)/2 \tag{5.4}$$

光电催化尿素合成的法拉第效率（FE）通过以下方程获得：

$$FE = (n \times F \times C \times V) \times 100\% / (60.06 \times Q) \tag{5.5}$$

其中，F 是法拉第常数；Q 是电量；C 是生成尿素的浓度；V 是电解液的体积；n 是电化学反应中的电子转移数，对于 CO_2 和硝酸盐的电偶合反应，n 为 16。尿素的生成速率通过时间平均，呈现的尿素生成速率是测试时间范围内的平均值。

2. 结果与讨论

本节研究工作首次报道了一种温和且环保的光电化学方法，它允许在分级结构的 Si 基光电阴极上实现太阳能驱动 NO_3^- 和 CO_2 转化为尿素，其尿素产率为 81.1mg/（cm² · h），法拉第效率为 24.2%，稳定运行 20h[148]。Si 基光电阴极的组装主要包括三个步骤［图 5.6（a）］：制备纳米结构 n⁺p-Si、沉积 TiO_2 层及添加 NiFe 双原子共催化剂（NFDA）。（100）晶面的 p-Si 片通过化学腐蚀法制备纳米结构 p-Si 基底。一层薄 n-Si 在表面形成了 n-p 异质结的 n⁺p-Si（简单标记为 Si），建立内部电场并增强光生载流子的分离。在 Si 的表面沉积了非晶态 TiO_2 层（标记为 TiO_2/Si），起到进一步促进电荷载流子的分离和传输的作用，作为助催化剂的黏合层，以及在水性电解液中维持光电阴极稳定性的防护功能。将 NFDA 分散在氮掺杂碳纳米片上，作为尿素合成的活性催化剂，分散在 TiO_2/Si 的表面上构建了 NFDA 助催化剂/TiO_2 保护层/Si 光吸光器的层级光电阴极（标记为 NFDA/TiO_2/Si）。此外，还研究了在裸 Si 的表面上分别沉积 TiO_2 层（标记为 TiO_2/Si）和 NFDA（标记为 NFDA/Si）的光电阴极的性能［图 5.6（a）］。

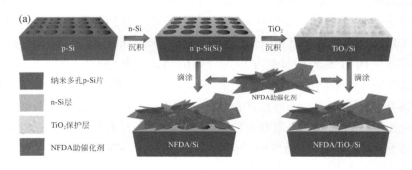

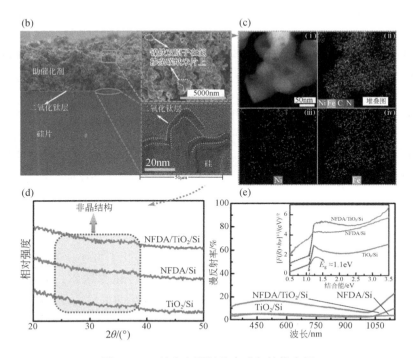

图 5.6　Si 基光电阴极的合成与结构表征

（a）TiO₂/Si、NFDA/Si 和 NFDA/TiO₂/Si 制备工艺示意图；（b）NFDA/TiO₂/Si 的 FESEM 横截面图，右侧上图为 NFDA/TiO₂/Si 的 FESEM 俯视图，下图为 TiO₂/Si 的 HRTEM 横截面图；（c）NFDA 助催化剂的 HAADF-STEM 图和对应的元素分布图；（d）TiO₂/Si、NFDA/Si 和 NFDA/TiO₂/Si 的 GIXRD 谱图；（e）空气中 TiO₂/Si、NFDA/Si 和 NFDA/TiO₂/Si 的积分球光学反射率，插图显示了所有样品的光学吸收系数作为间接允许跃迁入射光子能量的函数

　　使用场发射扫描电子显微镜（FESEM）、高分辨透射电子显微镜（HRTEM）和扫描透射电子显微镜（STEM）以及相应的元素分布图来揭示 Si 基光电阴极的形貌和结构。在合成的 NFDA/TiO₂/Si 光电阴极中观察到明显的层级结构，由多孔 NFDA 助催化剂、TiO₂ 层和纳米结构 Si 组成 ［图 5.6（b）］。与平整的 Si 晶片不同，纳米结构 Si 的表面具有非均匀分布的纳米多孔结构。厚度小于 10nm 的 TiO₂ 层被涂覆在纳米结构 Si 的顶部 ［图 5.6（b）底部插图］。NFDA 助催化剂加载在氮掺杂碳纳米片上，无序地堆积在 TiO₂ 层上，其中存在许多微米级孔隙可提供光电化学反应过程中的物质和光传输通道。此外，具有相应元素分布图的像差校正高角度环形暗场扫描透射电子显微镜（HAADF-STEM）图表明，高度分散的亮点锚定在多孔碳基基质上，表明 NFDA 催化剂中存在原子分散的 Fe 和 Ni 位点，而不是金属团簇或纳米颗粒 ［图 5.6（c）］。NFDA 的 X 射线吸收谱（XAS）

数据也进一步证实了 Fe 和 Ni 的原子分散行为。在 NFDA 中只有 Fe—N 键和 Ni—N 键，证明 NiFe 双原子是完全分散的。通过掠入射 X 射线衍射［GIXRD，图 5.6 (d)］，验证了非晶态 TiO$_2$ 和 NFDA 负载到 Si 基光电阴极上。NFDA/TiO$_2$/Si、NFDA/Si 和 TiO$_2$/Si 中没有观察到衍射峰，表明 TiO$_2$ 层中没有晶体相，NFDA 中也没有金属 Ni 相和 Fe 相。非晶态 TiO$_2$ 层可以确保电子传输通道，并增加反应物吸附位点。光学漫反射光谱［图 5.6 (e)］显示 NFDA/TiO$_2$/Si 和 NFDA/Si 在 320 ~ 1050nm 范围内有较低的漫反射率 (<5%)，而 TiO$_2$/Si 的漫反射率较高 (>10%)。这表明引入 NFDA 可以将光困在多孔结构内或利用碳材料的吸光行为来最小化光的反射。图 5.6 (e) 的插图显示 NFDA/TiO$_2$/Si 和 TiO$_2$/Si 具有相同的能带间隙 (约为 1.1eV)，源自 n$^+$p-Si 吸光器。通过考量 AM 1.5G 太阳光谱范围内的积分吸光度，计算在 100% 内量子效率下 TiO$_2$/Si、NFDA/Si 和 NFDA/TiO$_2$/Si 的光电流密度 (J_{abs}) 分别为 32.6mA/cm^2、33.6mA/cm^2 和 33.7mA/cm^2，这个结果反映出各种光电阴极之间的 J_{abs} 差异可忽略不计。此外，考虑到 NFDA 的多孔结构和碳材料的光散射效应与光吸收行为，NFDA/TiO$_2$/Si 的 J_{abs} 值可以近似为 32.6mA/cm^2，这是因为无法确认 NFDA 在光电流方面的积极和消极贡献。

图 5.7 (a) 形象地描述了在模拟 AM 1.5G 太阳光照和 CO$_2$ 通入 0.1mol/L KHCO$_3$+0.05mol/L KNO$_3$ 电解液中光电阴极表面的光电化学尿素合成反应。在 0.1mol/L KHCO$_3$+0.05mol/L KNO$_3$ 电解液中，析氧反应发生在阳极腔室。生成的尿素被脲酶分解，并通过吲哚酚蓝法检测。氯化铵溶解在 0.1mol/L KHCO$_3$+0.05mol/L KNO$_3$ 中配制成各种浓度的标准溶液，并用于绘制标准曲线。在系统评估光电化学尿素合成性能之前，考量了不同助催化剂及其负载量对于光电化学尿素合成性能的影响。相比 NFDA 负载量为 50μg/cm^2 和 200μg/cm^2 以及 Fe 或 Ni 单原子助催化剂，具有 100μg/cm^2 NFDA 的 NFDA/TiO$_2$/Si 光电阴极显示出更好的光电化学行为，包括高的尿素产率和 FE。因此，除非另有说明，下面所描述的 NFDA/TiO$_2$/Si 光电阴极均是指 NFDA 负载量为 100μg/cm^2。图 5.7 (b) 为在 0.5h 不同外加电压下各种 Si 基光电阴极的尿素产率和 FE。TiO$_2$/Si 光电阴极的尿素产率和 FE 分别在 10.03 ~ 30.45mg/(cm^2·h) 和 5.56% ~ 11.98% 的范围内。在 Si 表面引入 NFDA 助催化剂后，NFDA/Si 光电阴极的尿素产率和 FE 都呈现了一定的提升，分别在 27.26 ~ 46.90mg/(cm^2·h) 和 4.52% ~ 17.42% 的范围内。当 TiO$_2$ 层进一步插入 NFDA/Si 光电阴极中时，在以 NO$_3^-$ 和 CO$_2$ 作为原料时 NFDA/TiO$_2$/Si 光电阴极实现了高选择性的光电化学尿素合成。这个优异的光电化学尿素合成性能反映了层级结构之间的协同效应。实际上，TiO$_2$ 有利于转移载流子、催化反应物种和稳定中间体，正如在 TiO$_2$/Si 光电化学尿素合成中体现出来的。随着外加电压的增加，NFDA/TiO$_2$/Si 光电阴极的尿素产率和 FE 增加。其中，在-1.0V *vs.* RHE 下此类光电阴极实现了高的尿素产率［51.23mg/(cm^2·h)］

和优异的 FE（20.03%）。当超过此外加电压时，其他活性物种（如 H$^+$ 和单个 CO$_2$）的强竞争吸附将干扰 NO$_3^-$ 和 CO$_2$ 之间的偶联平衡，导致 NFDA/TiO$_2$/Si 光

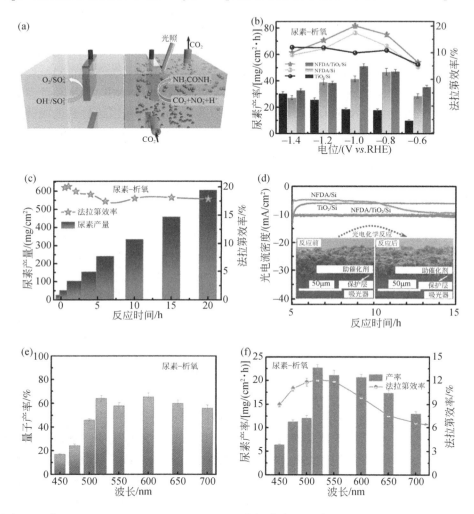

图 5.7　在 0.1mol/L KHCO$_3$+0.05mol/L KNO$_3$ 电解液中 Si 基光电阴极的光电化学合成尿素

（a）光电化学尿素合成示意图；（b）在 0.5h 不同外加电压下 NFDA/TiO$_2$/Si、NFDA/Si 和 TiO$_2$/Si 的尿素产率（柱状图）和 FE（点阵图）；（c）在−1.0V $vs.$ RHE 下 NFDA/TiO$_2$/Si 光电阴极的尿素产率（柱状图）和 FE（点阵图）与反应时间的依赖关系；（d）在−1.0V $vs.$ RHE 下光电阴极的 J-t 曲线，插图为 10h 反应前后 NFDA/TiO$_2$/Si 光电阴极的 FESEM 截面图；（e）在−1.4V $vs.$ RHE 下 NFDA/TiO$_2$/Si 光电阴极的 IPCE 值；（f）在−1.0V $vs.$ RHE 下 NFDA/TiO$_2$/Si 的尿素产率和 FE 对单色光的依赖性。（b）、（e）和（f）中的误差线通过三次测量所得

电阴极的尿素产率和 FE 降低。此外，为了避免外加电压下的电催化行为干扰，光照和斩光的线性扫描伏安（LSV）曲线显示暗电流可以忽略不计，所以光电流提供了用于光电化学尿素合成反应的载流子。除了尿素产物外，在光电化学尿素合成过程中还检测到几种副产品，包括 NH_3、NO_2^-、CO、CH_4 和 H_2。

图 5.7（c）为 $-1.0V$ *vs.* RHE 下 NFDA/TiO$_2$/Si 光电阴极的尿素产量和 FE 与反应时间的关系。首先，NFDA/TiO$_2$/Si 光电阴极的尿素产量随反应时间的增加持续增加，证实尿素的产生源于 CO_2 和 NO_3^- 的光电化学偶联，而不是污染。在反应 20h 后，NFDA/TiO$_2$/Si 光电阴极的尿素产量累积达到最大值（605.94mg/cm^2）。同时，在 20h 反应过程中 NFDA/TiO$_2$/Si 光电阴极的 FE 只是略有波动，仍维持在 17.5% 以上。尿素产量的逐渐增加和相对稳定的转化效率源自 NFDA/TiO$_2$/Si 光电阴极的稳定活性。在实际应用中，稳定性的评估是 Si 基光电阴极实用化的关键标准。与 NFDA/Si 不同，由于 TiO$_2$ 层的存在，NFDA/TiO$_2$/Si 光电阴极在 10h 光电化学尿素合成过程中表现出较为稳定的光电流 [图 5.7（d）]。此外，经过 10h 光电化学尿素合成后，NFDA/TiO$_2$/Si 光电阴极仍保持完整的层级结构，包括纳米结构 Si 基底、TiO$_2$ 层和 NFDA 助催化剂 [图 5.7（d）的插图]。通过 X 射线光电子能谱（XPS）发现在 10h 反应前后 NFDA 中各种元素的组成和化学环境几乎相同。这些结果突显了 TiO$_2$ 层的添加有助于提高 Si 基光电阴极的稳定性。量子效率指标，如 IPCE，可以确定光子能量在光电化学合成尿素反应中的贡献值。通常，更高的 IPCE 值意味着光电极具有更高的效率。如图 5.7（e）所示，在 $-1.4V$ *vs.* RHE 下 NFDA/TiO$_2$/Si 光电阴极的量子产率实验旨在获取在不同入射光波长的 IPCE 值。在 520 ~ 700nm 范围内，NFDA/TiO$_2$/Si 光电阴极实现了约 60% 的平均 IPCE，比 <500nm 波长光照射下的 IPCE 更高（IPCE<30%）。相对较高的 IPCE 可以归因于在可见光区域良好的光吸收，以及优异的光生电子-空穴对分离效率。为了评估光电阴极的光敏行为，在不同单色光下进行了 2h 特定电位（$-1.0V$ *vs.* RHE）下的光电化学尿素合成。在单色光下，NFDA/TiO$_2$/Si 光电阴极的尿素产率和 FE 随着光波长的持续增加而增大，然后减小 [图 5.7（f）]，其变化趋势几乎与 IPCE 的变化相同。在光波长为 520nm 时，此类光电阴极的最大尿素产率和 FE 分别为 22.70mg/（cm^2·h）和 12.06%。这些结果证实了光电化学尿素合成可以发生在整个可见光区域，尤其是绿光和红光。

析氧反应具有迟缓的动力学特性，会减慢光电化学反应的效率。但是，目前尚不清楚光电化学过程的决速反应是 Si 基光电阴极的尿素合成反应，还是对电极的析氧反应。为了进一步探索光电化学尿素合成的内在过程，将 0.05mol/L Na$_2$SO$_3$ 加入阳极室的电解液（0.05mol/L Na$_2$SO$_3$ + 0.1mol/L KHCO$_3$ + 0.05mol/L KNO$_3$）中，利用快速的亚硫酸盐氧化反应（SOR）取代迟缓的析氧反应。在阳极为 SOR 的光电化学尿素合成被标记为 Urea-SOR，与阳极为析氧反应（Urea-

OER）不同。如预期，以 SOR 替代析氧反应显著增加了 Si 基光电阴极的光电流密度，意味着更优的光电化学性能。与 Urea-OER 相比，来自 Urea-SOR 的尿素产率和 FE 在所有外加电压下均有提升［图 5.8（a）］。在 Urea-SOR 过程中，NFDA/TiO$_2$/Si 光电阴极的最大尿素产率和 FE 分别为 81.1mg/（cm^2·h）和 24.2%。在光照下，Si 吸收器接收光子并产生空穴和电子。电子到达 Si 基光电阴极的表面，快速将 CO$_2$ 和 NO$_3^-$ 共还原为尿素。空穴通过外部电路驱动到对电极进行氧化反应。当迟缓的析氧反应发生在表面时，光生空穴缓慢注入反应物种（如 OH$^-$），导致与阴极反应速率相比，阳极反应速率更低。在这种情况下，空穴在光电阴极的内部积聚，导致光生载流子出现更高的复合消耗，降低载流子的分离效率，使得部分光生电子无法参与光电化学尿素合成反应，而引发尿素产率和 FE 的降低。事实上，线性扫描伏安曲线清楚地显示了 Urea-SOR 中 NFDA/TiO$_2$/Si 光电阴极的饱和光电流密度（J_{sat}）约为 -22.5mA/cm^2，大于其在 Urea-OER 中的饱和光电流密度（-15mA/cm^2）。对于给定的光电阴极（即相同的 J_{abs}）和阴极反应（即相同的载流子注入效率），J_{sat} 仅取决于载流子的分离效率。这一结果与 SOR 能够促进光生空穴的转移，并实现出色的尿素产率和 FE 相一致，如图 5.8（b）所描述。另外，还研究了在相同电解液条件下 NFDA 的电催化尿素合成行为［图 5.8（c）］。与 NFDA/TiO$_2$/Si 光电阴极的光电化学尿素合成相比，NFDA 的电催化尿素合成需要更负的外加电压（如最佳电压为 -1.5V vs. RHE），表明电化学方法将消耗更多的电能来实现 CO$_2$ 和 NO$_3^-$ 的耦合而合成尿素。图 5.8（d）比较了在各自的最佳电位下光电化学和电化学的尿素合成性能。尽管 NFDA 电催化剂上的尿素产率［103.2mg/（cm^2·h）］略高于光电阴极上的尿素产率［81.1mg/（cm^2·h）］，但在电化学过程中消耗了更多的电能［电量（Q）= 98.7C］比 PEC 过程（Q = 38.8C）更多］。最重要的是，NFDA 上电催化尿素合成的 FE 为 12.2%，比 NFDA/TiO$_2$/Si 光电阴极上光电化学尿素合成的 FE（24.2%）约少 98.4%。因此，基于层次结构的 Si 基光电阴极的光电化学尿素合成是一种更环保和高效的途径。

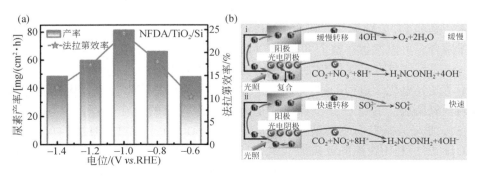

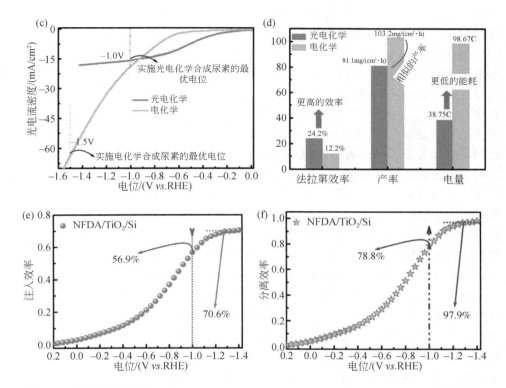

图 5.8　当阳极电解液为 0.05mol/L NaSO$_3$ +0.1mol/L KHCO$_3$ +0.05mol/L KNO$_3$ 水溶液时，
Si 基光电阴极的光电化学尿素合成性能及其分析

（a）在 0.5h 不同电位下 NFDA/TiO$_2$/Si 光电阴极的尿素产率和 FE；（b）阳极的氧化反应对光电化学尿素
合成性能的调控机制；（c）光电化学方法和电化学方法的尿素合成 LSV 曲线；（d）光电化学方法和电化
学方法的尿素合成性能比较，包括尿素产率、FE 和电量；NFDA/TiO$_2$/Si 光电阴极的光生电子注入效率
（e）和光生电子分离效率（f）

　　光电极的实际光电流密度由光吸收（对应于 J_{abs}）、光生载流子的分离效率
和注入效率共同决定。更具体地讲，光电流密度的最常见形式是

$$J = J_{abs} \times \eta_{sep} \times \eta_{inj} \tag{5.6}$$

其中，η_{sep} 和 η_{inj} 分别是光生载流子的分离效率和注入效率。为了量化 η_{sep} 和 η_{inj}，
将阴极反应为析氢反应（HER），阳极为 SOR，标记为 HER-SOR。在模拟 AM
1.5G 光照和 0.5mol/L H$_2$SO$_4$ 阴极电解液中测量 HER-SOR 的 LSV 曲线。在 HER-
SOR 中，NFDA/TiO$_2$/Si 光电阴极的饱和光电流密度（$J_{HER,sat}$）约为 -32.0mA/cm^2，
非常接近 J_{abs}（约 -32.6mA/cm^2）。考虑到光生载流子复合的必然性，在 HER-
SOR 中光电流密度达到饱和时 NFDA/TiO$_2$/Si 光电阴极的 η_{inj} 接近 100%，则

$$J_{HER,sat} = J_{abs} \times \eta_{sep,max} \tag{5.7}$$

NFDA/TiO$_2$/Si 光电阴极的 η_{inj} 可以通过比较 Urea-SOR 的 J 和 $J_{HER,sat}$ 来计算，遵循关系式 $\eta_{inj} = J/J_{HER,sat}$，如图 5.8（e）所示。很容易发现，在 -1.0V $vs.$ RHE 时，NFDA/TiO$_2$/Si 光电阴极的 η_{inj} 为 56.9%。该结果进一步证实了 TiO$_2$ 层的吸附和催化功能，通过将 NFDA 助催化剂耦合来完成光电阴极的良好电子注入效率。此外，来自 Urea-SOR 的 J 与 J_{abs} 乘以 $\eta_{inj,max}$ 的乘积的比值可以等于 η_{sep}，即 $\eta_{sep} = J/(J_{abs} \times \eta_{inj,max})$，其中 $\eta_{inj,max}$ 是饱和的 η_{inj} [图 5.8（e）中，η_{inj} 为 70.6%]。图 5.8（f）显示，在 -1.0V $vs.$ RHE 时 NFDA/TiO$_2$/Si 光电阴极的电荷分离效率达到了 78.8%。该结果表明，TiO$_2$ 层的引入有助于空穴和电子的分离，并有效地将电子输送到光电阴极表面。因此，NFDA/TiO$_2$/Si 中的层级结构改善了光生载流子的分离效率和注入效率，是导致优异的光电化学尿素合成性能的主要因素。为了深入了解层级 Si 基光电阴极的重要性，将文献中报道的性能与本节中的性能进行比较可知，NFDA/TiO$_2$/Si 光电阴极的光电化学尿素合成显示出相当优异的整体性能，包括高尿素产率、良好的 FE 和低的外加电压。

为了理解光电转换过程中光电阴极表面的物理响应行为，光辅助开尔文探针力显微镜（KPFM）被用来确定光电阴极的表面电位（V_{sp}，表面势），其为在光照和黑暗条件下补偿显微尖端与光电阴极之间的静电力（图 5.9）。在黑暗条件下测试了 NFDA/TiO$_2$/Si 光电阴极的形貌图和表面电位分布图 [图 5.9（a）和（b）]。很容易发现，NFDA 锚定在 TiO$_2$/Si 光电阴极上导致了不均匀的表面。在黑暗中，从 -549mV 到 -769mV 电位范围内 NFDA/TiO$_2$/Si 光电阴极的表面电位分布不均匀 [图 5.9（b）]，与表面的粗糙度变化相吻合。更负的表面电位集中在较高的表面区域，对应于更多 NFDA 助催化剂的积累，意味着这些堆叠的助催化剂利于负电荷的储存。完成黑暗数据采集后，以 532nm 的单色光进行原位照明，从而获得光激发 NFDA/TiO$_2$/Si 光电阴极的表面电位分布图 [图 5.9（c）]。在光照下此类光电阴极的总表面电位明显向负电位偏移，反映了光生电子转移到表面。这种现象说明光电阴极具有良好的电子分离和转移行为及丰富的电子储存位点用于还原反应。图 5.9（d）记录了 NFDA/TiO$_2$/Si 光电阴极的表面电位与测试时间的函数曲线，以量化表面光电位的变化，即 SPV。实际上，表面电位可以用于直接评估光电阴极的表面功函数，与表面带弯曲密切相关。在光照条件下，表面电位明显从 -480mV 下降到 -616mV，表明 -136mV 的有效负 SPV 或表面功函数的显著降低（136mV）。此外，还分析了在 405nm 和 650nm 光照下 NFDA/TiO$_2$/Si 光电阴极的形貌和表面电位。在三种单色光照射下，光电阴极的高度依赖表面电位分布和光诱导表面电位变化趋势相似。与 405nm（SPV 为 31mV）和 650nm（SPV 为 50mV）光照不同，532nm 光照下 NFDA/TiO$_2$/Si 光电阴极具有更强的 SPV 信号 [136mV，图 5.9（e）]。较大的 SPV 源自光电阴极表面上光生电子的浓度更高，因此 SPV 的大小固有地受到分离电子流量的控制。这些结果验证了光的波长在调节光电阴极光电化学性能方面起着重要的作用，与通过单色光进行光电化学尿素合成的结果完全一致。总而言之，在照明下暴露在 Si 基光电阴极表面的 NFDA 助催化剂和 TiO_2 层可以作为电子的储存位点，并参与 CO_2 和 NO_3^- 耦合的还原位点。

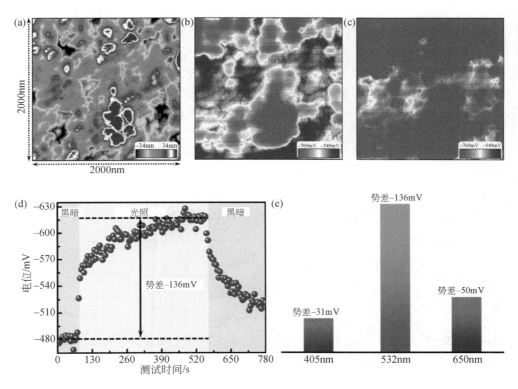

图 5.9　$NFDA/TiO_2/Si$ 光电阴极的表面 KPFM 分析

（a）表面形貌图；（b）黑暗中表面电位分布图；（c）在 532nm 光照下表面电位分布图；
（d）532nm 光照和黑暗条件下表面电位曲线变化图；（e）不同波长下光激发表面电位差

　　光辅助 XPS 用于揭示在有无光照下 $NFDA/TiO_2/Si$ 光电阴极的元素组成和电子结构变化。从全谱中可知光照不会改变元素的特征峰，意味着元素组成在光辐照下保持恒定。如图 5.10（a）所示，在黑暗和光照下 $NFDA/TiO_2/Si$ 光电阴极的 Ni 2p 的 XPS 图可分解为四个峰。无光照时 Ni $2p_{3/2}$ 的峰位于 854.4eV 和 861.4eV 处，分别归属于 Ni^{2+} 和相应的卫星峰。在光照下，两个 Ni $2p_{3/2}$ 的峰分别向低结合能移动至 854.0eV 和 861.2eV。同时，在 Fe 2p 和 Ti 2p 谱图中也观察到了类似的现象。在 Fe 2p 光谱 [图 5.10（b）] 中，Fe^{2+} 的峰位置在照明下负偏移 0.5eV（705.3eV），比在暗处（705.8eV）更低。类似地，在有和没有光照条件下，Ti $2p_{3/2}$ 光谱中 Ti^{4+} 的峰位置分别为 457.8eV 和 458.3eV ［图 5.10（c）］。在黑暗时，光电阴极的 N 1s 光谱在 398.6eV、400.3eV、401.4eV 和 402.3eV 处有四个峰，分别对应吡啶型 N、吡咯型 N、石墨型 N 和氧化型 N。值得注意的是，这四种 N 物种在光照下的峰位置几乎与无光照时一致，但它们的组成比例在光照下发生了调整。这个结果可以归因于光照导致 Ni 原子和 Fe 原子的电子结构发生变化，从而诱导包围在它们周围的 N 原子的化学环境也发生变化。在无光照时，Si 2p 谱图中存在 99.0eV 和 103.3eV 处的两个峰，分别代表硅（Si^0）和硅氧化物（Si^{4+}）。然而，在光照下，Si^0 的峰在 Si 2p 光谱中消失，表明发生了 Si^0 向 Si^{4+} 的光诱导转化。另外，层级 Si 基光电阴极的费米能级附近态密度（DOS）对于在有无光照时局部电子环境的变化也非常敏感。在黑暗时，光电阴极的费米能级附近区域显示出相对较低的 DOS 强度，价带最大值的边缘位于 1.01eV 处。相反，在光照下，光电阴极上价带最大值的边缘向负结合能移动（0.56eV）。综合这些结果和 KPFM 测量可知，在光照和黑暗下特定光谱的主峰位置（包括 Ni 2p、Fe 2p 和 Ti 2p）的负差值（$\Delta E = E_{illu} - E_{dark}$）可能归结于光生电子停留在这些位点上，形成光电化学尿素合成反应的活性还原位点 ［图 5.10（e）］。由于 ΔE 的值

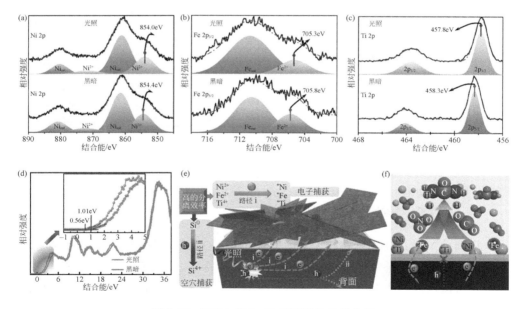

图 5.10　NFDA/TiO₂/Si 表面活性位点分析

有（上）和无（下）照明的光电阴极的 Ni 2p 光谱（a）、Fe 2p 光谱（b）、Ti 2p 光谱（c）和光辅助 XPS 的 VB 光谱（d），可见光由带有 AM 1.5 模拟滤光片的氙灯提供；（e）NFDA/TiO₂/Si 上光生电子-空穴对的分离和转移机制示意图；（f）层次结构硅基光电阴极催化合成 PEC 尿素的途径

反映了位点上捕获光生电子的能力，光电阴极表面上 *Fe 和 *Ti 的活性位点略多于 *Ni 的活性位点。同时，光生空穴困在 Si 位点，驱动 Si^0 向 Si^{++} 的转化，促进空穴–电子对的分离，从而抑制了光生载流子的固有复合。

根据光电化学尿素合成测试和非原位/原位表征的结果，图 5.10（f）提出了可能的反应机制。在光照下，层级结构的 Si 基光电阴极产生了一定的光电压，减少了尿素生成所需的外加电压。与此同时，通过 Si 吸收入射光子而产生了电子–空穴对。TiO_2 层抑制了光生空穴的传输，但允许电子到达光电阴极表面。这些电子储存在 Ni、Fe 和 Ti 位点上，分别形成了 *Ni、*Fe 和 *Ti 的活性位点，可以激活 CO_2 和 NO_3^- 的反应物种实施 C—N 键的偶联和氢化。鉴于所有的实验结果和以前的工作，NFDA 助催化剂中相邻的 *Ni 活性位点和 *Fe 活性位点可能在 CO_2 和 NO_3^- 的偶合反应中发挥协同作用形成尿素。在此过程中，TiO_2 层表面上的 *Ti 活性位点还可以吸附和激活反应物种，维持中间物种的稳定性，并最终加速光电化学合成尿素的进程。

3. 小结

在本节研究中，提出了一种将太阳能直接转化为尿素的简单方法。在使用 CO_2 和 NO_3^- 作为原料的情况下，构建了包括 n^+p-Si、TiO_2 层和 NiFe 双原子助催化剂的层级 Si 基光电阴极，实现了高的尿素产量 [81.1mg/（cm^2 · h）] 和优异的法拉第效率（24.2%）。NiFe 双原子助催化剂与覆盖 TiO_2 层的 n^+p-Si 光吸收器之间的协同作用对提高光生载流子动力学和改善尿素合成性能起到了关键作用。这项研究为尿素合成提供了一条新的绿色且高效的合成途径，并展示了可持续的光电化学技术在合成其他重要化学品方面的潜力。

5.4 结论与展望

通过以 NO_3^- 作为氮源，实施光电化学技术直接还原合成 NH_3 或者将 NO_3^- 与 CO_2 偶联合成尿素对可持续的人工氮循环具有重要意义。通过对层级光电阴极的构造、无偏压光电化学器件的组装以及光电化学反应路径的明晰，本章为后续设计或优化光电化学 NO_3^- 转化提供了一定的借鉴作用。同时，针对已有的研究，本章也对现有工作的不足之处或未来工作的研究方向做出以下展望。

（1）针对光电阴极是 NO_3^- 转化发生的场所，开发和设计高效且稳定的光电阴极是发展光电化学 NO_3^- 还原反应的首要条件。目前，应用于构造光电阴极的材料比较有限，大多集中于无机材料（如硅、磷化物和氧化物）。但是，将 NO_3^- 与碳源物质进行偶联构建 C—N 键是未来 NO_3^- 转化的发展方向，而这些碳源物质可能大多为有机物，因此开发适配的有机材料基光电阴极能够进一步促进 NO_3^- 的转化和高价值物质的合成。

（2）开发和使用先进的表征手段解析光电极的成分、结构及其工作机制。虽然现有的各种高精端表征手段（如同步辐射技术、原位拉曼光谱等）使光电极的研究更加准确，但是众多的表征手段有着各自的特点，存在一定的片面性。同时，影响光电极性能的因素很多，借助新的先进表征手段，考察模型光电极的活性位点和工况路径是必不可少的。

（3）设计和组装无偏压光电化学器件能够推动光电化学 NO_3^- 转化的实用化进程，这种器件是保障太阳能高效化学利用的理想工具。但是，无偏压光电化学器件的研究比较少，主要受限于光电阴极和光电阳极的材料选择少、稳定性差和适配性差等问题。利用各种先进的模拟软件、理论计算或 AI 学习能够为设计无偏压光电化学器件提供更强有力的支持。

（4）光电化学 NO_3^- 转化反应目前处于研究的初期阶段，主要停留在实验室阶段，与实际应用还有极大的距离。同时，光电极和光电化学器件的受光面积通常较小，对于大面积光电极的设计和制备也应该是未来研究人员需要关注的一点。面向实用化的光电化学 NO_3^- 转化，可规模化的光电极和光电化学器件在研究中具有更大的意义。

总的来说，光电阴极和光电化学器件的设计和开发需要更多关注。通过分析光电极的活性位点、工况路径及其与光电化学 NO_3^- 转化性能之间的联系能够有效地提升对光电极设计的理解，为设计高性能光电极提供指导。同时，面向实际应用也是今后工作的重要方向。

参 考 文 献

[1] Montoya J H, Seitz L C, Chakthranont P, et al. Materials for solar fuels and chemicals. Nature Materials, 2017, 16 (1): 70-81.

[2] Lewis N S. Toward cost-effective solar energy use. Science, 2007, 315 (5813): 798-801.

[3] Bergthorson J M. Recyclable metal fuels for clean and compact zero-carbon power. Progress in Energy and Combustion Science, 2018, 68: 169-196.

[4] Gust D, Moore T A, Moore A L. Solar fuels via artificial photosynthesis. Accounts of Chemical Research, 2009, 42 (12): 1890-1898.

[5] Lewis N S, Nocera D G. Powering the planet: Chemical challenges in solar energy utilization. Proceedings of the National Academy of Sciences, 2006, 103 (43): 15729-15735.

[6] Nocera D G. Solar fuels and solar chemicals industry. Accounts of Chemical Research, 2017, 50 (3): 616-619.

[7] Bard A J, Fox M A. Artificial photosynthesis: Solar splitting of water to hydrogen and oxygen. Accounts of Chemical Research, 1995, 28 (3): 141-145.

[8] Zheng J, Zhou J, Zou Y, et al. Efficiency and stability of narrow-gap semiconductor-based photoelectrodes. Energy & Environmental Science, 2019, 12 (8): 2345-2374.

[9] Hisatomi T, Kubota J, Domen K. Recent advances in semiconductors for photocatalytic and photoelectrochemical water splitting. Chemical Society Reviews, 2014, 43 (22): 7520-7535.

[10] Chen X, Shen S, Guo L, et al. Semiconductor-based photocatalytic hydrogen generation. Chemical Reviews, 2010, 110 (11): 6503-6570.

[11] Kenney M J, Gong M, Li Y, et al. High-performance silicon photoanodes passivated with ultrathin nickel films for water oxidation. Science, 2013, 342 (6160): 836-840.

[12] Zheng J, Bao S, Guo Y, et al. TiO_2 films prepared by DC reactive magnetron sputtering at room temperature: Phase control and photocatalytic properties. Surface and Coatings Technology, 2014, 240: 293-300.

[13] Zheng J, Bao S, Zhang X, et al. Pd-$MgNi_x$ nanospheres/black-TiO_2 porous films with highly efficient hydrogen production by near-complete suppression of surface recombination. Applied Catalysis B: Environmental, 2016, 183: 69-74.

[14] Zheng J, Lyu Y, Wu B, et al. Defect engineering of the protection layer for photoelectrochemical devices. EnergyChem, 2020, 2 (4): 100039.

[15] Liang D, Wu J, Xie C, et al. Efficiently and selectively photocatalytic cleavage of CC bond by C_3N_4 nanosheets: Defect-enhanced engineering and rational reaction route. Applied Catalysis B: Environmental, 2022, 317: 121690.

[16] Peter L M. Dynamic aspects of semiconductor photoelectrochemistry. Chemical Reviews, 1990,

90 (5): 753-769.

[17] Walter M G, Warren E L, McKone J R, et al. Solar water splitting cells. Chemical Reviews, 2010, 110 (11): 6446-6473.

[18] Polman A, Atwater H A. Photonic design principles for ultrahigh- efficiency photovoltaics. Nature Materials, 2012, 11 (3): 174-177.

[19] Yu Y, Zhang Z, Yin X, et al. Enhanced photoelectrochemical efficiency and stability using a conformal TiO_2 film on a black silicon photoanode. Nature Energy, 2017, 2 (6): 17045.

[20] Sivula K, van de Krol R. Semiconducting materials for photoelectrochemical energy conversion. Nature Reviews Materials, 2016, 1 (2): 15010.

[21] Fu J, Fan Z, Nakabayashi M, et al. Interface engineering of Ta_3N_5 thin film photoanode for highly efficient photoelectrochemical water splitting. Nature Communications, 2022, 13 (1): 729.

[22] Liu G Q, Yang Y, Li Y, et al. Boosting photoelectrochemical efficiency by near- infrared- active lattice- matched morphological heterojunctions. Nature Communications, 2021, 12 (1): 4296.

[23] Kempler P A, Nielander A C. Reliable reporting of Faradaic efficiencies for electrocatalysis research. Nature Communications, 2023, 14 (1): 1158.

[24] Bae D, Seger B, Vesborg P C K, et al. Strategies for stable water splitting via protected photo-electrodes. Chemical Society Reviews, 2017, 46 (7): 1933-1954.

[25] Wang S, Liu G, Wang L. Crystal facet engineering of photoelectrodes for photoelectrochemical water splitting. Chemical Reviews, 2019, 119 (8): 5192-5247.

[26] Fujishima A, Honda K. Electrochemical photolysis of water at a semiconductor electrode. Nature, 1972, 238 (5358): 37-38.

[27] Chen S, Wang L W. Thermodynamic oxidation and reduction potentials of photocatalytic semi-conductors in aqueous solution. Chemistry of Materials, 2012, 24 (18): 3659-3666.

[28] Reece S Y, Hamel J A, Sung K, et al. Wireless solar water splitting using silicon-based semi-conductors and earth- abundant catalysts. Science, 2011, 334 (6056): 645-648.

[29] Kuang Y, Yamada T, Domen K. Surface and interface engineering for photoelectrochemical water oxidation. Joule, 2017, 1 (2): 290-305.

[30] Pinaud B A, Benck J D, Seitz L C, et al. Technical and economic feasibility of centralized facilities for solar hydrogen production via photocatalysis and photoelectrochemistry. Energy & Environmental Science, 2013, 6 (7): 1983-2002.

[31] Matson R J, Emery K A, Bird R E. Terrestrial solar spectra, solar simulation and solar cell short- circuit current calibration: A review. Solar Cells, 1984, 11 (2): 105-145.

[32] Green M A. Accuracy of analytical expressions for solar cell fill factors. Solar Cells, 1982, 7 (3): 337-340.

[33] Murphy A B, Barnes P R F, Randeniya L K, et al. Efficiency of solar water splitting using semiconductor electrodes. International Journal of Hydrogen Energy, 2006, 31 (14):

1999-2017.

[34] Shiri D, Verma A, Selvakumar C R, et al. Reversible modulation of spontaneous emission by strain in silicon nanowires. Scientific Reports, 2012, 2 (1): 461.

[35] Linpeng X, Karin T, Durnev M V, et al. Optical spin control and coherence properties of acceptor bound holes in strained GaAs. Physical Review B, 2021, 103 (11): 115412.

[36] Casey H C J, Sell D D, Wecht K W. Concentration dependence of the absorption coefficient for n- and p- type GaAs between 1. 3 and 1. 6 eV. Journal of Applied Physics, 2008, 46 (1): 250-257.

[37] Green M A, Keevers M J. Optical properties of intrinsic silicon at 300 K. Progress in Photovoltaics: Research and Applications, 1995, 3 (3): 189-192.

[38] Shen S, Lindley S A, Chen X, et al. Hematite heterostructures for photoelectrochemical water splitting: Rational materials design and charge carrier dynamics. Energy & Environmental Science, 2016, 9 (9): 2744-2775.

[39] Han S E, Chen G. Toward the lambertian limit of light trapping in thin nanostructured silicon solar cells. Nano Letters, 2010, 10 (11): 4692-4696.

[40] Savin H, Repo P, von Gastrow G, et al. Black silicon solar cells with interdigitated back-contacts achieve 22. 1% efficiency. Nature Nanotechnology, 2015, 10 (7): 624-628.

[41] Han J H, Shneidman A V, Kim D Y, et al. Highly ordered inverse opal structures synthesized from shape-controlled nanocrystal building blocks. Angewandte Chemie International Edition, 2022, 61 (3): e202111048.

[42] Link S, Mohamed M B, El- Sayed M A. Simulation of the optical absorption spectra of gold nanorods as a function of their aspect ratio and the effect of the medium dielectric constant. The Journal of Physical Chemistry B, 1999, 103 (16): 3073-3077.

[43] Schneider J, Matsuoka M, Takeuchi M, et al. Understanding TiO_2 photocatalysis: Mechanisms and materials. Chemical Reviews, 2014, 114 (19): 9919-9986.

[44] Godin R, Wang Y, Zwijinenburg M A, et al. Time-resolved spectroscopic investigation of charge trapping in carbon nitrides photocatalysts for hydrogen generation. Journal of the American Chemical Society, 2017, 139 (14): 5216-5224.

[45] Stevanovic A, Yates J T, Jr. Electron hopping through TiO_2 powder: A study by photoluminescence spectroscopy. The Journal of Physical Chemistry C, 2013, 117 (46): 24189-24195.

[46] Corby S, Francàs L, Selim S, et al. Water oxidation and electron extraction kinetics in nano-structured tungsten trioxide photoanodes. Journal of the American Chemical Society, 2018, 140 (47): 16168-16177.

[47] Corby S, Pastor E, Dong Y, et al. Charge separation, band- bending, and recombination in WO_3 photoanodes. The Journal of Physical Chemistry Letters, 2019, 10 (18): 5395-5401.

[48] Howes M J, Morgan D V. Gallium Arsenide: Materials, Devices, and Circuits. Chichester: Wiley, 1985.

[49] Li J, Peat R, Peter L M. Surface recombination at semiconductor electrodes: Part Ⅱ. Photoinduced "near-surface" recombination centres in p-GaP. Journal of Electroanalytical Chemistry and Interfacial Electrochemistry, 1984, 165 (1): 41-59.

[50] Chen C, Avila J, Frantzeskakis E, et al. Observation of a two-dimensional liquid of Fröhlich polarons at the bare $SrTiO_3$ surface. Nature Communications, 2015, 6 (1): 8585.

[51] Ziwritsch M, Müller S, Hempel H, et al. Direct time-resolved observation of carrier trapping and polaron conductivity in $BiVO_4$. ACS Energy Letters, 2016, 1 (5): 888-894.

[52] Burk A A, Jr, Johnson P B, Hobson W S, et al. Photoluminescent properties of n-GaAs electrodes: Simultaneous determination of depletion widths and surface hole-capture velocities in photoelectrochemical cells. Journal of Applied Physics, 1986, 59 (5): 1621-1626.

[53] Bitterling K, Willig F. Charge carrier dynamics in the picosecond time domain in photoelectrochemical cells. Journal of Electroanalytical Chemistry and Interfacial Electrochemistry, 1986, 204 (1): 211-224.

[54] Zheng J, Bao S, Jin P. TiO_2 (R) /VO_2 (M) /TiO_2 (A) multilayer film as smart window: Combination of energy-saving, antifogging and self-cleaning functions. Nano Energy, 2015, 11: 136-145.

[55] Gerischer H. On the stability of semiconductor electrodes against photodecomposition. Journal of Electroanalytical Chemistry and Interfacial Electrochemistry, 1977, 82 (1): 133-143.

[56] Williams F, Nozik A J. Irreversibilities in the mechanism of photoelectrolysis. Nature, 1978, 271 (5641): 137-139.

[57] Lewis N S. An analysis of charge transfer rate constants for semiconductor/liquid interfaces. Annual Review of Physical Chemistry, 1991, 42 (1): 543-580.

[58] Hisatomi T, Le Formal F, Cornuz M, et al. Cathodic shift in onset potential of solar oxygen evolution on hematite by 13-group oxide overlayers. Energy & Environmental Science, 2011, 4 (7): 2512-2515.

[59] Prominski A, Shi J, Li P, et al. Porosity-based heterojunctions enable leadless optoelectronic modulation of tissues. Nature Materials, 2022, 21 (6): 647-655.

[60] Qi Y, Zhang J, Kong Y, et al. Unraveling of cocatalysts photodeposited selectively on facets of $BiVO_4$ to boost solar water splitting. Nature Communications, 2022, 13 (1): 484.

[61] Scanlon D O, Dunnill C W, Buckeridge J, et al. Band alignment of rutile and anatase TiO_2. Nature Materials, 2013, 12 (9): 798-801.

[62] Hu S, Shaner M R, Beardslee J A, et al. Amorphous TiO_2 coatings stabilize Si, GaAs, and GaP photoanodes for efficient water oxidation. Science, 2014, 344 (6187): 1005-1009.

[63] Pesci F M, Cowan A J, Alexander B D, et al. Charge carrier dynamics on mesoporous WO_3 during water splitting. The Journal of Physical Chemistry Letters, 2011, 2 (15): 1900-1903.

[64] Lin F, Boettcher S W. Adaptive semiconductor/electrocatalyst junctions in water-splitting photoanodes. Nature Materials, 2014, 13 (1): 81-86.

[65] Klepser B M, Bartlett B M. Anchoring a molecular iron catalyst to solar-responsive WO_3

improves the rate and selectivity of photoelectrochemical water oxidation. Journal of the American Chemical Society, 2014, 136 (5): 1694-1697.

[66] Lewis N S. Research opportunities to advance solar energy utilization. Science, 2016, 351 (6271): aad1920.

[67] Huang Q, Ye Z, Xiao X. Recent progress in photocathodes for hydrogen evolution. Journal of Materials Chemistry A, 2015, 3 (31): 15824-15837.

[68] Haussener S, Hu S, Xiang C, et al. Simulations of the irradiation and temperature dependence of the efficiency of tandem photoelectrochemical water-splitting systems. Energy & Environmental Science, 2013, 6 (12): 3605-3618.

[69] Döscher H, Geisz J F, Deutsch T G, et al. Sunlight absorption in water-efficiency and design implications for photoelectrochemical devices. Energy & Environmental Science, 2014, 7 (9): 2951-2956.

[70] Walczak K, Chen Y, Karp C, et al. Modeling, simulation, and fabrication of a fully integrated, acid-stable, scalable solar-driven water-splitting system. ChemSusChem, 2015, 8 (3): 544-551.

[71] Andoshe D M, Jin G, Lee C S, et al. Directly assembled 3D molybdenum disulfide on silicon wafer for efficient photoelectrochemical water reduction. Advanced Sustainable Systems, 2018, 2 (3): 1700142.

[72] Zhou X, Liu R, Sun K, et al. 570 mV photovoltage, stabilized n-Si/CoO$_x$ heterojunction photoanodes fabricated using atomic layer deposition. Energy & Environmental Science, 2016, 9 (3): 892-897.

[73] White J L, Baruch M F, Pander J E III, et al. Light-driven heterogeneous reduction of carbon dioxide: Photocatalysts and photoelectrodes. Chemical Reviews, 2015, 115 (23): 12888-12935.

[74] Vesborg P C K, Seger B. Performance limits of photoelectrochemical CO_2 reduction based on known electrocatalysts and the case for two-electron reduction products. Chemistry of Materials, 2016, 28 (24): 8844-8850.

[75] Parkinson B. Advantages of solar hydrogen compared to direct carbon dioxide reduction for solar fuel production. ACS Energy Letters, 2016, 1 (5): 1057-1059.

[76] Arai T, Sato S, Kajino T, et al. Solar CO_2 reduction using H_2O by a semiconductor/metal-complex hybrid photocatalyst: Enhanced efficiency and demonstration of a wireless system using $SrTiO_3$ photoanodes. Energy & Environmental Science, 2013, 6 (4): 1274-1282.

[77] Son E J, Ko J W, Kuk S K, et al. Sunlight-assisted, biocatalytic formate synthesis from CO_2 and water using silicon-based photoelectrochemical cells. Chemical Communications, 2016, 52 (62): 9723-9726.

[78] Halmann M. Photoelectrochemical reduction of aqueous carbon dioxide on p-type gallium phosphide in liquid junction solar cells. Nature, 1978, 275 (5676): 115-116.

[79] Chu S, Ou P, Ghamari P, et al. Photoelectrochemical CO_2 reduction into syngas with the

metal/oxide interface. Journal of the American Chemical Society, 2018, 140 (25): 7869-7877.

[80] Zhou X, Liu R, Sun K, et al. Solar-driven reduction of 1 atm of CO_2 to formate at 10% energy-conversion efficiency by use of a TiO_2-protected Ⅲ-Ⅴ tandem photoanode in conjunction with a bipolar membrane and a Pd/C cathode. ACS Energy Letters, 2016, 1 (4): 764-770.

[81] Ali M, Zhou F, Chen K, et al. Nanostructured photoelectrochemical solar cell for nitrogen reduction using plasmon-enhanced black silicon. Nature Communications, 2016, 7 (1): 11335.

[82] Zheng J, Lyu Y, Qiao M, et al. Photoelectrochemical synthesis of ammonia on the aerophilic-hydrophilic heterostructure with 37.8% efficiency. Chem, 2019, 5 (3): 617-633.

[83] Cai Q, Hong W, Jian C, et al. High-performance silicon photoanode using nickel/iron as catalyst for efficient ethanol oxidation reaction. ACS Sustainable Chemistry & Engineering, 2018, 6 (3): 4231-4238.

[84] Kaneko M, Nemoto J, Ueno H, et al. Photoelectrochemical reaction of biomass and bio-related compounds with nanoporous TiO_2 film photoanode and O_2-reducing cathode. Electrochemistry Communications, 2006, 8 (2): 336-340.

[85] Li X, Liu S, Cao D, et al. Synergetic activation of H_2O_2 by photo-generated electrons and cathodic Fenton reaction for enhanced self-driven photoelectrocatalytic degradation of organic pollutants. Applied Catalysis B: Environmental, 2018, 235: 1-8.

[86] Suryanto B H R, Matuszek K, Choi J, et al. Nitrogen reduction to ammonia at high efficiency and rates based on a phosphonium proton shuttle. Science, 2021, 372 (6547): 1187-1191.

[87] Messinger J, Ishitani O, Wang D. Artificial photosynthesis: From sunlight to fuels and valuable products for a sustainable future. Sustainable Energy & Fuels, 2018, 2 (9): 1891-1892.

[88] Abdi F F, Han L, Smets A H M, et al. Efficient solar water splitting by enhanced charge separation in a bismuth vanadate-silicon tandem photoelectrode. Nature Communications, 2013, 4 (1): 2195.

[89] Sun K, Shen S, Liang Y, et al. Enabling silicon for solar-fuel production. Chemical Reviews, 2014, 114 (17): 8662-8719.

[90] Pihosh Y, Turkevych I, Mawatari K, et al. Photocatalytic generation of hydrogen by core-shell WO_3/$BiVO_4$ nanorods with ultimate water splitting efficiency. Scientific Reports, 2015, 5 (1): 11141.

[91] Maier C U, Specht M, Bilger G. Hydrogen evolution on platinum-coated p-silicon photocathodes. International Journal of Hydrogen Energy, 1996, 21 (10): 859-864.

[92] Warren E L, McKone J R, Atwater H A, et al. Hydrogen-evolution characteristics of Ni-Mo-coated, radial junction, n^+p-silicon microwire array photocathodes. Energy & Environmental Science, 2012, 5 (11): 9653-9661.

[93] Basu M, Zhang Z W, Chen C J, et al. Heterostructure of Si and $CoSe_2$: A promising

photocathode based on a non-noble metal catalyst for photoelectrochemical hydrogen evolution. Angewandte Chemie International Edition, 2015, 54 (21): 6211-6216.

[94] Roske C W, Popczun E J, Seger B, et al. Comparison of the performance of CoP-coated and Pt-coated radial junction n^+ p-silicon microwire-array photocathodes for the sunlight-driven reduction of water to H_2 (g) . The Journal of Physical Chemistry Letters, 2015, 6 (9): 1679-1683.

[95] Meng L, He J, Tian W, et al. Ni/Fe codoped In_2S_3 nanosheet arrays boost photoelectrochemical performance of planar Si photocathodes. Advanced Energy Materials, 2019, 9 (38): 1902135.

[96] Mei B, Seger B, Pedersen T, et al. Protection of p^+-n-Si photoanodes by sputter-deposited Ir/IrO_x thin films. The Journal of Physical Chemistry Letters, 2014, 5 (11): 1948-1952.

[97] Wu F, Liao Q, Cao F, et al. Non-noble bimetallic $NiMoO_4$ nanosheets integrated Si photoanodes for highly efficient and stable solar water splitting. Nano Energy, 2017, 34: 8-14.

[98] Lee S A, Lee T H, Kim C, et al. Amorphous cobalt oxide nanowalls as catalyst and protection layers on n-type silicon for efficient photoelectrochemical water oxidation. ACS Catalysis, 2020, 10 (1): 420-429.

[99] He L, Zhou W, Cai D, et al. Pulsed laser-deposited n-Si/NiO_x photoanodes for stable and efficient photoelectrochemical water splitting. Catalysis Science & Technology, 2017, 7 (12): 2632-2638.

[100] Zhao C, Guo B, Xie G, et al. Metal sputtering buffer layer for high performance Si-based water oxidation photoanode. ACS Applied Energy Materials, 2020, 3 (9): 8216-8223.

[101] Zhou W, Niu F, Mao S S, et al. Nickel complex engineered interface energetics for efficient photoelectrochemical hydrogen evolution over p-Si. Applied Catalysis B: Environmental, 2018, 220: 362-366.

[102] Sim U, Moon J, An J, et al. N-doped graphene quantum sheets on silicon nanowire photocathodes for hydrogen production. Energy & Environmental Science, 2015, 8 (4): 1329-1338.

[103] Li Z, Zhang Z. Tetrafunctional Cu_2S thin layers on Cu_2O nanowires for efficient photoelectrochemical water splitting. Nano Research, 2018, 11 (3): 1530-1540.

[104] Xiao M, Wang Z, Lyu M, et al. Hollow nanostructures for photocatalysis: Advantages and challenges. Advanced Materials, 2019, 31 (38): 1801369.

[105] Huang Z, Chen Z, Chen Z, et al. $Ni_{12}P_5$ nanoparticles as an efficient catalyst for hydrogen generation via electrolysis and photoelectrolysis. ACS Nano, 2014, 8 (8): 8121-8129.

[106] Qi H, Wolfe J, Fichou D, et al. Cu_2O photocathode for low bias photoelectrochemical water splitting enabled by NiFe-layered double hydroxide co-catalyst. Scientific Reports, 2016, 6 (1): 30882.

[107] Trotochaud L, Young S L, Ranney J K, et al. Nickel-iron oxyhydroxide oxygen-evolution electrocatalysts: The role of intentional and incidental iron incorporation. Journal of the

American Chemical Society, 2014, 136 (18): 6744-6753.

[108] Sun K, Mcdowell M T, Nielander A C, et al. Stable solar-driven water oxidation to O_2 (g) by Ni-oxide-coated silicon photoanodes. The Journal of Physical Chemistry Letters, 2015, 6 (4): 592-598.

[109] Laursen A B, Pedersen T, Malacrida P, et al. MoS_2—An integrated protective and active layer on n^+p-Si for solar H_2 evolution. Physical Chemistry Chemical Physics, 2013, 15 (46): 20000-20004.

[110] Bae D, Shayestehaminzadeh S, Thorsteinsson E B, et al. Protection of Si photocathode using TiO_2 deposited by high power impulse magnetron sputtering for H_2 evolution in alkaline media. Solar Energy Materials and Solar Cells, 2016, 144: 758-765.

[111] Nielander A C, Thompson A C, Roske C W, et al. Lightly fluorinated graphene as a protective layer for n-type Si (111) photoanodes in aqueous electrolytes. Nano Letters, 2016, 16 (7): 4082-4086.

[112] Chen L, Yang J, Klaus S, et al. p-Type transparent conducting oxide/n-type semiconductor heterojunctions for efficient and stable solar water oxidation. Journal of the American Chemical Society, 2015, 137 (30): 9595-9603.

[113] Yin Z, Fan R, Huang G, et al. 11.5% efficiency of TiO_2 protected and Pt catalyzed n^+np$^+$-Si photocathodes for photoelectrochemical water splitting: Manipulating the Pt distribution and Pt/Si contact. Chemical Communications, 2018, 54 (5): 543-546.

[114] Zhou X, Liu R, Sun K, et al. Interface engineering of the photoelectrochemical performance of Ni-oxide-coated n-Si photoanodes by atomic-layer deposition of ultrathin films of cobalt oxide. Energy & Environmental Science, 2015, 8 (9): 2644-2649.

[115] Scheuermann A G, Lawrence J P, Kemp K W, et al. Design principles for maximizing photovoltage in metal-oxide-protected water-splitting photoanodes. Nature Materials, 2016, 15 (1): 99-105.

[116] Wan Y, Karuturi S K, Samundsett C, et al. Tantalum oxide electron-selective heterocontacts for silicon photovoltaics and photoelectrochemical water reduction. ACS Energy Letters, 2018, 3 (1): 125-131.

[117] Antuzevics A, Kemere M, Krieke G, et al. Electron paramagnetic resonance and photoluminescence investigation of europium local structure in oxyfluoride glass ceramics containing SrF_2 nanocrystals. Optical Materials, 2017, 72: 749-755.

[118] Zhang N, Li X, Ye H, et al. Oxide defect engineering enables to couple solar energy into oxygen activation. Journal of the American Chemical Society, 2016, 138 (28): 8928-8935.

[119] Zheng J, Lyu Y, Xie C, et al. Defect-enhanced charge separation and transfer within protection layer/semiconductor structure of photoanodes. Advanced Materials, 2018, 30 (31): e1801773.

[120] Ye K, Li K, Lu Y, et al. An overview of advanced methods for the characterization of oxygen vacancies in materials. TrAC Trends in Analytical Chemistry, 2019, 116: 102-108.

[121] Jiang X, Zhang Y, Jiang J, et al. Characterization of oxygen vacancy associates within hydrogenated TiO_2: A positron annihilation study. The Journal of Physical Chemistry C, 2012, 116 (42): 22619-22624.

[122] Guan M, Xiao C, Zhang J, et al. Vacancy associates promoting solar-driven photocatalytic activity of ultrathin bismuth oxychloride nanosheets. Journal of the American Chemical Society, 2013, 135 (28): 10411-10417.

[123] Jia Y, Zhang L, Du A, et al. Defect graphene as a trifunctional catalyst for electrochemical reactions. Advanced Materials, 2016, 28 (43): 9532-9538.

[124] Jiao X, Chen Z, Li X, et al. Defect-mediated electron-hole separation in one-unit-cell $ZnIn_2S_4$ layers for boosted solar-driven CO_2 reduction. Journal of the American Chemical Society, 2017, 139 (22): 7586-7594.

[125] Schaub R, Wahlström E, Rønnau A, et al. Oxygen-mediated diffusion of oxygen vacancies on the TiO_2 (110) surface. Science, 2003, 299 (5605): 377-379.

[126] Xiao Z, Wang Y, Huang Y C, et al. Filling the oxygen vacancies in Co_3O_4 with phosphorus: An ultra-efficient electrocatalyst for overall water splitting. Energy & Environmental Science, 2017, 10 (12): 2563-2569.

[127] Chu S, Cui Y, Liu N. The path towards sustainable energy. Nature Materials, 2017, 16 (1): 16-22.

[128] Boettcher S W, Spurgeon J M, Putnam M C, et al. Energy-conversion properties of vapor-liquid-solid-grown silicon wire-array photocathodes. Science, 2010, 327 (5962): 185-187.

[129] Gu J, Yan Y, Young J L, et al. Water reduction by a p-$GaInP_2$ photoelectrode stabilized by an amorphous TiO_2 coating and a molecular cobalt catalyst. Nature Materials, 2016, 15 (4): 456-460.

[130] Sambur J B, Chen T Y, Choudhary E, et al. Sub-particle reaction and photocurrent mapping to optimize catalyst-modified photoanodes. Nature, 2016, 530 (7588): 77-80.

[131] Oh J, Yuan H C, Branz H M. An 18.2%-efficient black-silicon solar cell achieved through control of carrier recombination in nanostructures. Nature Nanotechnology, 2012, 7 (11): 743-748.

[132] Lin Y, Battaglia C, Boccard M, et al. Amorphous Si thin film based photocathodes with high photovoltage for efficient hydrogen production. Nano Letters, 2013, 13 (11): 5615-5618.

[133] Zhao J, Cai L, Li H, et al. Stabilizing silicon photocathodes by solution-deposited Ni-Fe layered double hydroxide for efficient hydrogen evolution in alkaline media. ACS Energy Letters, 2017, 2 (9): 1939-1946.

[134] Linic S, Christopher P, Ingram D B. Plasmonic-metal nanostructures for efficient conversion of solar to chemical energy. Nature Materials, 2011, 10 (12): 911-921.

[135] Zheng J, Lyu Y, Wang R, et al. Crystalline TiO_2 protective layer with graded oxygen defects for efficient and stable silicon-based photocathode. Nature Communications, 2018, 9 (1): 3572.

[136] Zheng J Y, Bao S H, Guo Y, et al. Anatase TiO₂ films with dominant {001} facets fabricated by direct-current reactive magnetron sputtering at room temperature: Oxygen defects and enhanced visible-light photocatalytic behaviors. ACS Applied Materials & Interfaces, 2014, 6 (8): 5940-5946.

[137] Liu F, Feng N, Wang Q, et al. Transfer channel of photoinduced holes on a TiO₂ surface as revealed by solid-state nuclear magnetic resonance and electron spin resonance spectroscopy. Journal of the American Chemical Society, 2017, 139 (29): 10020-10028.

[138] Wang R, Lyu Y, Du S, et al. Defect repair of tin selenide photocathode via *in situ* selenization: Enhanced photoelectrochemical performance and environmental stability. Journal of Materials Chemistry A, 2020, 8 (10): 5342-5349.

[139] Wu B, Lyu Y, Chen W, et al. Compression stress-induced internal magnetic field in bulky TiO₂ photoanodes for enhancing charge-carrier dynamics. JACS Au, 2023, 3 (2): 592-602.

[140] Zheng J, Lyu Y, Qiao M, et al. Tuning the electron localization of gold enables the control of nitrogen-to-ammonia fixation. Angewandte Chemie International Edition, 2019, 58 (51): 18604-18609.

[141] Zheng J, Lyu Y, Huang A, et al. Deciphering the synergy between electron localizationand alloying for photoelectrochemical nitrogen reduction to ammonia. Chinese Journal of Catalysis, 2023, 45: 141-151.

[142] Zheng J, Jiang L, Lyu Y, et al. Green synthesis of nitrogen-to-ammonia fixation: Past, present, and future. Energy & Environmental Materials, 2021, 5 (2): 452-457.

[143] Zheng J, Lyu Y, Veder J P, et al. Electrochemistry-assisted photoelectrochemical reduction of nitrogen to ammonia. The Journal of Physical Chemistry C, 2021, 125 (42): 23041-23049.

[144] Zhang X, Lyu Y, Zhou H, et al. Photoelectrochemical N₂-to-NH₃ fixation with high efficiency and rates via optimized Si-based system at positive potential versus Li⁰/⁺. Advanced Materials, 2023, 35 (21): 2211894.

[145] Li K, Andersen S Z, Statt M J, et al. Enhancement of lithium-mediated ammonia synthesis by addition of oxygen. Science, 2021, 374 (6575): 1593-1597.

[146] Jiang L, Lyu Y, Huang A, et al. Mixed-phase WO₃ cocatalysts on hierarchical Si-based photocathode for efficient photoelectrochemical Li extraction. Angewandte Chemie International Edition, 2023, 62 (24): e202304079.

[147] Ding J, Lyu Y, Zhou H, et al. Efficiently unbiased solar-to-ammonia conversion by photo-electrochemical Cu/C/Si-TiO₂ tandems. Applied Catalysis B: Environmental, 2024, 345: 123735.

[148] Zhang X, Lyu Y, Chen C, et al. Enhanced charge-carrier dynamics and efficient solar-to-urea conversion on Si-based photocathodes. Proceedings of the National Academy of Sciences, 2024, 121 (8): e2311326121.

编 后 记

  《博士后文库》是汇集自然科学领域博士后研究人员优秀学术成果的系列丛书。《博士后文库》致力于打造专属于博士后学术创新的旗舰品牌，营造博士后百花齐放的学术氛围，提升博士后优秀成果的学术和社会影响力。

  《博士后文库》出版资助工作开展以来，得到了全国博士后管委会办公室、中国博士后科学基金会、中国科学院、科学出版社等有关单位领导的大力支持，众多热心博士后事业的专家学者给予积极的建议，工作人员做了大量艰苦细致的工作。在此，我们一并表示感谢！

《博士后文库》编委会